La démocratie chez les abeilles – Un modèle de société

Thomas D. Seeley

Traduit de l'anglais par Jane Bulleyment

Éditions Quae
c/o Inra, RD 10, 78026 Versailles Cedex

Ouvrage original :

Honeybee Democracy, Thomas D. Seeley, 2010, 280 p.

ISBN : 978-2-7592-2599-6

Sommaire

Remerciements

Je tiens à remercier tout particulièrement mon épouse, Robin, que j'ai rencontrée sur l'île d'Appledore et qui a partagé mon aventure chez les abeilles sur cette île fouettée si inlassablement par le vent. Le soutien indéfectible dont elle m'a gratifié pendant ces dernières 34 années, allié à un sens de l'humour typiquement yankee et au plaisir qu'elle a pris à travailler à 10 kilomètres au large de l'océan Atlantique, a apporté beaucoup de joie aux explorations décrites dans ce livre.

Merci encore à nos filles, Saren et Maira, pour avoir supporté l'histoire d'amour que leur père a vécue avec les abeilles et pour avoir partagé du bon temps à Ox Cove, notre site de camping perdu dans le Maine. Je leur dois le titre *Honeybee Democracy* ainsi qu'une lecture avisée, pour lesquels je leur suis très reconnaissant.

Dans cet ouvrage il y a énormément de travail qui n'aurait pu s'accomplir sans l'aide d'étudiants de premier et de deuxième cycle, sans oublier tous les assistants qui ont agrémenté mon existence pendant ce dernier quart de siècle. J'ai tenu à mentionner, au fil du livre, tous les étudiants ayant fait des recherches sur les mystères divers et variés des essaims d'abeilles, mais j'aimerais remercier tous les assistants de recherche pour tous les yeux, les mains, les oreilles et les cerveaux (!) supplémentaires et nécessaires à la plupart de mes études : Susannah Buhrman-Deever, Siobahn Cully, Robert Fathke, Madeleine Girard, Sean Griffin, Benjamin Land, Sasha Mikheyev, Marielle Newsome, Kriston Pastor, Adrian Reich et Ethan Wolfson-Seeley.

Essentiel également, le travail de collaboration dont j'ai bénéficié avec mes partenaires : Madeleine Beekman, le regretté Roger A. Morse, Kevin Passino, Jürgen Tautz et Kirk Visscher. Leur enthousiasme m'a aidé à faire avancer les investigations en histoire naturelle, les études de modélisation, les analyses vidéo, et autres expériences d'exploration. Sans eux ces éléments ne figureraient pas dans ce livre. L'amitié chaleureuse de ces personnes n'a fait qu'accroître le plaisir de travailler ensemble pour chercher à comprendre le fonctionnement d'un essaim.

Je dois des remerciements particuliers à mes mentors – Bernd Heinrich, Bert Hölldobler, le regretté Martin Lindauer, le regretté Roger A. Morse et Edward O. Wilson – pour avoir partagé leur sagesse et leurs savoirs et pour m'avoir encouragé dès les débuts de mes études sur les abeilles pendant les années 1970. Je suis reconnaissant d'avoir reçu leur amitié sans faille, leur accompagnement et leur soutien. Avec un peu de chance, chacun reconnaîtra les signes de son influence dans ce livre. Le titre, par exemple, rend hommage au livre merveilleux de Bernd Heinrich, *Bumblebee Economics*.

Je suis reconnaissant envers bon nombre de mes pairs scientifiques, dont le travail et l'amitié n'ont cessé d'être des sources de connaissance et d'inspiration tout au long des années : Kraig Adler, Andrew Bass, Koos Biesmeijer, Nicholas Britton, Nicholas Calderone, Scott Camazine, Larissa Conradt, Iain Couzin, Brian Danforth, Fred Dyer, le regretté George Eickwort, Michael Engel, Tom Eisner, Joseph Fetcho, Nigel Franks, Ronald Hoy, Barrett Klein, Susannah Kühnholz, Egbert Leigh, Christian List, James Marshall, Heather Mattila, Matthew Meselson, Randolf Menzel, Sasha Mikheyev, Mary Myerscough, Jun Nakamura, Francis Ratnieks, Kern Reeve, Gene Robinson, Paul Sherman, David Tarpy, Craig Tovey, Walter Tschinkel, Rüdiger Wehner, Anja Weidenmüller et David S. Wilson.

J'ai également eu la chance, cette dernière décennie, de connaître des personnes remarquables en dehors du monde de la biologie. Frank Bryan, professeur de science politique de l'université du Vermont et autorité mondiale sur les assemblées citoyennes de Nouvelle-Angleterre, m'a beaucoup appris sur sa spécialité et m'a présenté à Larry Coffin, modérateur de la réunion annuelle à Bradford, dans le Vermont. Je remercie ce dernier ainsi que les citoyens de cette ville pour m'avoir permis d'assister à la vraie démocratie en marche le jour de l'Assemblée citoyenne. Paul Hyams, professeur d'histoire médiévale de l'université Cornell, m'a guidé dans l'étude des démocraties humaines et m'a aidé à appliquer intelligemment aux affaires humaines ce que j'ai pu apprendre des abeilles. Michael Mauboussin, premier stratège en matière de placements chez Legg Mason Capital Management, m'a montré les liens entre un comité de recherche chez les abeilles et un comité d'investissement chez les humains. Il m'a très gentiment permis d'emprunter à un de ses écrits le titre de mon dernier chapitre, « *Swarm Smarts* » (« Les astuces de l'essaim »). John Miller, professeur en sciences sociales et décisionnelles de l'université Carnegie Mellon, m'a mis en contact avec l'Institut de Santa Fe. Cet établissement de recherche a hébergé des ateliers de prise de décision collective réunissant des personnes de divers domaines, allant de l'économie et du génie civil à la neurobiologie et au comportement. Je m'estime heureux d'avoir « dérivé » au contact de ces non-biologistes vers tant de belles idées lors de ma quête principale : comprendre comment un système d'agents sans dirigeant serait capable de créer une intelligence collective.

Les 24 années que j'ai passées à l'université Cornell ont été heureuses, principalement grâce aux liens personnels forgés au fil des ans. Merci également à mes collègues de Cornell, y compris le personnel et les membres du département de Neurobiologie et de Comportement, pour avoir su égayer les jours gris qui caractérisent Ithaca. Je serai éternellement redevable à John M. Kingsbury, fondateur visionnaire du Shoals Marine Laboratory, qui a su discerner très tôt la valeur de cette île rocailleuse pour l'accueil d'une station biologique consacrée à l'enseignement universitaire et qui a bien voulu m'y recevoir (avec mes abeilles) en 1975. Ma reconnaissance s'étend aux directeurs précédents du Shoals Marine Laboratory, John Heiser et Jim Morin, ainsi qu'au directeur actuel, William Bemis, pour en avoir fait un paradis d'exploration de la nature, que ce soit sur terre ou en mer.

Je suis toujours reconnaissant du soutien financier dont j'ai pu bénéficier pendant toute cette période de la part de l'Alexander Humboldt Foundation, l'American Philosophical Society, la National Geographic Foundation, la National Science Foundation et l'US Department of Agriculture.

Au fil des ans, j'ai travaillé avec un certain nombre d'éditeurs qui m'ont aidé à présenter les résultats de mes études sur les abeilles à un public élargi : Dennis Flanagan et Jonathan Piel (*Scientific American*, 1981 et 1985) ; Linda Peterson, Don Cunningham et Fenella Saunders (*American Scientist*, 1982, 1989 et 2006) ; Robert Wright (*The Sciences*, 1987) ; Rebecca Finnel (*Natural History*, 2002) ; Kim Flottum (*Bee Culture*, 1998-2009) ; et Silke Beckedorf (*Deutsches Bienen Journal*, 2009). J'apprécie infiniment les encouragements et les conseils qu'ils m'ont apportés afin de mieux transmettre à un lecteur non spécialiste l'idée de ce qu'est la poursuite d'un sujet scientifique : tout ce que l'on voit et entend, l'interminable collecte de données, les accidents heureux, la curiosité qui devient obsession et la joie de la découverte.

Je suis également reconnaissant envers un certain nombre de personnes, dont Bernd Heinrich, Paul Hyams, James Marshall, Michael Mauboussin, Francis Ratnieks, Kevin Schultz et Maira Seeley, pour leurs commentaires sur certaines parties du texte. Deux proches collaborateurs, Kevin Passino et Kirk Visscher, ont eu la gentillesse de faire une lecture critique du texte entier. Merci à Scott Camazine, Marco Kleinhenz et Rosemarie Lindauer pour leurs photos.

Quel plaisir de travailler avec Margaret C. Nelson, qui a réalisé toutes les illustrations du livre ! Sans son talent pour dessiner les abeilles et pour la présentation informatisée de mes esquisses sur papier, ce livre n'aurait pas été aussi beau. Je suis reconnaissant envers certaines personnes chez Princeton University Press : Alison Kalett, éditrice en matière de sciences de la vie et de la terre, pour son soutien inestimable ; Stefani Wexler, qui m'a aidé à tout rassembler ; ainsi que Carmina Alvarez et Heath Renfroe, respectivement pour le design et le processus de production du livre. Dawn Hall a édité le manuscrit avec le grand soin pour lequel elle est réputée.

Un grand merci à tous.

Préface

C'est une formidable histoire que nous raconte ici Thomas D. Seeley, spécialiste passionné de l'abeille domestique, *Apis mellifera*. Sa fascination pour cet insecte social remonte à son enfance et ne l'a pas quitté tout au long de son parcours scientifique à l'université Cornell. Il s'est intéressé en particulier au comportement d'essaimage des colonies d'abeilles dont il a permis le décryptage avec ses prédécesseurs. Ses recherches font aujourd'hui autorité et sa renommée est internationale.

Imaginez devoir changer de lieu de résidence ! Cela implique un nombre important de décisions, de comportements, une gestion complexe d'informations nombreuses qui commence par la décision de partir et se termine à l'entrée de la nouvelle habitation de vos rêves ! C'est pourtant bien ce qu'accomplissent les abeilles domestiques au cours de l'essaimage. Dans cet ouvrage, l'auteur nous dévoile, avec toute la rigueur scientifique nécessaire, les mécanismes impliqués dans ce processus élaboré, et nous raconte les découvertes qu'il a réalisées dans ce domaine. Le plus fascinant est la capacité des ouvrières éclaireuses à chercher une nouvelle habitation et à convaincre les individus de la colonie de l'intérêt de leur découverte. La célèbre danse en 8 des éclaireuses séduit progressivement l'ensemble des abeilles de la colonie et déclenche une décision collective d'essaimage vers l'endroit le plus pertinent pour créer un nouveau nid. Aurait-on pensé qu'un si petit insecte soit capable de telles réalisations ?

En commençant par le récit de son initiation par Martin Lindauer qu'il considère comme son mentor, l'auteur nous livre, chapitre après chapitre, la progression de sa démarche scientifique et nous dévoile ses expériences jusqu'à la complète compréhension des mécanismes impliqués dans le phénomène d'essaimage. L'auteur met en parallèle le système de décision des abeilles et ceux utilisés par l'homme, donnant ainsi une dimension supplémentaire à l'ouvrage. Les conclusions obtenues par Tom Seeley, publiées dans les meilleurs journaux scientifiques, nous démontrent qu'il est possible de produire des résultats scientifiques de haut niveau avec très peu de moyens mais beaucoup d'ingéniosité.

Écrit dans un style remarquablement clair, cet ouvrage nous révèle la passion et la fascination de l'auteur pour les abeilles et nous plonge au cœur de l'organisation sociale des colonies d'*Apis mellifera*. Les lecteurs intéressés par la socialité, le comportement animal, la complexité de l'organisation sociale des insectes, l'intelligence collective ou tout simplement la biologie de l'abeille domestique seront forcément happés par cet ouvrage.

Yves Le Conte,
directeur de recherche à l'Inra,
spécialiste des abeilles

Prologue

Depuis des temps ancestraux, les apiculteurs se lamentent en constatant dans leur rucher la fâcheuse tendance qu'ont les abeilles à essaimer entre la fin du printemps et le début de l'été. C'est alors que la majorité des membres de la colonie – une cohorte d'environ 10 000 ouvrières – s'envole avec la vieille reine pour en fonder une nouvelle, tandis que le reste de la colonie demeure sur place et élève une nouvelle reine afin de perpétuer la colonie souche. Les abeilles migrantes s'installent en grappe sur une branche et restent ainsi agglutinées pour quelques heures ou quelques jours. Pendant ce temps, ces insectes sans domicile fixe vont accomplir quelque chose d'extraordinaire : ils vont instaurer un débat démocratique afin de choisir leur nouveau logis.

Ce livre suit, pas à pas, la manière dont procèdent les abeilles lors de cette prise de décision. Nous examinerons leur façon de faire lorsque plusieurs centaines d'abeilles parmi les plus âgées entreprennent un nouveau travail en tant qu'éclaireuses, et partent à la recherche de coins et de recoins dans la campagne alentour. Nous verrons comment ces chercheuses évaluent les sites potentiels, annoncent leurs trouvailles en dansant devant leurs comparses, mènent un débat vigoureux afin de décider du meilleur site, préparent l'ensemble de l'essaim à l'envol et, finalement, pilotent une nuée d'abeilles vers le nid de leur choix. Typiquement ce sera un arbre creux distant de quelques kilomètres.

J'ai une double motivation pour écrire ce livre sur la démocratie à l'œuvre au cœur d'un essaim d'abeilles. D'abord, je voudrais présenter, pour les chercheurs en biologie et en sciences sociales, un bilan cohérent résumant les recherches conduites en la matière depuis 60 ans, à commencer par les travaux de Martin Lindauer en Allemagne. Jusqu'à présent, les informations sur ce sujet sont restées éparpillées dans des douzaines d'articles publiés par de nombreuses revues scientifiques, rendant difficile la corrélation des uns aux autres. Retracer l'histoire d'abeilles qui, devant un rassemblement de leurs consœurs à la recherche d'un consensus, arrivent à une décision démocratique, est certainement un sujet important pour les comportementalistes intéressés par la question de la prise de décision chez les animaux sociaux. J'espère que ce sujet trouvera un public parmi des neuroscientifiques étudiant les voies neuronales à la base de la prise de décision, car il y a de surprenantes similarités entre un essaim d'abeilles et un cerveau de primate quant à la façon de traiter les informations afférentes à l'acte de décision. Par ailleurs, j'espère que l'histoire des abeilles à la recherche d'un nouveau domicile aidera les spécialistes en sciences sociales concernés par la fiabilité d'une décision prise par un groupe humain. L'étude des abeilles nous démontre l'importance de la confrontation lors de la prise de décision, même au sein d'un groupe d'amis ayant des intérêts communs. C'est-à-dire que l'argumentation méthodique est payante pour arriver à la meilleure solution face à un dilemme de taille.

Je suis également motivé par le désir de partager avec tout apiculteur et lecteur le plaisir que j'ai éprouvé lors de mes investigations. Je remercie ces merveilleuses petites créatures pour la joie intense de la découverte et le plaisir de leur compagnie, intercalés (bien sûr) par des jours et des semaines de travail infructueux, voire décourageant. Afin de vous communiquer une idée des défis passionnants que représente l'étude des abeilles, je vous raconterai mes anecdotes et aléas de parcours, assortis de mes spéculations et pensées quant à la conduite d'une étude scientifique.

Le travail de recherche que je vous présente ici s'appuie sur un solide fonds de connaissances créé par le professeur Martin Lindauer (1918-2008) au cours de ses études dans les années 1950, sur les éclaireuses à la recherche d'un nouveau domicile. Je souhaite dédier cet ouvrage à Martin Lindauer, mon ami et mon enseignant, dont les travaux pionniers ont inspiré mon exploration personnelle au pays merveilleux des abeilles.

Introduction

« Go to the bee, thou poet: consider her ways and be wise. »[a]

(George Bernard Shaw, *Man and Superman*, 1903)[1]

Les abeilles sont des êtres tout de sucre et de lumière, produisant le miel et la cire. Comment s'étonner que ces petites créatures soient tant chéries par les hommes depuis l'Antiquité ? Aujourd'hui encore, dans un monde où abondent sucres et lumières de toutes sortes, nous continuons à vénérer ces insectes travailleurs, notamment les quelque 200 milliards vivant en partenariat avec des apiculteurs professionnels et accomplissant, pour notre plus grand bien, une mission indispensable à l'agriculture : la pollinisation. En Amérique du Nord, les abeilles de rucher sont les principales pollinisatrices de la cinquantaine de fruits et de légumes trouvés le plus souvent dans notre alimentation quotidienne[2]. Nous recevons des abeilles une autre offrande de grande valeur, destinée cette fois à notre cerveau plutôt qu'à notre ventre : une leçon de savoir-vivre. À l'intérieur de chaque ruche bourdonnante se déploie une communauté dont les membres travaillent ensemble afin d'accomplir des objectifs communs. Nous verrons que ces petites créatures à six pattes constituent une source d'enseignements précieux concernant le bon fonctionnement de groupes, en particulier ceux capables d'exploiter pleinement le potentiel de la prise de décision démocratique.

Ces leçons sont le fait d'une seule espèce d'abeilles à miel, *Apis mellifera*, l'insecte le mieux connu de la planète[3]. D'origine asiatique, moyen-orientale et européenne, elle se trouve actuellement dans toutes les régions tropicales et tempérées du monde, grâce aux efforts de dispersion de ses admirateurs humains. Les colonies de cette espèce nous permettent d'apprécier la beauté, non seulement de leurs rayons dorés, sculptures hexagonales en cire pelliculaire (fig. 1), mais aussi celle d'une société harmonieuse, où des dizaines de milliers d'ouvrières, fournissant chacune un travail individuel, coopèrent au service de l'ensemble. Dans ce livre nous examinerons, dans le plus grand détail, la belle organisation sociale des abeilles et la précision quasi parfaite avec laquelle la colonie choisit sa future demeure.

Pour la colonie, le choix du bon domicile est une question de vie ou de mort. Elle mourra de façon certaine si elle se trompe dans son choix et investit une cavité trop petite qui ne peut recevoir tout le miel nécessaire pour passer l'hiver, ou trop mal protégée contre les vents froids ou les pillards affamés. Étant donné l'importance vitale du choix d'un logis suffisamment grand, offrant tout confort et protection, il n'est pas étonnant que la sélection du site ne soit pas le fait de quelques abeilles agissant seules, mais celui de plusieurs centaines agissant collectivement. Ce livre détaille la démarche du comité de recherche, une entité qui fait presque toujours le bon choix. Nous découvrirons par quels moyens ces exploratrices fouillent l'environnement en quête de sites potentiels, rapportent les informations sur leurs découvertes, animent un débat loyal sur les

[a] « Va vers l'abeille, toi, le poète : observe son art, et vis avec sagesse. »
Les notes numérotées en chiffres sont placées à la fin de l'ouvrage.

Fig. 1. Un rayon de cire d'abeille sculpté en alvéoles hexagonales et rempli du pollen venant d'une grande variété de fleurs.

différentes options et, finalement, se mettent d'accord sur le lieu destiné à héberger la colonie essaimée. En bref, nous examinerons le fonctionnement ingénieux du modèle démocratique en œuvre chez les abeilles.

Il existe une idée reçue très répandue concernant les opérations internes d'une colonie d'abeilles que je souhaite dissiper d'emblée, à savoir que la colonie serait gouvernée par un dictateur bienveillant, sa Majesté la reine. La croyance que la cohérence d'une colonie dépend d'un souverain omniscient qui dicte leurs devoirs aux ouvrières est un vieux malentendu datant d'Aristote et persistant jusqu'à nos jours. C'est totalement faux. Par contre, il est vrai que la reine est au cœur des événements, car une colonie d'abeilles forme une immense famille constituée d'une mère (la reine) et de sa nombreuse progéniture. Il est également vrai que ses milliers de filles attentionnées (les ouvrières) œuvrent en fin de compte à promouvoir sa survie ainsi que sa reproduction. Néanmoins, la reine n'est aucunement l'instance décisionnelle, mais plutôt la pondeuse royale. Chaque jour elle accomplit la tâche monotone de pondre les quelque 1 500 œufs nécessaires au maintien d'une main d'œuvre adéquate. Elle ignore totalement les besoins sans cesse changeants – plus de maçons dans les rayons par-ci, moins de récolteuses de pollen par-là – auxquels la colonie s'adapte inlassablement. Le seul domaine où la reine exerce une quelconque autorité est la suppression de l'élevage de reines supplémentaires. Elle l'accomplit en informant ses ouvrières de sa présence au moyen d'une sécrétion endocrine appelée substance royale (*queen substance*), que les ouvrières ramassent sur leurs antennes à son contact et distribuent dans tous les coins de la ruche[4]. Elles passent ainsi le message que leur mère, la reine, va bien et qu'il n'y a pas lieu d'en élever une autre. Il est clair que la reine n'est pas la patronne de ses ouvrières. Effectivement, il n'y a pas de pouvoir centralisé autour d'un dirigeant tout-puissant pour gérer les affaires de la colonie, avec ses milliers de travailleuses. Le bon déroulement de la ruche repose sur une gouvernance collective des ouvrières, dont chacune est un individu opérationnel qui fait des tours d'inspection, cherche des tâches à accomplir et sert les besoins de la communauté. Se côtoyant constamment, reliées par leur environnement partagé et par un répertoire de signes et de signaux pour s'informer des besoins urgents de main d'œuvre – par exemple les danses pour diriger les butineuses vers les fleurs débordant de nectar ou de pollen –, les ouvrières réussissent à travailler ensemble en parfaite harmonie et sans supervision.

L'intelligence collective

Le sujet de ce livre est ce que je crois être un merveilleux exemple d'un travail de groupe, celui d'une multitude d'abeilles qui – à l'instar de la multitude de cellules du corps – opère en tant qu'unité fonctionnelle dont les capacités transcendent de loin celles de ses parties constitutives[5]. Plus spécifiquement, nous examinerons comment elles parviennent à cette forme d'intelligence collective lors du choix d'un logis. Nous verrons également, au chapitre 1, que la question de la recherche du site se pose à la fin du printemps ou au début de l'été, lorsque la colonie commence à se trouver à l'étroit dans sa ruche ou son trou d'arbre et lance un essaim. À ce moment-là, à peu près un tiers de la colonie reste « à la maison » pour élever une nouvelle reine, et les deux tiers (environ 10 000) s'envolent avec la vieille reine afin d'établir une nouvelle colonie. Ces migrants ne s'éloignent que d'une trentaine de mètres avant de se resserrer dans une grappe suspendue pendant quelques heures ou quelques jours (fig. 2). Dès l'installation

Fig. 2. Un essaim d'abeilles comprenant environ 10 000 ouvrières et une reine.

de ce « bivouac », l'essaim enverra plusieurs centaines d'exploratrices ratisser les quelque 70 kilomètres carrés de campagne environnante à la recherche de sites potentiels. Une douzaine de localisations seront évaluées selon les critères multiples définissant ce qui constitue la maison de rêve pour les abeilles. La sélection du site préféré sera faite démocratiquement en faveur de celui qui comblera le mieux leurs besoins d'espace et de protection. Une fois ce processus accompli, les abeilles confirmeront leur choix en s'envolant en masse dans les airs vers leur nouvelle résidence, habituellement une cavité dans un arbre à quelques kilomètres de là.

Cette histoire enchanteresse renferme également deux mystères à démêler. D'abord, comment un groupe d'abeilles au cerveau minuscule, suspendu à un arbre, parvient-il à une décision judicieuse ? Ce mystère sera résolu aux chapitres 2, 3, 4 et 5. Ensuite, comment un tourbillon de 10 000 abeilles en plein vol peut-il se piloter dans les airs et rester en cohésion jusqu'à sa nouvelle demeure, une destination qui, en général, se résume à un petit nœud sur un tronc d'arbre tout à fait banal dans un coin de forêt perdu ? Ce mystère sera élucidé aux chapitres 6 et 7.

Nous verrons que l'essaim, d'un poids de 1,5 kilogramme – soit le poids des neurones du cerveau humain –, réalisera cette savante prouesse par une organisation qui revêt la forme d'une collectivité, malgré les limites des informations et de l'intelligence de chaque individu, et qui effectue d'excellents choix. La comparaison entre essaim et cerveau peut sembler légère, mais il y a réellement matière à réfléchir. Pendant le dernier quart de siècle, alors que des sociobiologistes analysaient les mécanismes comportementaux de prise de décision parmi les sociétés d'insectes, les neurobiologistes conduisaient des investigations sur la prise de décision chez les primates au niveau neuronal[6]. Il se trouve qu'il existe de fascinantes similarités entre les constats qui émergent de ces deux lignes de recherche bien indépendantes. Par exemple, l'étude de l'activité neuronale individuelle associée aux décisions et signalée par des mouvements oculaires chez les singes, ainsi que l'étude de l'activité individuelle découlant de décisions sur le choix d'un site chez les abeilles, se résume à la concurrence entre un certain nombre de possibilités, avant que l'une d'entre elles ne suscite un soutien général et remporte l'unanimité. Chaque excitation neuronale chez les premiers vaut une visite de reconnaissance chez les secondes. La possibilité sélectionnée sera, dans chacun des cas, celle dont le cumul d'actions de soutien dépasse en premier un seuil critique. De tels parallèles suggèrent qu'il existe des principes d'organisation à l'œuvre pour que le groupe, dans son ensemble, soit infiniment plus performant que même ses membres les plus malins. Ces principes seront examinés au chapitre 8, où nous comparerons les mécanismes décisionnels agissant et dans l'essaim et dans le cerveau du singe ; au chapitre 9, nous passerons en revue ce que nous avons appris chez les abeilles quant à la structuration d'un groupe dont le but est de prendre les bonnes décisions.

Les décisions prises par les groupes humains sont nombreuses et importantes, qu'elles soient à petite échelle (accords entre amis ou collègues), à moyenne échelle (choix démocratiques au niveau associatif ou de l'administration locale) ou à grande échelle (élections nationales ou accords internationaux). L'être humain se creuse la tête depuis des millénaires sur le meilleur moyen de prendre des décisions en groupe, au moins depuis *La République* de Platon (360 ans avant notre ère), et vraisemblablement bien avant. Pourtant, concernant l'amélioration des modalités de choix dans nos sociétés, une multitude de questions sont restées sans réponse. Au chapitre 9, je présente ce que j'appelle « Les astuces de l'essaim », à savoir les enseignements des abeilles sur la façon dont des groupes humains peuvent s'organiser pour perfectionner leur mode de prise de décision. L'essayiste américain Henry David Thoreau exprimait un certain scepticisme quant à la sagesse des foules : « La masse n'atteint jamais le niveau de son meilleur membre, mais au contraire se dégrade jusqu'au niveau du pire. »[7] Le philosophe allemand Friedrich Nietzsche fut encore plus négatif dans son jugement de l'intelligence du groupe : « La folie est quelque chose de rare chez l'individu ; elle est la règle pour les groupes, les partis, les peuples, les époques. »[8] Il existe, sans conteste, de nombreux exemples de décisions épouvantables prises par des groupes divers – la bulle spéculative des marchés boursiers, l'affolement des foules en fuite –, mais la réalité de l'excellence des décisions prises par les abeilles nous montre qu'il existe des façons de doter le groupe d'un grand QI collectif.

Les danseuses

Le récit scientifique de ce livre débuta en Allemagne il y a presque 70 ans, au cours de l'été 1944, lorsqu'un professeur émérite de zoologie de l'université de Munich, Karl von Frisch, fit une découverte révolutionnaire pour laquelle le prix Nobel lui fut décerné 40 ans plus tard : un insecte, l'abeille ouvrière, aurait la faculté d'informer ses consœurs de la direction et de la distance d'une généreuse source de nectar au moyen d'une forme de danse. Von Frisch savait depuis une trentaine d'années que lorsqu'une « butineuse » (« pourvoyeuse » ou « récolteuse ») trouvait une riche source de nectar, elle retournait à la ruche et exécutait sa remarquable « danse frétillante »[9]. L'abeille réalise cette chorégraphie d'accroche, d'abord en marchant tout droit sur la surface verticale d'un rayon en balançant son abdomen d'un côté puis de l'autre. Ensuite elle s'arrête, tourne à gauche ou à droite avant de décrire un demi-cercle de « marche de retour » jusqu'au point de départ, d'où elle repart pour une série de danses identiques (fig. 3), chacune également constituée d'une partie frétillante et d'une marche de retour. Von Frisch savait également qu'une abeille pouvait exécuter sa danse pendant quelques secondes, voire même quelques minutes, constamment suivie par ses consœurs désœuvrées qui, selon ses propres termes, « participent à chacun de ses mouvements de telle sorte que la danseuse, lors de ses mouvements tourbillonnants, semble entraîner une queue de comète perpétuelle, formée d'abeilles. »[10] Il savait, de surcroît, que dès qu'une abeille aurait emboîté le pas à la première danseuse sur plusieurs circuits, elle se ruerait hors de la ruche en quête de l'aubaine annoncée. Avant 1944, von Frisch pensait que la seule information transmise aux butineuses était le parfum des fleurs visitées – détecté en tenant leurs antennes près du corps de la danseuse afin de capter ce qui y adhérait – et qu'en quittant la ruche les abeilles averties décrivaient tout simplement des cercles concentriques et grandissants jusqu'à découvrir les fleurs au parfum mémorisé. Ce que von Frisch découvrit en 1944 était déjà incroyable : les abeilles ne cherchaient pas ces fleurs autour de la ruche, mais seulement à proximité du site où la danseuse avait butiné, même dans un coin reculé comme la rive ombragée d'un lac bien loin de la ruche. Sans aucun doute, les nouvelles arrivantes avaient pu acquérir un indice concernant la localisation, ainsi que la bonne odeur d'une source de nourriture. Ces informations pouvaient-elles être transmises à l'intérieur de la ruche par le biais des danses ?

La réponse fut un *oui* franc et massif. Pendant l'été 1945, en Europe, parmi le chaos qui suivit la fin de la Deuxième Guerre mondiale, von Frisch retrouva ses abeilles, observa leurs danses d'encore plus près, les examina à la recherche d'indices qui l'aideraient à percer le mystère. Il découvrit que lorsqu'une abeille effectue une danse frétillante

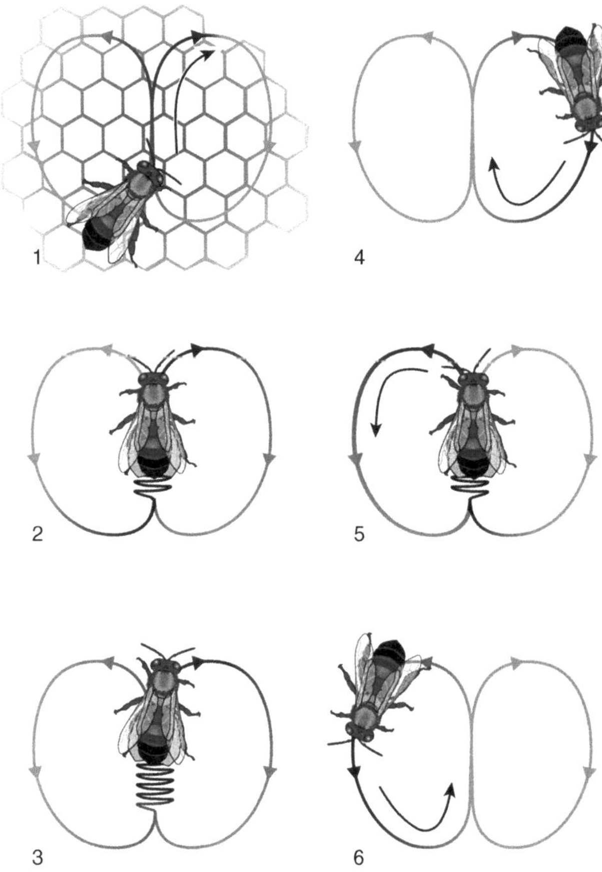

Fig. 3. Le schéma de deux circuits d'une ouvrière effectuant une danse frétillante sur la surface verticale d'un rayon à l'intérieur de la ruche.

dans l'obscurité de la ruche, elle reproduit en miniature son survol récent à travers la campagne ensoleillée et, de cette manière, indique l'emplacement de la riche source de nourriture qu'elle vient de visiter (fig. 4). Sa façon d'encoder cette information est très astucieuse. La durée de la danse frétillante – rendue perceptible, malgré l'obscurité, par le bourdonnement de ses ailes – est directement proportionnelle à la longueur du voyage. En moyenne, une seconde de frétillement des ailes et de l'abdomen représente environ 1 000 mètres de vol en ligne droite. L'angle de la danse frétillante, qui se réfère à la verticale du rayon, représente l'angle du voyage à l'aller par rapport au Soleil à ce moment-là. Si, par exemple, une butineuse marche tout droit vers le haut du rayon, elle indique que le butin se trouve dans la même direction que le Soleil. Si elle fonce à 40° à droite de la verticale, elle indique que la nourriture se trouve à 40° à droite d'une ligne allant de la ruche au Soleil (fig. 4). Le plus prodigieux est peut-être que les suivantes arrivent à décoder sa danse et à mettre à profit ses instructions.

Tandis qu'il s'attelait au décryptage du message secret de la danse frétillante, von Frisch avait en supervision un jeune étudiant licencié, Martin Lindauer, son disciple le plus doué qui révéla plus tard le fonctionnement interne d'une colonie d'abeilles (fig. 5)[11]. Figure clé de ce livre, Lindauer fut le pionnier des études sur la démocratie chez les abeilles telle que la pratique l'essaim à la recherche d'une nouvelle demeure.

Lindauer, né dans un petit village au pied des Alpes bavaroises, fut le dernier de 15 enfants d'une famille de fermiers de condition modeste. Il grandit près de la nature – y compris des ruches de son père –, mais il fut également un élève hors du commun et obtint une bourse pour la prestigieuse pension de Landshut, en Allemagne. En avril 1939, huit jours après sa remise de diplôme, il fut affecté au Service du travail hitlérien pour creuser des tranchées et, six mois plus tard, transféré à l'armée dans une unité antichar. En juillet 1942, pendant des combats acharnés sur le front russe, il reçut de profondes blessures d'une explosion de grenade. Ce fut son salut. On le fit revenir du front, alors que les 156 membres de sa compagnie furent envoyés à la bataille de Stalingrad, et que trois seulement revinrent vivants.

Pendant sa convalescence à Munich, son médecin lui proposa d'aller à l'université pour assister à un cours de zoologie donné par le célèbre professeur Karl von Frisch. Plus tard, en se rappelant ce cours sur la division cellulaire, Lindauer parla d'avoir vécu un retour à « un monde nouveau de l'humanité », où l'on crée plutôt que l'on ne détruit[12]. Il décida, sur le champ, d'étudier la biologie. Renvoyé de l'armée en l'été 1943 en raison

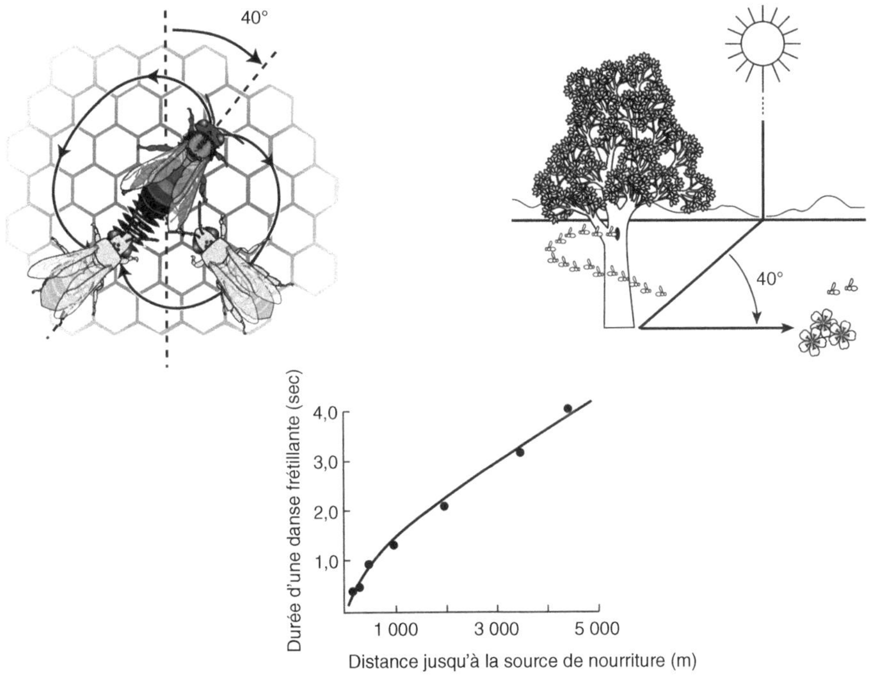

Fig. 4. Le schéma d'une danse qui encode une information sur la distance et la direction d'une parcelle richement fleurie.

Code de distance : la durée de chaque frétillement est proportionnelle à la distance à parcourir pour le vol à l'aller. Code de direction : à l'extérieur de la ruche, l'abeille note l'angle de son vol par rapport à la position du Soleil ; ensuite, à l'intérieur, sur un rayon, elle oriente ses ruées dansées par rapport à la verticale, et selon le même angle. Deux recrues sont en train d'emmagasiner ces informations.

Fig. 5. Karl von Frisch (le monsieur âgé au milieu), Martin Lindauer (le jeune homme complètement à gauche) et des étudiants, en train de préparer une expérience avec les abeilles vers 1952.

de ses blessures, il put commencer ses études universitaires à Munich. Par la suite, au printemps 1945, il entreprit ses recherches sur les abeilles, à titre de doctorant, sous la supervision de von Frisch.

Dirty dancing[b]

Lindauer avait un don pour remarquer les petites choses rencontrées sur son chemin – une anomalie de comportement, un fait insolite – et qui pouvaient se révéler d'une grande importance. Ce talent particulier l'amena à se projeter dans l'étude des abeilles essaimées à la recherche d'un logis, une aventure qu'il nommera plus tard « la plus belle expérience » de sa carrière scientifique[13]. Tout a commencé par un bel après-midi de printemps en 1949, lors d'une promenade devant le rucher de l'institut de Zoologie où son regard fut attiré par une masse dorée d'abeilles accrochée à un buisson. Il s'arrêta pour l'examiner de plus près et remarqua plusieurs abeilles en train d'exécuter des danses frétillantes sur la surface de l'essaim, avec leur brio habituel mais, au lieu de s'exhiber sur la face d'un rayon – la piste habituelle –, elles faisaient leurs pas sur le

[b] NdT : C'est un jeu de mots sur le titre de la comédie musicale américaine de 1987, *Dirty dancing*, car « *dirty* » peut se traduire par « sale » ou par « coquin ».

dos de leurs congénères. Au début, n'ayant jamais vu d'autre démarche pendant ses études avec von Frisch, il pensait voir des butineuses en train de rapporter à manger. Fort de sa patience et de sa longue expérience d'observation, il s'y attarda et finit par comprendre que les danseuses ne se comportaient ni comme des butineuses de pollen, dont elles n'étaient jamais chargées, ni comme des butineuses de nectar, dont elles ne régurgitaient aucune gouttelette pour nourrir leurs voisines. Il aperçut quelque chose d'étrange : beaucoup d'abeilles arrivaient sur l'essaim un peu salies et pleines de poussière. En ayant prélevé quelques-unes avec des forceps, il les épousseta avec un petit pinceau et examina les débris sous le microscope ; il n'y trouva aucun grain de pollen, juste des particules de saleté. « Noires de suie », rapporta-t-il – ayant flairé l'odeur qui lui rappela celle des ramoneurs –, « rouges de poussière de brique, blanches de farine ou grises de poussière, comme si elles venaient de gratter la terre »[14].

Lindauer arriva à la conclusion que ces danseuses maculées de poussière et de saletés (« *dirt* ») diverses ne pouvaient pas être des butineuses. Il les soupçonna d'être des chasseuses de logis, rapportant des sites potentiels parmi les décombres d'un Munich ravagé par les bombardements – une cheminée inusitée par-ci, une cavité dans un mur écroulé par-là, même un coffre à farine dans un grenier abandonné – et affairées à donner des indications pour transmettre leurs découvertes par des danses frétillantes. Il était impatient de mettre son intuition à l'épreuve mais, en 1949, l'économie allemande battait de l'aile et le laboratoire de zoologie manquait d'abeilles ; von Frisch, de peur de perdre ces objets d'étude, avait demandé à l'apiculteur de l'institut de mettre tous les essaims en ruche, interrompant nécessairement le processus de recherche de sites et, ainsi, toute possibilité de l'étudier. Lindauer s'obstina à requérir la permission de garder quelques essaims afin d'observer leurs danseuses et, deux étés plus tard, von Frisch lui accorda la possibilité d'étudier à sa guise les essaims dans le jardin de l'institut.

Les chapitres 2 à 5 seront consacrés à détailler l'histoire passionnante de la prise de décision démocratique chez les abeilles, dont Lindauer commençait à rassembler les éléments et à percer le mystère[15]. Dans l'immédiat, nous nous pencherons sur sa façon de tester l'hypothèse selon laquelle les abeilles exécutant des danses sur un essaim sont des éclaireuses en train de faire de la publicité pour promouvoir des sites potentiels de domicile. L'été 1951 le trouva à l'étude de neuf essaims, assis patiemment tour à tour à côté de chacun. Il étiqueta chaque danseuse avec une petite tache de peinture au début de sa prestation et nota la direction ainsi que la distance du site indiqué par sa *première* danse. (Lindauer supposait logiquement que ces abeilles en essaimage encodaient les données se rapportant au site, à l'instar de von Frisch pour les pourvoyeuses.) Ces heures de veille lui rapportèrent une trouvaille fantastique : les danseuses arrivant sur l'essaim annoncèrent au moins une douzaine d'emplacements plus ou moins distants les uns des autres mais, quelques heures ou quelques jours plus tard, elles se mirent, de plus en plus souvent, à n'en annoncer qu'un seul. Finalement, pendant la dernière heure avant l'envol, elles ne communiquèrent qu'un message unique indiquant la distance et la direction. Son raisonnement l'amena alors à penser que si, effectivement, elles étaient à la recherche de sites de nidification, et effectuaient des danses afin d'annoncer leurs découvertes, il en découlait que le site indiqué de façon unanime devait correspondre à l'emplacement de la future résidence (fig. 6). Il le constata trois fois : l'endroit indiqué par les danses de clôture correspondait à l'adresse de leur nouvelle demeure. Oui, les *dirty dancers* de Lindauer étaient bel et bien des chasseuses de logis.

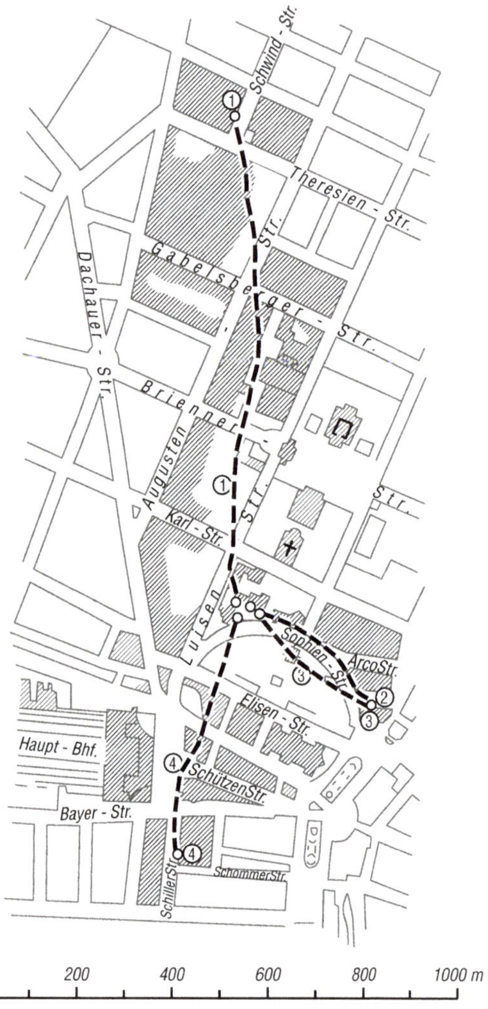

Fig 6. Une carte de Munich près de l'institut de Zoologie montrant les tracés de vol de quatre essaims, que Lindauer put suivre à partir d'un « bivouac » dans le jardin de l'institut, vers de nouveaux logis (essaims 1-3) ou vers un endroit intermédiaire (essaim 4).

Piqué pour la vie

En juin 1952, tandis que Lindauer passait son deuxième été à étudier les abeilles munichoises, je suis né à quelque 6 500 kilomètres de là, dans une petite ville de Pennsylvannie. Quelques années plus tard, ma famille déménagea à Ithaca, dans l'État de New York, resté depuis lors mon lieu de résidence. J'ai grandi à Ellis Hollow, dans une communauté rurale non loin d'Ithaca. J'y passais beaucoup de temps seul, à explorer la campagne alentour : les pentes boisées à l'ombre, les champs ensoleillés descendant doucement jusqu'à Cascadilla Creek, un ruisseau parcourant un terrain marécageux au fond de la vallée. L'endroit que je préférais se trouvait à environ un kilomètre de chez moi, au bout d'une piste menant à une vieille ferme. Là, dans un coin ensoleillé, à côté d'un champ couvert de belles hampes de verges d'or, j'ai découvert deux ruches appartenant à un apiculteur local. J'adorais leur rendre visite ; assis tout près, je regardais les abeilles atterrir lourdement à l'entrée, chargées de pollens aux couleurs vives. J'écoutais le murmure de leurs ailes (les ventilateurs de la ruche), je humais le parfum du miel qui mûrissait dans les recoins secrets des rayons. La pensée que des milliers d'insectes puissent vivre ensemble de façon si dense et si harmonieuse, qu'ils construisent ces rayons si délicats débordant d'un miel délicieux, me faisait l'effet d'un miracle et m'impressionna profondément. Allongé sur le dos parmi les hautes herbes à proximité des ruches, j'étais tout autant marqué par ce que je voyais : des milliers d'abeilles bourdonnantes qui sillonnaient le ciel azur comme des étoiles filantes.

Ce ne fut que plus tard, lors de mes années de collège – où mes camarades semblaient ne s'intéresser qu'aux sports, aux motos, et aux filles –, que je tombai totalement sous le charme des abeilles. Je nourrissais une grande curiosité pour ces insectes depuis l'école primaire, avec la visite d'un apiculteur, qui nous raconta leurs habitudes de vie. Voulant me lancer dans l'apiculture j'avais même rêvé de me procurer une ruche et des abeilles par correspondance. Mais je n'ai pas été réellement « piqué » par l'amour des abeilles avant l'été 1969, lorsque je tombai en contemplation devant un essaim accroché à une branche. Je bricolai une ruche rudimentaire avec quelques planches pour l'y faire tomber, et le ramenai chez moi. J'avais enfin capturé ces particules étincelantes ; il suffisait d'ouvrir la boîte pour les observer, ce qui m'occupait plusieurs heures par jour, captivé comme je l'étais par la merveilleuse complexité de leurs comportements individuels, ainsi que par la paix qui régnait au cœur de cette grande communauté.

À l'automne 1970, le début de ma vie d'étudiant au Dartmouth College, je ne m'étais pas encore rendu compte que l'étude des abeilles pouvait être une occupation sérieuse ; je visais une carrière de médecin, avec l'apiculture comme loisir. Mais l'attrait qu'elles exerçaient sur moi ne fit que croître. Les abeilles figuraient dans chacune de mes rédactions personnelles. Je choisis la chimie comme sujet principal de recherche afin de pouvoir décrypter leur langage chimique (phéromonal) qui commençait à susciter de l'intérêt dans le monde scientifique. Je retournais chaque été à Ithaca pour travailler au Dyce Laboratory for Honey Bee Studies à l'université Cornell, dont le directeur, Roger A. Morse (« Doc »)[16], comprit tout de suite ma passion pour les abeilles et me conseilla de continuer mes études dans une école supérieure. Après les deux dernières années à Dartmouth, je compris que mon intérêt pour l'entomologie avait dépassé de loin celui pour la médecine. Ainsi, lorsque je fus rejeté par trois écoles de médecine, je me réjouis d'avoir obtenu une place à Harvard afin de faire un doctorat sous l'égide du célèbre Edward O. Wilson, pionnier de la sociobiologie chez les insectes (et autres), et dont le dernier livre, *The Insect Societies*[17], m'avait fortement impressionné.

Lors de mon arrivée à Harvard, en 1974, j'eus la chance d'avoir Bert Hölldobler comme directeur provisoire de thèse, un comportementaliste chevronné qui étudiait les fourmis et un homme totalement charmant. Il était venu récemment de l'université de Frankfort, en Allemagne, en tant que professeur, avec pour mission d'ensemencer Harvard avec la doctrine de Karl von Frisch concernant l'étude du comportement animal : l'observation rapprochée du comportement des animaux dans leur milieu naturel, assortie des investigations minutieuses sur les mécanismes sous-jacents. En Allemagne, Bert avait fait des études aux côtés de Martin Lindauer, ce qui lui avait fait connaître les abeilles aussi bien que les fourmis – restées, malgré tout, ses préférées. Il s'arrangea bien de mon engouement pour les abeilles et nous devînmes rapidement amis.

Que Bert Hölldobler fût en relation avec Martin Lindauer se révéla d'une grande importance pour moi, car je voulais que ma recherche de doctorant porte sur ses travaux concernant la colonie d'abeilles en tant qu'entité – une sorte de superorganisme. Je voulais surtout pouvoir analyser en détail le processus de prise de décision par l'essaim. À Dartmouth, j'avais lu le petit livre de Lindauer, *Communication among Social Bees*[18] (*La communication parmi les abeilles vivant en société*), et fus interpellé par le chapitre 2 portant le titre, « *Communication by Dancing in Swarm Bees* » (« La communication par la danse chez les abeilles essaimées »), dans lequel figure le résumé de ses recherches sur le choix du logis par l'essaim. Complètement fasciné, je réussis à me procurer le rapport complet, un document de 62 pages en allemand ; *Schwarmbienen auf Wohnungssuche* (*L'essaimage et la recherche de domicile chez les abeilles*)[19]. Mon seul problème – je ne savais pas lire l'allemand – fut résolu en prenant des cours de langue, en achetant un gros dictionnaire, en faisant une copie de l'étude et en la déchiffrant avec une infinie patience. Je notais le sens de chaque nouveau mot allemand dans la marge ; l'exemplaire annoté garde une place d'honneur parmi ma collection de réimpressions. En lisant cet ouvrage, je compris que le travail pionnier de Lindauer concernant la prise de décision collective n'était que l'amorce d'une investigation plus complète et que, comme toutes les études, ce travail soulevait plus de questions qu'il ne fournissait de réponses. Pendant les 20 ans suivant sa publication en 1955, il n'y eut personne pour continuer ses recherches. D'abord étonné, j'en fus ensuite ravi et décidai de relever le défi en démarrant mes recherches de doctorat sur ce sujet (fig. 7).

Ce livre, le résultat d'années de recherche et de documentation, est destiné aux biologistes, écologistes, apiculteurs, ainsi qu'à tout lecteur intéressé. Il est rédigé dans le souci de présenter ce que Lindauer avait appris dans les années 1950 et ce que nous autres chercheurs avions appris depuis les années 1970 sur cette question de vie ou de mort pour la nouvelle colonie : où s'établir ? Toutes nos recherches confirment que ce dilemme est résolu par les ouvrières, qui conduisent un débat en amont d'un

Fig. 7. L'auteur en 1974, lors d'une étude pilote, devant un essaim en train de choisir son domicile.

processus démocratique de prise de décision. Tous ces travaux montrent de quelle manière l'évolution – par la sélection naturelle sur des millions d'années – a modelé le comportement, d'abord au niveau de l'individu, jusqu'à ce que les abeilles (*Apis mellifera* seulement) se regroupent pour former une entité d'intelligence collective. Un tel comportement chez un animal social ne peut qu'esquisser quelques lignes directrices pour le groupe humain dont les membres partagent également des intérêts communs et souhaitent prendre de bonnes décisions. Mais, essentiellement, je cherche à ouvrir une fenêtre sur le monde extraordinaire des abeilles au sein de leur colonie. Si, par hasard, cet ouvrage vous incite à mieux apprécier ces petites créatures considérant la beauté de leur organisation sociale, ainsi que les services rendus pour les fleurs et les fruits de notre planète, mon objectif sera atteint.

1

La vie dans une colonie d'abeilles

« … *this being an Amazonian or feminine kingdome.* »[c]

(Charles Butler, *The Feminine Monarchie*, 1609)[20]

L'abeille à miel *Apis mellifera* (*honeybee*) compte parmi les presque 20 000 espèces d'abeilles qui existent dans le monde[21]. D'une grande diversité – certaines étant plus petites qu'un grain de riz et d'autres assez grandes pour remplir la moitié d'une tasse de thé –, les abeilles ont toutes comme ancêtre une espèce de guêpe végétarienne, ayant vécu il y a 100 millions d'années à l'époque du Crétacé inférieur, tandis que les dinosaures arpentaient encore la Terre et que les plantes à fleurs annonçaient leur arrivée[22]. Aujourd'hui encore, de nombreuses espèces d'abeilles ressemblent à des guêpes, mais s'en distinguent par leur comportement. Presque toutes les guêpes, notamment les guêpes familières, sont des prédatrices qui tuent d'autres insectes ou des araignées (souvent en les piquant) afin de fournir une nourriture riche en protéines aux pondeuses et aux jeunes. Les abeilles, par contre, ont abandonné les penchants carnivores de leurs ancêtres pour se délecter du pollen des fleurs, si riche en protéines. Ceci explique l'allure un peu ébouriffée, un peu oursonne, qui caractérise bien des butineuses dont le corps couvert de poils plumeux accroche les grains de pollen lorsqu'elles se frayent un chemin au cœur d'une fleur.

Les guêpes, tout comme les abeilles, visitent régulièrement les fleurs ; elles se nourrissent toutes les deux de la précieuse source d'énergie qu'offre le nectar sucré. C'est toutefois entre les abeilles, friandes de pollen, et les fleurs qu'une grande dépendance mutuelle s'est tissée au long des millions d'années écoulées depuis l'apparition des unes et des autres. De nos jours, ces deux-là sont faites l'une pour l'autre. Les abeilles dépendent des fleurs pour puiser une nourriture adéquate, de nombreuses fleurs ayant quant à elles besoin des abeilles pour assurer leur reproduction sexuée. L'abeille, avec sa toison et sa fréquentation des plantes, fait office, en fin de compte, de pénis volant ! En se posant sur une fleur, elle collecte le pollen des étamines qui en débordent et le dépose sur le stigmate collant de la fleur suivante. Le placement d'une ruche dans n'importe quel espace fleuri – jardin, verger, bord de route, prairie – apporte au voisinage un superbe service « d'escorte », du matin au soir, de la part de ces bonnes amies des fleurs.

Les « mouches à miel »[d] sont des abeilles à part, dans la mesure où elles vivent en sociétés densément peuplées, dont les rayons de leurs nids massifs remplissent les ruches à cadres des apiculteurs ou, comme nous le verrons, des cavités spacieuses d'arbres creux. Chez la plupart des espèces d'abeilles, au contraire, les individus vivent en solitaire,

---

[c] « … ceci étant un royaume amazonien, voire féminin. »

[d] NdT : « *Honeybee* » signifie littéralement « mouche à miel ».

construisant de petits nids dans des tunnels étroits creusés dans la tige d'une plante ou dans une terre sablonneuse. La vie typique de ces espèces solitaires[23] démarre à la fin du printemps ou au début de l'été lorsque la femelle émerge d'un terrier d'hivernage (les mâles étant morts à l'automne précédent). Pendant les semaines suivantes, cette abeille maternelle va creuser un nid à multiples chambrettes, y mettre en provision une boule de pollen humecté de nectar et pondre un œuf blanchâtre sur chacune, avant de laisser sa progéniture grignoter et grandir jusqu'à l'état adulte. Elle mourra bien avant que ces jeunes adultes émergent, s'accouplent et préparent l'hiver suivant. Il est clair que la plupart des abeilles sont des solitaires.

Un être composite

Lorsque nous regardons à travers les parois de verre d'une ruche d'observation[24], ou soulevons doucement le couvercle d'une ruche conventionnelle, l'image qui s'offre à nous est aux antipodes d'un mode de vie solitaire : des milliers d'abeilles cohabitent, pratiquement toutes des ouvrières et, sans exception, filles de l'unique reine qui vit au cœur de l'ensemble. Toutes les ouvrières sont des femelles, parfaitement équipées pour prodiguer des soins à la progéniture, et possèdent même des ovaires rudimentaires bien qu'elles ne pondent que rarement et seulement en l'absence d'une reine. En dirigeant notre observation vers les rayons, nous verrons la reine, similaire à une ouvrière mais plus grande, avec un plus long abdomen et de plus longues pattes (fig. 1.1)[25]. Sa grande taille est impressionnante, mais ce qui la distingue est sa façon tout à fait majestueuse de traverser les rayons et, surtout, le traitement que lui prodiguent les ouvrières. Au fur et à mesure du déplacement de la reine, elles s'écartent, et lorsque celle-ci s'arrête,

Fig. 1.1. La reine est plus grande que les ouvrières l'entourant, qui la nourrissent et font sa toilette.

une douzaine de courtisanes avancent prudemment pour la nourrir et lui faire un brin de toilette, formant une cohorte de suivantes qui se poussent du coude en l'entourant complètement. La reine, par contre, est une fabuleuse pondeuse d'œufs. Entre la fin du printemps et le début de l'été, lorsque l'élevage du couvain atteint son apogée, elle les dépose un à un au fond d'une alvéole à une vitesse d'un par minute, soit 1 500 par jour (ce qui représente un poids total équivalant au sien) (fig. 1.2). La reine d'une colonie

Fig. 1.2. Lorsque la reine trouve une alvéole propre et vide, elle y insère son long abdomen et pond un œuf unique au fond.

pondra quelque 150 000 œufs, soit près d'un demi-million, pendant les deux à trois années potentielles de son cycle de vie.

La plupart de ses œufs d'un blanc perlé seront fécondés, mais d'autres ne le seront pas. Pendant la première année de sa vie, elle s'envole du foyer de la colonie et s'accouple avec entre 10 et 20 mâles venus d'ailleurs, se procurant un stock d'environ cinq millions de spermatozoïdes, pour toute sa durée de vie. La reine les emmagasine dans un état de latence vitale au sein d'un organe sphérique, la spermathèque, qui se situe au fond de son abdomen, juste derrière ses immenses ovaires. Pour chaque œuf pondu, la reine fait le choix de lâcher quelques spermatozoïdes ou de les retenir, déterminant ainsi le sexe de chaque future abeille : œuf non fécondé pour un mâle et œuf fécondé pour une femelle. Le sort de l'œuf fécondé – ouvrière non reproductrice ou reine pondeuse – dépend du régime qu'il recevra. S'il est déposé dans une alvéole de taille standard au cœur des rayons, la larve, une fois éclose, sera alimentée par les ouvrières avec le régime standard, produisant inévitablement une ouvrière. Si, par contre, il est déposé au fond d'une des rares grandes alvéoles royales (« berceaux de reine »), suspendues en bas du rayon, la larve émergente sera nourrie uniquement avec un régime « haut de gamme » (gelée royale) riche en sécrétions particulières, son développement étant ainsi axé sur la production d'une reine. L'alimentation seule détermine le destin de tout œuf fécondé.

La reine retient le sperme pour moins de 5 % de ses œufs, et ceux-ci – non fécondés – ont leur importance car ainsi sont engendrés ses fils, les faux-bourdons ou « abeillauds » (fig. 1.3). Ce sont les membres les plus costauds de la colonie, dotés d'énormes yeux, qui serviront à repérer les jeunes reines lors du vol nuptial, ainsi que de muscles très développés pour le vol, afin de les poursuivre dans les airs à une allure pouvant atteindre 35 kilomètres à l'heure. Ce sont également les membres les plus oisifs de la colonie ; à

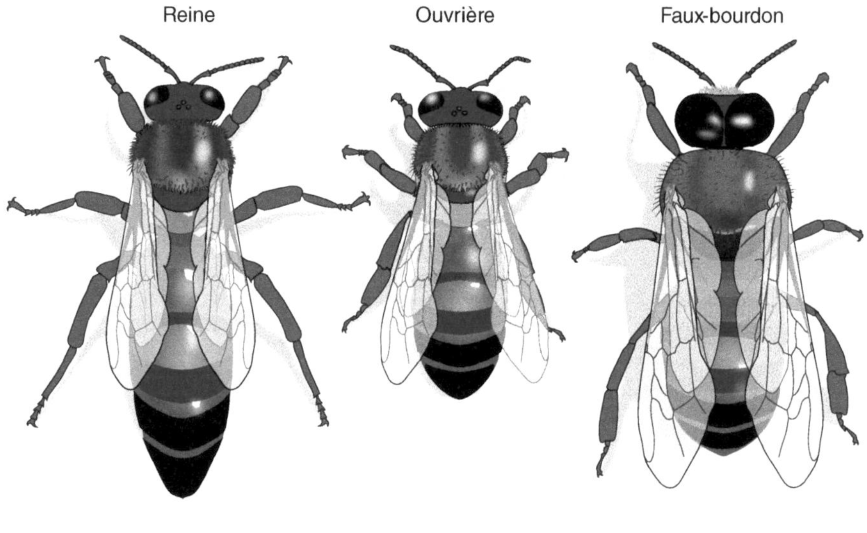

Fig. 1.3. Les trois types d'abeilles adultes.

la différence des ouvrières qui exécutent toutes les tâches ménagères à l'intérieur de la ruche – nettoyer les alvéoles, nourrir les larves, construire les rayons, faire mûrir le miel, ventiler la ruche, garder l'entrée, etc. –, les faux-bourdons passent leur temps à se vautrer paresseusement à la maison, en puisant de temps en temps dans les réserves de miel ou en quémandant quelque chose à grignoter de leurs sœurs si travailleuses. Néanmoins, ils apportent une contribution fondamentale au succès de la colonie. En s'accouplant avec les reines des colonies voisines, ils permettent à leur espèce de participer à l'incessante compétition de l'évolution – « que le plus fort gagne » – et assurent la transmission de leurs gènes aux générations futures. Et lorsqu'il s'agit de la recherche sexuelle, ils ne chôment pas ; dès leur maturité (12 jours environ après l'éclosion), par les après-midi ensoleillés, ils quittent la ruche en quête d'action. Par des voies restées encore mystérieuses, ils sauront trouver le lieu de rendez-vous – aires de congrégation des faux-bourdons – à quelques kilomètres de la maison et se rendront à cette plateforme aérienne de rencontre dans l'attente de l'apparition d'une jeune reine vierge. Dès qu'elle arrive, ils se ruent à sa poursuite ; celui qui dépassera ses rivaux l'inséminera (à condition de la rattraper), en plein vol, à une hauteur de 10 à 20 mètres ; c'est un sport de haute compétition. Et ceux qui n'y arrivent pas retournent à la maison pour refaire le plein avant de tenter leur chance une prochaine fois.

On peut considérer une colonie d'abeilles à miel comme une société composée de milliers d'individus : la reine, les ouvrières et aussi les faux-bourdons, dont on vient de faire le portrait. Pourtant, on peut appréhender la portée biologique de cette espèce d'abeilles, non seulement comme un ensemble d'individus vivant sous le même toit, mais aussi comme une entité unique qui fonctionne comme un tout, autrement dit un superorganisme (fig. 1.4)[26]. Tout comme le corps humain fonctionne en tant qu'unité intégrée malgré ses multitudes de cellules, une colonie d'abeilles opère en tant qu'entité cohérente malgré ses multitudes d'abeilles. Ces deux points de vue – la colonie à la fois comme superorganisme *et* comme société – sont des reflets de l'évolution à l'œuvre qui, coup sur coup, en rassemblant des sociétés unifiées d'un niveau inférieur, construit des unités d'un niveau supérieur d'organisation biologique. Par exemple, au fur et à mesure du développement des organismes multicellulaires, la sélection naturelle favorise certaines sociétés de cellules, dont les membres ont l'habitude de pratiquer la coopération plutôt que la compétition. Petit à petit, il en émerge les grandes sociétés de cellules parfaitement intégrées que nous connaissons aujourd'hui, que ce soit des colibris ou des êtres humains. Cette même coopération s'effectue également à l'intérieur de sociétés animales en produisant ces sociétés harmonieuses et efficaces que nous pouvons voir dans le monde des insectes – des superorganismes. Y figurent, non seulement des abeilles, mais aussi les énormes colonies de fourmis parasols, de fourmis légionnaires ou de termites cultivateurs de champignons.

Une colonie d'abeilles, bien plus qu'un agrégat d'individus, est un être composite qui fonctionne comme un tout, une entité vivante qui peut peser jusqu'à cinq kilogrammes et accomplit tous les processus physiologiques qui soutiennent la vie : l'ingestion et la digestion de la nourriture, l'équilibre nutritionnel, la circulation des réserves, l'échange des gaz respiratoires, la distribution de l'eau, la régulation thermique, la perception de l'environnement, le déplacement[27]. Regardons la thermorégulation de la colonie (fig. 1.5). À partir de la fin de l'hiver et jusqu'au début de l'automne, la température interne de la colonie est maintenue entre 34 °C et 36 °C – un peu en dessous de celle de notre corps – malgré une température ambiante variant entre – 30 °C et + 50 °C. La colonie y arrive en ajustant le rythme métabolique de base pour perdre de la chaleur ou,

Fig. 1.4. Une colonie d'abeilles : à la fois société et superorganisme.

lors d'un grand froid, pour le booster ; le carburant est, bien sûr, le miel stocké dans les pains de cire. D'autres indicateurs d'un fonctionnement hautement intégré au cœur de la colonie comprennent, sa *respiration coloniale* : en limitant la montée du niveau du CO_2 par l'augmentation de la ventilation à partir d'un taux de 1-2 % ; sa *circulation coloniale* : en assurant une livraison de miel provenant des rayons périphériques, en quantités

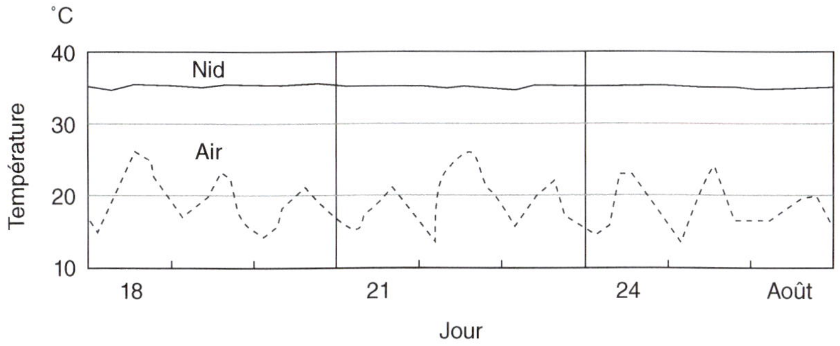

Fig. 1.5. La température élevée et stable à l'intérieur d'un nid d'abeilles par rapport à celle à l'extérieur.

suffisantes pour nourrir les abeilles productrices de chaleur qui se trouvent au centre auprès des larves et des œufs ; sa *réponse fébrile coloniale* : en élevant la température du nid pour combattre une dangereuse infection fongique parmi le couvain. Mais surtout, j'avance que la meilleure démonstration de la justesse de l'appellation « superorganisme » pour une colonie d'abeilles, serait sa capacité de fonctionner comme une entité douée d'intelligence au moment de la prise de décision lors du choix d'une nouvelle demeure.

Un cycle annuel inédit

Le cycle annuel[28] de l'abeille fournit une clé pour comprendre l'exigence des abeilles quant à leur choix d'habitat ; le nid doit être confortable et de la bonne taille. Contrairement à toutes les autres espèces d'insectes sociaux vivant sous des climats froids, les abeilles n'ont pas de période de dormance pendant l'hiver. L'essaim doit fonctionner normalement dans une maison chauffée et ce sont ses membres qui s'en chargent. Leur stratégie de survie est de se serrer dans une grappe compacte et bien isolée (*cluster*), à peu près de la taille d'un ballon de foot, dont la température est maintenue au-dessus de 10 °C, c'est-à-dire quelques degrés au-dessus de leur seuil d'engourdissement, et qui s'avère donc suffisante pour maintenir en vie les abeilles à la surface (fig. 1.6). La chaleur est générée par les abeilles qui contractent, de façon isométrique, leurs deux groupes de muscles commandant le battement des ailes (l'un pour les lever, l'autre pour les baisser), produisant ainsi peu ou pas de vibrations mais beaucoup de chaleur. Ces muscles alaires dotent les abeilles d'une étonnante puissance de production calorifique. L'abeille vole en battant des ailes – c'est le moyen de locomotion animale le plus dispendieux en énergie – et la musculature de vol des insectes compte parmi les tissus ayant la plus grande activité métabolique. En effet, une abeille en plein vol dépense 500 watts par kilogramme, à comparer avec la dépense calorique maximale d'une équipe olympique d'aviron qui n'est que de 20 watts par kilogramme. Néanmoins, à n'importe quel instant, seulement un petit nombre d'abeilles à l'extérieur de la grappe est en train de frissonner à cette allure ; la production totale par deux kilogrammes d'abeilles ne serait pas de 1 000 mais de 40 watts (une petite ampoule). Dans une cavité bien douillette, protégée des vents – grands voleurs de calories –, une colonie avec ce niveau de production de chaleur survivra aux rigueurs de l'hiver en toute tranquillité. L'importance de trouver une cavité protégée est parfois démontrée par le triste destin d'un essaim qui ne réussit pas à trouver sa niche et qui reste exposé aux frimas de l'hiver (fig. 1.7) ; il est certain de périr dès les premiers froids.

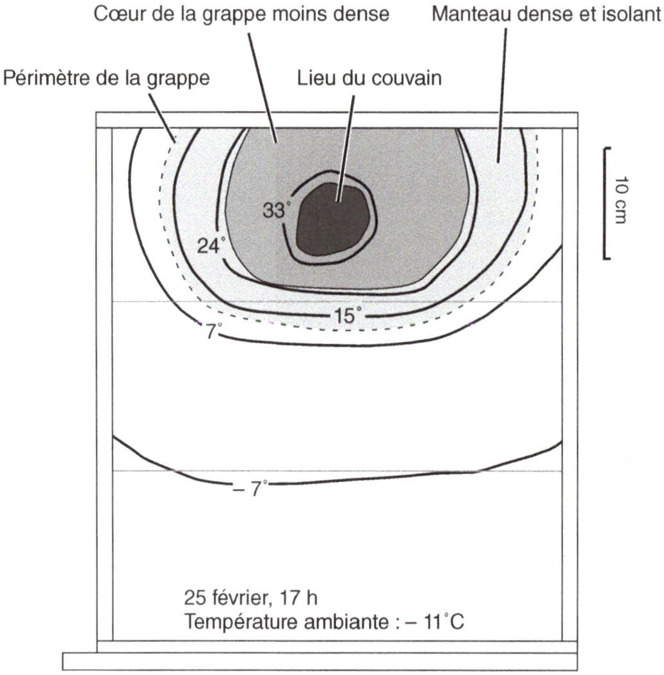

Fig. 1.6. L'anatomie d'une grappe d'abeilles pendant l'hiver.

Fig. 1.7. La grappe d'une colonie qui n'a pas réussi à occuper une cavité protectrice.

Une colonie carbure avec le *flower power* (littéralement : le pouvoir des fleurs) car, au final, ce qui alimente le système de chauffage pendant tout l'hiver chez les abeilles n'est autre que les 20 kilos de miel engrangés dans les rayons pendant l'été précédent. Si on s'applique à peser la colonie jour après jour, on ne manquera pas de voir une perte de poids régulière en hiver lorsque les abeilles consomment leur réserves de miel ; par contre, l'été est une période de gain de poids, dû au remplissage effréné des rayons (fig. 1.8). Par exemple, à Ithaca, New York, mes colonies stockent leurs rayons principalement pendant deux mois, entre mi-mai et mi-juillet, lors du déploiement ininterrompu de plantes à fleurs produisant du nectar en abondance, y compris des arbres. Par une seule journée bien ensoleillée – air chaud, fort soleil et nectar à gogo –, le rucher que je garde chez moi (ct que je peux peser aisément) augmentera de plusieurs kilos de miel frais. Les apiculteurs appellent une série de telles journées une « coulée de miel » (« *honey flow* »).

La nécessité d'amasser des réserves suffisantes de carburant hivernal pendant la période limitée de l'été, pose l'un de ses plus grands défis à la colonie. Le miel est une denrée dense et grande productrice d'énergie ; 20 kilos de poids correspondent à un volume de presque 16 litres ou plus de 50 petits ours en plastique remplis de miel que l'on peut trouver au supermarché à côté des pots de confiture. Combien de travail, d'efforts et d'espace faut-il pour thésauriser un butin si volumineux, avec ses précieuses calories ? Étant donné que le nectar frais n'est (en moyenne) qu'une solution à 40 % de sucre, que le miel mûri est à 80 % de sucre et que la butineuse rapporte environ 40 grammes de nectar, nous pouvons calculer que l'effort de travail correspond à un million de voyages pour amasser un tel butin. Et n'oublions pas le nombre (incalculable) de kilomètres parcourus et de fleurs visitées. Il s'agit d'efforts prodigieux pendant la saison faste, pour maintenir la colonie pendant la saison maigre.

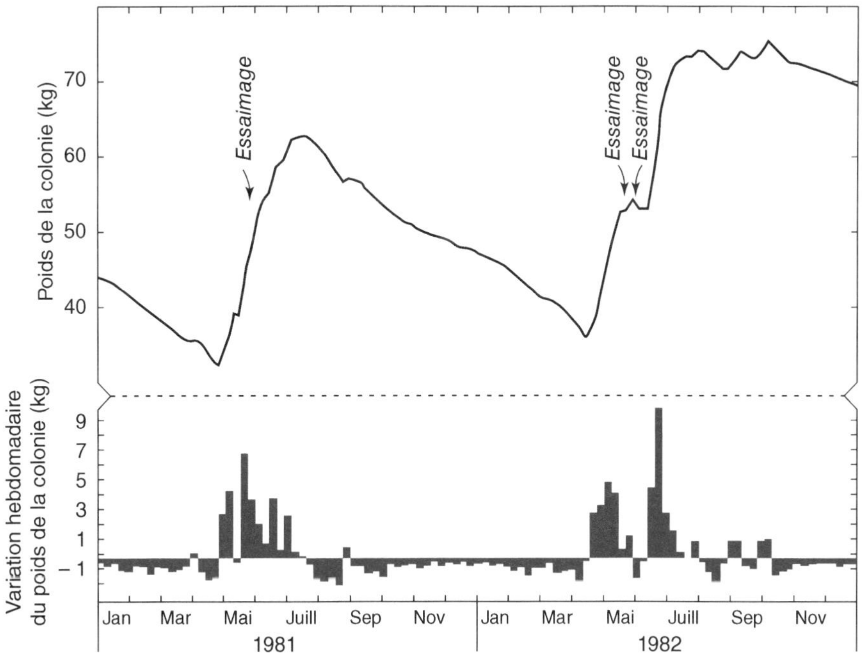

Fig. 1.8. Les changements de poids de la colonie (ruche plus abeilles et miel) au fil des semaines.

Regardons le système de stockage : en tenant compte du fait qu'il faut 250 cm^2 de rayons pour contenir un kilo de miel, correspondant à 0,9 litres en volume de cavité (en comptant les rayons remplis et les couloirs d'accès), nous pouvons calculer qu'il faut un volume de cavité d'au moins 18 litres pour 20 kilos de miel. Ainsi, le choix du logement d'une colonie implique le rejet de cavités d'une contenance inférieure. Idéalement, il faudrait une cavité encore plus grande afin d'héberger des rayons de miel supplémentaires, sans oublier les rayons consacrés au couvain. Au printemps, ceux-ci peuvent occuper plus de la moitié du total des alvéoles (environ 100 000) ; leur précieux contenu doit reconstituer la force de travail en vue de l'essaimage. D'ailleurs, les apiculteurs ont trouvé une façon astucieuse d'exploiter cette pulsion à se pourvoir en miel. En offrant un hébergement bien plus vaste que celui qui est nécessaire dans la nature, ils encouragent les abeilles à amasser des quantités incroyables de miel, parfois plus de 100 kilos par ruche et par été. Ils profitent ainsi de ce surplus de rayons débordants de miel.

La démarche industrieuse pour passer l'hiver n'est pas le seul fait inédit du cycle annuel des abeilles. Regardons également comme elles se mettent à reconstituer leurs effectifs au milieu de l'hiver. Peu après le solstice d'hiver, lorsque les jours s'allongent mais qu'il fait encore très froid, chaque colonie élève la température interne de la grappe à 35 °C, la température optimale pour élever le couvain. Le cœur chaud de cet amas sert de couveuse pour les œufs que la reine se met dorénavant à pondre. Elle utilise des alvéoles vidées de leur miel pendant cette période de froid. Les larves éclosent environ trois jours après la ponte et se font nourrir par des ouvrières adultes qui leur donnent une substance riche en protéines, la gelée royale, secrétée par des glandes faisant partie des pièces buccales. Après environ trois jours de ce régime, les larves en sont sevrées et reçoivent un mélange de pollen malaxé avec du miel. À l'âge de 10 jours, les larves ont grandi et remplissent leur alvéole presque à ras bord (fig. 1.9), elles entreprennent alors le

Fig. 1.9. Alvéoles avec des larves (formes blanchâtres et enroulées).

tissage d'un cocon dans lequel elles se métamorphoseront. Pendant ce stade délicat, les alvéoles sont coiffées d'un couvercle de cire (un opercule) afin de protéger les nymphes. Une semaine après l'accomplissement de la métamorphose, la jeune ouvrière pleinement développée mâchera la cire pour dégager une voie de sortie et se joindra aux équipes de main d'œuvre. Au début de ce travail impressionnant de prévoyance, il n'y aura qu'une centaine d'alvéoles contenant des abeilles en cours de développement, mais au début du printemps il y en aura plus d'un millier, la colonie grandissant de plus en plus vite au fil du temps. À la fin du printemps, lorsque la plupart des autres insectes commencent à s'activer, les colonies d'abeilles auront atteint leur taille maximale, avec entre 20 000 et 30 000 individus ; elles auront déjà commencé à se reproduire.

La reproduction d'une colonie

La reproduction d'une colonie d'abeilles, vue comme un individu, est une affaire complexe et bien différente de la nôtre[29]. L'essentiel de la colonie est stérile (les ouvrières) et l'on peut la concevoir comme un corps porteur d'organes reproducteurs, avec les faux-bourdons (mâles) et la reine (femelle). Ainsi l'on peut considérer que chaque colonie est hermaphrodite, avec des capacités de reproduction mâles et femelles. Chez nous, et dans l'essentiel du règne animal, les individus sont ou mâles ou femelles. Pour aider à comprendre comment une colonie d'abeilles arrive à son style très particulier de reproduction sexuée, j'aime comparer une colonie à un pommier. Les deux types d'individus – la colonie et le pommier – se ressemblent par le fait d'une production de propagules (organes de propagation) mâles et femelles. Les propagules mâles seraient, respectivement, les faux-bourdons et les grains de pollen et les propagules femelles seraient les reines d'une part et les ovules au cœur de la fleur d'autre part. Tout comme les grains de pollen d'un pommier servent à féconder des ovules d'autres pommiers pour produire des embryons (contenus dans les pépins) qui deviendront des arbres, ce sont les faux-bourdons qui font le travail d'insémination des reines qui seront, elles, à l'origine de nouvelles colonies. L'arbre et la colonie comptent tous les deux sur une fécondation croisée pour éviter les problèmes associés à la consanguinité.

Les colonies et les arbres se ressemblent quant à leurs aspects mâle et femelle concernant la reproduction. Pour les deux, le rôle du mâle est tout simple. Entre la fin du printemps et le début de l'été, chaque colonie et chaque arbre produit un grand nombre de propagules mâles – des milliers pour les faux-bourdons et des millions pour le pollen des pommiers – qui sont disséminées avant d'aboutir, pour un très petit nombre, à une fécondation. Qu'il s'agisse d'un faux-bourdon ou d'un grain de pollen, la probabilité de féconder une reine ou un ovule de fleur est minime ; mais, puisqu'un individu en bonne santé lance une quantité énorme de propagules, la probabilité d'une reproduction réussie est élevée grâce à ces deux sortes de petits porteurs de gènes mâles.

Du côté des femelles, nous trouvons un processus bien plus complexe pour nos deux exemples. Pour chacun, la propagule fécondée (la reine des abeilles ou l'ovule du pommier) n'est pas délivrée « nue », comme chez l'élément mâle, mais équipée d'un dispositif de dissémination qui la protégera et l'aidera tout au long de son chemin. Ainsi, les ovules fécondés d'un pommier sont expédiés, enveloppés d'une pellicule résistante (le pépin) et entourés d'une chair délicieuse (la pomme). Du côté des abeilles, les reines fécondées sont dispatchées, chacune avec son entourage d'abeilles (l'essaim), ces 10 000 ouvrières qui la protègent, l'hébergent et la nourrissent. Chaque essaim ou chaque pomme étant plusieurs milliers de fois plus grand et donc plus coûteux qu'un faux-bourdon ou qu'un grain de pollen, il n'est pas surprenant que la production d'unités femelles reste plutôt modeste – habituellement moins de quatre essaims et pas plus de quelques centaines de pommes par colonie ou par arbre et par an. Ces propagules femelles qui, étant bien protégées et bien dotées, coûtent si cher en matière et en énergie, ont une grande probabilité de réussite dans leur mission – la formation d'une nouvelle colonie ou la germination d'un futur arbre. Ainsi, malgré leur petit nombre, l'essaim et la pomme correspondent en efficacité à leurs partenaires mâles pour la propagation des gènes.

L'essaimage

Dans l'État de New York, où j'habite, mes colonies commencent à dispatcher leurs faux-bourdons à la fin du mois d'avril et à lancer leurs essaims une ou deux semaines plus tard, début mai[30]. En fait, la reproduction de la colonie démarre à la fin de l'hiver. La plupart du temps la période d'essaimage commence après quelques semaines de beau temps, en pleine période de floraison des érables (*Acer* spp.), des saules (*Salix discolor*) et du chou puant (*Symplocarpus foetidus*). À ce moment-là, les colonies auront profité de l'abondance de nourriture, leurs reines auront pondu assidûment leurs œufs, et les effectifs d'ouvrières seront déployés en force. Je peux prédire de façon assez sûre le moment du premier essaim, en notant la date à laquelle, après six mois de consommation hivernale de miel, la chute libre du poids de la ruche sera inversée et le restockage des rayons en nectar et en pollen sera engagé (voir fig. 1.8).

L'essaimage débute aux premiers jours de l'été parce que chaque colonie a un travail énorme à accomplir pour survivre à l'hiver suivant[31]. Précisément, l'essaim (la nouvelle colonie) doit trouver une nouvelle cavité, l'occuper, construire l'ensemble des rayons en cire, élever une nouvelle population d'ouvrières et stocker assez de vivres pour passer l'hiver. Démarrer de bonne heure aide une colonie à surmonter ces défis mais, malheureusement, malgré cela, beaucoup de nouvelles colonies n'arrivent pas à rassembler assez de réserves et, par conséquent, meurent de faim pendant leur premier hiver. Au milieu des années 1970, j'ai suivi pendant trois ans le destin de plusieurs colonies sauvages qui habitaient dans des arbres et des maisons dans les environs d'Ithaca ; j'ai découvert que moins de 25 % des colonies fondatrices (celles nouvellement démarrées par l'essaim) étaient en vie au printemps suivant. Par contre, 80 % des colonies établies (celles en résidence depuis au moins un an) étaient en vie au printemps, certainement parce que, l'été d'avant, elles n'avaient pas eu à démarrer à partir de rien. Les apiculteurs anglophones décrivent ce moment critique dans une chansonnette un peu morose : « *A swarm of bees in May is worth a load of hay, a swarm of bees in June is worth a silver spoon, a swarm in July isn't worth a fly.* »[e]

Que ce soit en mai, en juin ou en juillet, la première démarche en vue de l'essaimage comprend l'élevage d'au moins 10 nouvelles reines, toutes filles de la reine. L'élevage de reines commence par la construction de calices de reine, des petites coupelles inversées, fabriquées en cire. Elles sont accrochées au bord inférieur des rayons hébergeant le

[e] « Un essaim d'abeilles au mois de mai vaut un lot de foin, un essaim d'abeilles au mois de juin vaut une cuillère en argent, un essaim au mois de juillet ne vaut pas une mouche. »

couvain, et formeront le départ des grandes alvéoles royales pointant vers le bas et dans lesquelles des reines seront élevées (fig. 1.10). Ensuite, la reine pondra dans une douzaine ou plus de calices, et les ouvrières se chargeront de nourrir les larves dès leur éclosion, avec de la gelée royale uniquement, ce qui assure leur développement en tant que reines. Un mystère persistant nous intrigue : qu'est-ce qui stimule la colonie à élever des reines et ainsi à initier l'essaimage ? Les apiculteurs savent bien que certaines conditions à l'intérieur de la ruche (un problème d'encombrement parmi les adultes, trop d'abeilles immatures, et d'amples réserves emmagasinées) et à l'extérieur (le printemps et beaucoup de fleurs) correspondent au début de cette démarche. Néanmoins, personne, à ce jour, ne sait ce qui donne le feu vert pour démarrer cette étape critique – l'essaimage.

La période de développement des futures reines est remarquablement rapide, et ne demande que 16 jours entre la ponte et l'éclosion (21 jours pour les ouvrières et 24 pour les faux-bourdons). Pendant la maturation de ces princesses, leur mère, la reine, subit des changements lui permettant de préparer son départ imminent avec l'essaim. Chaque jour elle voit son régime diminuer, ainsi que sa production d'œufs. Son abdomen, ne fabriquant plus d'œufs prêts à la ponte, se rétrécit spectaculairement. De surcroît, les ouvrières commencent à montrer une certaine hostilité envers leur mère, la poussant,

Fig. 1.10. Une des grandes alvéoles en forme de cacahuète dans laquelle une reine est élevée.

la secouant et même la mordant légèrement[32]. Chaque fois qu'une ouvrière secoue la reine, elle la saisit avec ses pattes de devant et lui imprime 10 à 20 secousses vigoureuses en agitant son propre corps pendant une ou deux secondes (fig. 1.11). Ces façons de la malmener, qui finissent par devenir quasiment continues (toutes les 10 secondes), forcent la reine à arpenter le nid. L'exercice forcé, conjugué à la baisse d'alimentation, lui fait perdre 25 % de son poids corporel. Ce traitement énergique lui permettra de s'envoler, le moment venu, avec un corps adapté, plus léger et plus fuselé.

Pendant la maturation des jeunes reines et le régime amincissant de leur mère, les ouvrières préparent également le départ en masse de milliers d'abeilles. Afin d'assurer des réserves d'énergie, elles font le contraire de leur mère, se gavent de miel et grossissent à vue d'œil[33]. Une étude sur les ouvrières (nécessitant la fastidieuse dissection de leurs estomacs afin de les peser) montrait que la plupart avaient ingurgité entre 35 et 55 milligrammes de miel et avaient donc augmenté leur poids corporel de 50 %. Un essaim qui prend son envol est constitué pour un tiers de son poids de miel – des réserves indispensables. Ce gavage n'est pas la seule manière de se préparer à l'essaimage. Les glandes cirières, situées sur les plaques ventrales de quatre segments abdominaux d'une ouvrière, deviennent hypertrophiées en anticipation de l'énorme dépense que demandera la production de cire pour l'aménagement du futur nid. En retournant une ouvrière prête à l'envol, il est possible de voir ces écailles blanchâtres, miroirs à cire se projetant de dessous les replis des plaques ventrales qui se chevauchent pour couvrir l'abdomen (fig. 1.12). Ce qui surprend le plus est la léthargie de toutes les ouvrières juste avant l'envol. Beaucoup de ces traînardes se suspendent paresseusement aux rayons tandis que d'autres se regroupent devant l'entrée, ce qui donne l'alerte à tout apiculteur qui surveille son rucher. Jay Hosler, biologiste et artiste de bande dessinée, a transformé, avec son humour habituel, la phrase « *the calm before the storm* » en « *the calm before the swarm* »[f] [34]. Plusieurs dizaines d'abeilles, pourtant, restent actives et commencent déjà à ratisser la campagne à la recherche de sites potentiels sur un rayon d'au moins cinq kilomètres et dans toutes les directions. Ces individus entreprenants sont des chercheuses de nid, les éclaireuses – héroïnes de ce livre, et décrites au chapitre 3.

Fig. 1.11. Une ouvrière qui secoue la reine.

Une flèche indique le sens de la vibration dorso-ventrale du corps de l'abeille.

[f] NdT : Littéralement « le calme avant l'orage ». Les mots « *storm* » (orage) et « *swarm* » (essaim) ont une sonorité proche.

Fig. 1.12. Des écailles de cire sur l'abdomen des ouvrières.

Pendant l'été 2007, j'ai appris que les éclaireuses jouaient un rôle clé pour déclencher l'étape suivante de l'essaimage : le départ en trombe du nid de la colonie souche[35]. Pour cette étude, j'avais comme partenaire Juliana Rangel, une excellente scientifique – intelligente, enjouée et travailleuse. Nous avons appris que les éclaireuses sont particulièrement bien qualifiées pour initier l'exode en masse, parce que leur mission les fait aller à la fois dehors pour chercher un site et dedans pour se reposer et refaire le plein de miel. Seule une abeille au courant des conditions à la fois à l'intérieur et à l'extérieur peut savoir quel sera le moment propice pour déménager. À l'intérieur, elle saura que des reines sont au stade de nymphe avec leurs alvéoles bien scellées ; à l'extérieur, elle pourra juger du temps qu'il fait – assez beau pour favoriser le voyage, ou non. Lorsque ces deux prérequis sont satisfaits, les éclaireuses entrent en action, en commençant auprès de leurs sœurs en train de lambiner sur le seuil. Elles les bousculent en se pressant thorax contre thorax, pour donner un message vibratoire de 200 à 259 hertz (cycles par seconde) en activant leurs ailes pendant quelques secondes. Ce signal composé de stridulations s'appelle *piping* et, avec ses harmoniques de haute fréquence, ressemble au moteur d'une voiture de Formule 1 en pleine accélération ; ce message incite les abeilles inactives à augmenter leur température corporelle à 35 °C en réchauffant leurs muscles alaires en prévision de l'envol. Ces stridulations sont intermittentes et faibles au début, mais gagnent en intensité pendant l'heure qui suit pour devenir fortes et constantes au fur et à mesure de la participation des éclaireuses (quelques centaines). Le réchauffement accompli – sondé par les guides qui sentent une chaleur suffisante dans l'entourage –, un deuxième signal est émis, le *buzz-run*, dans lequel les éclaireuses courent avec une grande excitation, traçant un chemin tortueux dans le nid, faisant bruisser leurs ailes et bousculant leurs sœurs trop apathiques. Le message est sans appel : « Partons ! ».

Et elles partent ! Presque toutes les ouvrières s'excitent, courent partout et obstruent l'entrée, d'où elles se déversent comme un torrent, entraînant la reine dans leurs flots.

Cet essaim primaire contient environ 10 000 abeilles (les deux tiers de la population de la colonie) et virevolte dans les airs, formant un nuage de 10 à 20 mètres de large, avec la reine au centre (fig. 1.13). Il ne va pas loin car, rapidement, quelques ouvrières s'installent sur une branche ou quelque chose d'équivalent et sont rapidement rejointes par la reine. Il suffit de 10 à 20 minutes pour que cette nuée se condense en une grappe, car les premières abeilles arrivées se mettent à diffuser, en battant leurs ailes, une phéromone de rappel à l'odeur citronnée, secrétée par les glandes au bout de l'abdomen[36]. Pendant les prochaines heures ou les prochains jours, l'essentiel de l'essaim restera dans un état quiescent tandis que les éclaireuses parcourront le voisinage à la recherche de sites aptes à servir de domicile. Par des délibérations menées inlassablement, suivies d'une décision démocratique, elles inciteront leurs congénères à repartir et les guideront jusqu'à leur nouveau logement.

Dans la colonie souche, il y a plusieurs milliers d'ouvrières, une bonne douzaine de reines prêtes à éclore et plusieurs centaines d'alvéoles contenant de futures ouvrières, sans oublier les généreuses réserves de nourriture. Les abeilles restées à la maison se retrouvent sans reine, mais il suffit de peu de jours avant l'émergence d'une nouvelle reine. Pendant les quelques jours d'attente, la relève des ouvrières est en train d'éclore et, normalement, la colonie sera bien reconstituée au moment de l'émergence d'une reine[37]. Dans ce cas, la première reine vierge sera chassée afin de l'empêcher de détruire les suivantes. De plus, les ouvrières s'abstiennent de grignoter la cire et les fibres des cocons afin de ne pas libérer les autres princesses et les nourrissent en poussant leur langue à travers de petites fentes dans le fourreau. Dès que l'essaim sera reconstitué, la première reine à sortir signalera sa présence avec une variante de la stridulation appelée « tut »[38]. Une reine vocalise avec le même procédé qu'une ouvrière, en poussant son thorax contre une surface quelconque et en activant ses muscles alaires. En revanche, une reine s'appuiera contre un rayon, et non pas contre une autre abeille comme le font les ouvrières, probablement pour mieux se faire entendre. Les sons d'une reine

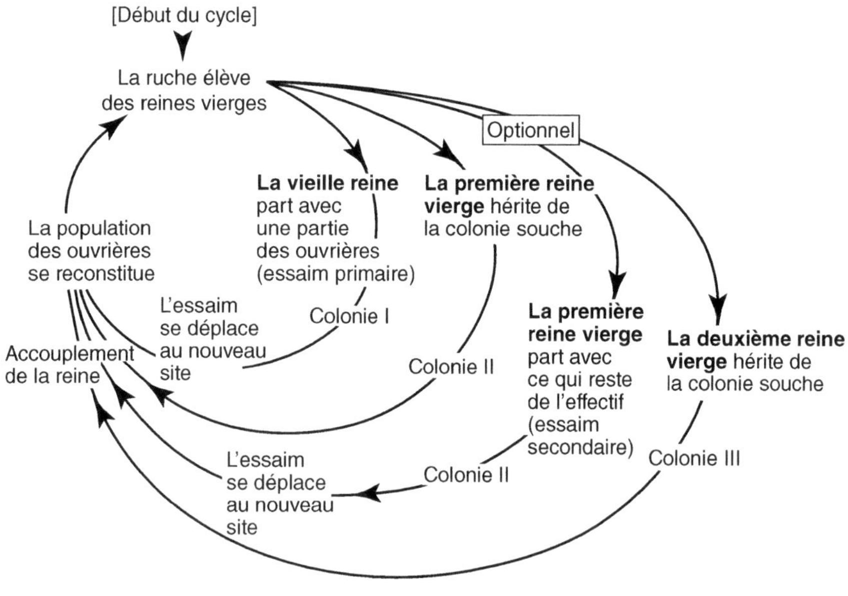

Fig. 1.13. Les événements principaux pendant le cycle de vie d'une colonie d'abeilles.

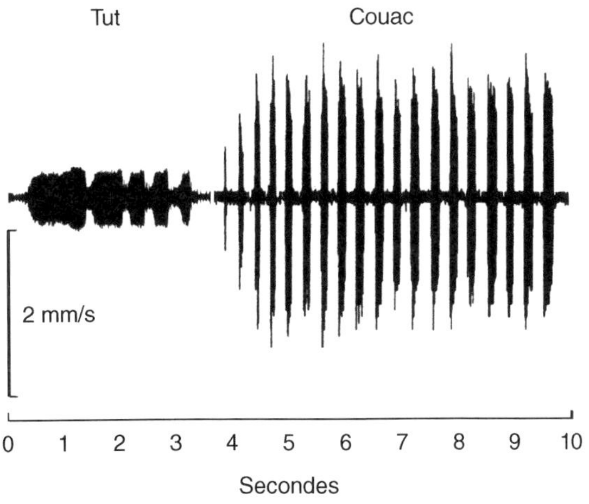

Fig. 1.14. La reine émet des sons aigus (des stridulations), enregistrés comme des vibrations des rayons. Une reine vierge qui se déplace sur les rayons fait un son, « tut » qui provoque un « couac » par une autre reine vierge, encore dans son alvéole. Les unités marquées sur l'axe vertical – des millimètres par seconde – sont des mesures de l'énergie du son.

durent plus longtemps que ceux d'une ouvrière et contiennent des pulsations multiples (fig. 1.14). Lorsque la première reine vierge se manifeste, les ouvrières cessent de bouger pendant toute la durée de son signal, peut-être pour réduire le bruit de fond de leurs petits pas et mieux l'entendre. Les reines confinées dans leurs alvéoles y répondent avec des « couacs », mais avec un timbre plus grave et légèrement plus long ; la reine est ainsi informée de la présence de ses rivales, qui sont ses ennemies mortelles.

Ces mauvaises nouvelles poussent la première reine vierge à partir avec un essaim secondaire en renonçant à toutes les richesses de la ruche – les rayons, le couvain, le miel –, pour assumer son devoir de fonder une nouvelle colonie. Ce comportement est moins dangereux que d'essayer de tuer toutes ses redoutables rivales et, très vite, les ouvrières la secouent pour la préparer à l'envol qui aura lieu, si les bonnes conditions météo le permettent, quelques jours plus tard ; elle sera littéralement poussée dehors avec son essaim. Ce processus se répète avec chaque nouvelle reine jusqu'à ce que la colonie se trouve trop diminuée pour continuer de la sorte. À ce moment, s'il reste encore plusieurs reines, les ouvrières n'interviendront pas. La première à sortir tente de tuer les autres en parcourant les rayons à la recherche d'alvéoles royales qu'elle va percer avec ses mandibules afin de piquer les habitants. Si deux reines (ou plus) émergent en même temps, elles se battront jusqu'à la mort en se saisissant et en essayant de se piquer. Elles se tortillent et s'empoignent, chacune cherchant une prise lui permettant d'injecter son venin dans l'abdomen de sa sœur. Au final, l'une des deux l'emporte et l'autre, mortellement atteinte, s'écroule paralysée et tombe du rayon pour mourir aussitôt. Cette sororicide sans merci continue jusqu'à ce qu'il ne reste qu'une seule reine en vie. Quelques jours plus tard, elle se lancera hors de la ruche pour son vol nuptial et, dûment inséminée par plusieurs mâles (jusqu'à 30), elle reviendra pour s'atteler à l'interminable labeur de la ponte. Bientôt ses filles et fils peupleront le nid parental convoité. Chaque reine vierge partie avec un essaim secondaire jouira d'un instant de liberté lors de son vol nuptial, dès que l'essaim aura trouvé sa bonne niche, car jamais cette indispensable fécondation n'aura lieu à l'intérieur.

2

Une future maison de rêve

« If I can with confidence say
That still for another day,
Or even another year,
I will be there for you, my dear,
It will be because, though small
As measured against the All,
I have been so instinctively thorough
About my crevice and burrow. »[g]

(Robert Frost, *A Drumlin Woodchuck*, 1936)[39]

À l'instar de la marmotte célébrée par ce poète américain, un essaim d'abeilles se fie entièrement à son instinct pour le choix de son logis, car seules certaines cavités offrent une bonne protection contre d'éventuels prédateurs et de rudes conditions climatiques, particulièrement les vents violents et les grands froids. Les abeilles à la recherche d'une niche évaluent leurs trouvailles selon pas moins de six paramètres afin de juger globalement de leur qualité : le volume de la cavité, la hauteur et la taille de l'entrée, la distance du sol, l'exposition au soleil et la présence de rayons (reliquat d'une colonie précédente). On reconnaît depuis seulement une trentaine d'années le soin qu'apportent les abeilles au choix de leur demeure, un fait étonnant sachant que les humains élèvent et côtoient des abeilles depuis des temps immémoriaux. La raison en est certainement que ce sont les apiculteurs qui s'improvisent agents immobiliers, en façonnant des ruches selon leur idée et en les plaçant à leur propre convenance, sans tenir compte des préférences des futures occupantes. Les premières preuves incontestables de l'existence de l'apiculture viennent d'Égypte, vers 2 400 ans avant notre ère, et consistent en un bas-relief dans un temple[40]. Des paysans y sont représentés en train de prélever du miel d'un empilement de ruches en argile et de verser le miel dans des pots (fig. 2.1). Pendant au moins 4 400 ans, ceux qui entretenaient la relation la plus étroite avec les abeilles n'ont fait qu'élaborer des logements en fonction de leurs propres besoins, en ignorant ce qu'exigent les abeilles dans la nature. Par exemple, les ruches sont généralement bien plus spacieuses que les cavités choisies par les abeilles et recevront ainsi d'autant plus de miel. De la même façon, un apiculteur place ses ruches au niveau du sol, ce qui est bien commode pour lui, mais dangereux pour ses locataires car les colonies vivant près de la terre sont facilement découvertes et détruites par des prédateurs.

---

[g] « Si je puis affirmer, en toute confiance, / Que, pour un jour encore / Ou même une année de plus, / Je serai là pour toi ma chère, / Ce sera que, malgré ma petitesse / En comparaison au Grand Tout, / Un instinct sûr m'aura guidé / Concernant le choix de mon terrier. »

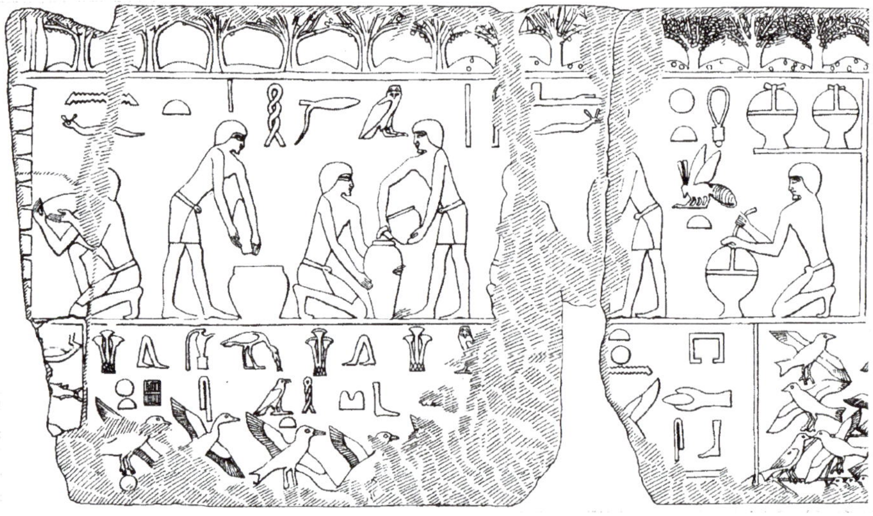

Fig. 2.1. Premier dessin connu montrant la pratique de l'apiculture et la préparation du miel au temple Niuserre (Abou Ghorab, en Égypte), dédié au Soleil et construit environ 2 400 ans avant notre ère.

Récolte du miel d'un empilement de ruches cylindriques à gauche, transfert du miel au milieu et stockage à droite.

Les abeilles sauvages et leurs niches

En 1975, quand je commençai à étudier le processus de recherche de logis par les abeilles, pour ma thèse de doctorant, je décidai que la première chose à faire était d'identifier les qualités d'une « maison de rêve » pour les abeilles[41]. J'aurais ainsi des indications sur ce qu'exige l'essaim au fur et à mesure de ses recherches, avant d'arrêter son choix sur ce qu'il estime être le meilleur parmi les sites potentiels répertoriés. Je me doutais bien que l'identification du site parfait serait un grand défi. Je savais que les abeilles devaient évaluer plusieurs caractéristiques pour chaque site et pouvaient juger chaque caractéristique de façon différente avant d'apporter un jugement global sur ce qui constitue un bon site. Néanmoins, je me disais que si je pouvais détailler les qualités requises et ensuite calculer l'importance de chacune, je serais déjà bien avancé dans ma quête.

Afin de déterminer leurs préférences immobilières, il me semblait qu'un bon début serait de trouver des arbres hébergeant des colonies d'abeilles, de les couper et d'ouvrir les tronçons munis de nids pour examiner de près leurs résidences naturelles (fig. 2.2). Chaque colonie sauvage occupe un site choisi par ses éclaireuses. Il paraissait raisonnable de penser que, répertoriées sur un ensemble de sites, les qualités partagées systématiquement me donneraient des indices quant aux préférences des essaims et que ces préférences, au cœur du processus de recherche, étaient celles qui détermineraient le choix ultime.

En 1955, Lindauer décrivit des expériences conduites en rase campagne à l'est de Munich. Il présenta à plusieurs essaims, individuellement, une paire de nichoirs identiques sauf pour une seule caractéristique. Il observa ensuite quel nichoir était le plus attractif pour les abeilles. Ces essais, peu étendus, ne fournirent que des indications préliminaires,

Fig. 2.2. Arbre à abeilles qui montre un nœud servant d'entrée en haut sur la branche de gauche.

mais lui donnèrent à penser que les abeilles avaient choisi en fonction de certains critères bien définis : la protection contre le vent, le volume de la cavité, la présence (ou non) de fourmis et l'exposition au soleil. Il fut impressionné par l'attention que prêtaient les abeilles aux nombreuses propriétés souhaitables et se demanda quel serait leur site idéal, estimant « qu'il serait mieux de demander leur avis aux abeilles »[42] pour percer le mystère. Évidemment, pour connaître leur opinion, je choisis d'aller examiner leurs nids.

La perspective d'aller dans les bois pour étudier les colonies d'abeilles sauvages m'enchanta, non seulement pour mes recherches mais aussi par pur plaisir. Durant mes premières années à l'université, j'avais fait des études de chimie et réalisé plusieurs projets en biochimie et biophysique. Mes investigations s'étaient déroulées à l'intérieur, dans un laboratoire propre, bien éclairé et dépourvu de vie. À présent, en deuxième cycle et en tant que biologiste et comportementaliste, je brûlais d'envie d'aller travailler dehors et de pratiquer l'approche que von Frisch et Lindauer recommandaient pour des recherches sur le comportement animal. Dans leur livre autobiographique, *Journey to the Ants*[h], Bert Hölldobler et Edward O. Wilson expliquent que ces deux pionniers avaient une philosophie qu'ils appliquaient à tous leurs travaux, en préconisant :

> *« ... un amour et un intérêt profonds (un sens intuitif) pour l'organisme, surtout quant à sa façon de s'accorder à son environnement. Apprenez tout ce que vous pouvez sur l'espèce choisie (ce qu'exige l'approche globale de l'organisme). Tentez de comprendre ou au moins d'imaginer de quelles manières son comportement et sa physiologie l'adaptent au monde réel. Prenez alors un élément de son comportement qui peut s'étudier séparément et se faire analyser comme si c'était un élément d'anatomie. Ayant identifié un phénomène nouveau, poussez l'investigation dans la direction la plus prometteuse. »*[43]

Mon directeur de thèse, Bert Hölldobler, avait présenté sa façon d'étudier le comportement des animaux lors de ses cours d'éthologie à Harvard, et en avait démontré l'efficacité en décrivant sa fabuleuse étude du comportement social des fourmis. À mon tour, j'avais hâte d'entrer en contact avec les abeilles dans leur habitat naturel et de pousser plus loin l'analyse de l'effort consacré à la recherche d'un nouveau nid. Je voulais reprendre l'étude là où Martin Lindauer avait dû la laisser 20 ans auparavant[44].

Je savais que je quitterais Harvard dès la fin de mes examens de fin de semestre. J'avais l'intention de retourner au Dyce Laboratory for Honey Bee Studies de Cornell où j'avais déjà travaillé pendant mon premier cycle universitaire. Le directeur, Roger A. Morse, était un homme d'une grande générosité. Il m'accueillit avec plaisir, me désigna un bureau et me fournit plusieurs outils essentiels : une grosse scie à chaîne, des coins en acier, une hache et un des pick-up du laboratoire. Mieux encore, « Doc » Morse organisa pour moi une collaboration avec un membre du département d'Entomologie, Herb Nelson, qui avait travaillé comme bûcheron pendant son adolescence et pouvait m'apprendre à abattre de grands arbres sans risquer ma vie.

Ensemble, nous avons commencé à couper certains des arbres que j'avais déjà découverts lors d'excursions au cours de mes années de lycée à Ithaca, quand j'explorais les bois autour de la maison familiale. Afin d'en trouver d'autres, je mis une petite annonce dans le journal local : « Cherche ARBRES À ABEILLES. Prix : 15 $ ou 7 kg de miel en échange d'un arbre hébergeant une colonie d'abeilles. Tél. : 607-254-5443. » Je craignais de ne recevoir aucun appel mais, avant la fin de la semaine, j'avais négocié le droit d'abattre 18 arbres facilement accessibles dans les bois des environs. Seules deux personnes souhaitèrent un paiement en espèces, les autres préférant le miel.

La procédure employée fut plutôt simple mais non sans danger. Peu avant le lever du soleil, quand toutes les abeilles étaient encore au nid, je me rendais à l'un des arbres, muni d'une boîte de poudre de cyanure de calcium, d'une vieille cuillère et de quelques vieux chiffons. Si l'entrée du nid était trop en hauteur, je prévoyais également une

---

[h] NdT : Publié en 1994. Traduit en français en 1996, Éditions du Seuil, sous le titre *Voyage chez les fourmis*.

échelle extensible. Mon plan était de déposer une cuillerée de cyanure dans le nid par l'entrée et de boucher celle-ci rapidement avec les chiffons. Au contact de l'air, le cyanure produirait un gaz qui tuerait les abeilles mais m'épargnerait, normalement. Il m'arriva une fois de laisser tomber la boîte et de renverser pas mal du contenu. Je réussis à retenir ma respiration assez longtemps pour descendre de l'échelle, remettre le couvercle et m'échapper du nuage de gaz qui se formait à toute vitesse. En tuant les abeilles d'abord, il était facile par la suite de couper l'arbre et de prendre le nid sans se faire attaquer par des milliers d'abeilles en colère. Ce protocole me permettait de recenser la population de la colonie sauvage lors de la dissection du nid.

Ainsi, après avoir tué les abeilles, je retournais au laboratoire, réquisitionnais Herb et chargeais tout l'équipement dans le pick-up, c'est-à-dire une corde, des planches, un mètre, un compas magnétique, une caméra 35 mm et un carnet de notes. Nous devions abattre l'arbre que je venais de visiter, découper le tronçon contenant le nid, le charger sur le pick-up et le ramener au labo. Je me souviens de mon admiration pour Herb qui, intrépide au volant, fonçait dans les bois jusqu'au pied de l'arbre désigné (« Ça ira, il y a plein de place pour faire demi-tour quand on aura chargé la bûche »), et pour la minutie de son inspection de la cime et de l'inclinaison de chaque arbre avant de scier (« Il faut savoir de quel côté l'arbre veut tomber »). Ses talents de bûcheron étaient intacts et chaque arbre tombait exactement là où il avait vu un espace libre. Dès sa chute, nous prélevions le tronçon recherché en faisant deux séries de coupes croisées : l'une au-dessus et l'autre loin au-dessous du segment à découper, jusqu'à ce que la scie à chaîne fasse cracher du bois brun foncé ou de la cire jaune, indiquant que nous commencions à entamer la cavité du nid. Ensuite, nous roulions le fût (de parfois deux mètres de long et presque un mètre de large) sur le pick-up, nous le ramenions près du laboratoire et nous le fendions en deux (fig. 2.3), avant de prélever le nid et de le porter à l'intérieur. Lors de la dissection il me fallait une bonne lumière pour bien examiner l'essentiel. Je mesurais le volume de la cavité, puis j'en retirais les rayons et je la remplissais de sable. En triant les morceaux de rayons cassés et les cadavres d'abeilles, je rencontrais, tôt ou tard, la reine sans vie. J'étais affligé à l'idée d'avoir tué des colonies entières, mais ému à l'idée d'être le premier homme à étudier en détail la résidence naturelle des abeilles.

À la fin de l'été 1975, nous avions déjà cherché et disséqué 21 nids arboricoles, c'était suffisant pour nous donner une idée générale de la vie des abeilles au cœur des bois. Je pus récolter des informations concernant la nature de l'entrée à partir de 18 nids supplémentaires (trouvés dans des arbres laissés sur pied), qui ne pouvaient être prélevés. La « porte d'entrée » étant toujours très importante, je lui accordai une attention toute particulière. Les abeilles habitaient dans toutes sortes d'arbres : chêne (*Quercus* spp.), noyer (*Juglans* spp.), orme (*Ulmus* spp.), pin (*Pinus* spp.), frêne (*Fraxinus* spp.), érable (*Acer* spp.) et caryer (*Carya* spp.). Les abeilles ne semblent pas avoir de préférence pour des essences spécifiques.

Rien d'étonnant à ce que les cavités occupées soient généralement tout en longueur et cylindriques, comme le tronc, mais elles nous surprirent par leur taille, bien inférieure à celle des ruches proposées aux abeilles par les apiculteurs. En moyenne, la cavité mesurait 20 cm de diamètre, 1,50 m de haut, et était d'une contenance de 45 litres (fig. 2.4), soit un espace habitable situé entre le tiers et la moitié de celui offert par une ruche d'apiculteur. Les abeilles préféraient-elles donc des nids plutôt petits, un peu *cosy* pour passer l'hiver ? Certaines colonies occupaient même des cavités de 20 à 30 litres, mais aucune ne disposait de moins de 12 litres de volume. Serait-ce une limite inférieure de confort, les abeilles évitant des quartiers trop exigus afin de disposer de suffisamment de

Fig. 2.3. Nid naturel d'abeilles dans l'arbre de la fig. 2.2.

Une fois fendu, le tronçon abritant le nid révèle les rayons contenant le miel (en haut) et le couvain (en bas). L'entrée est située à gauche, aux deux tiers de la hauteur.

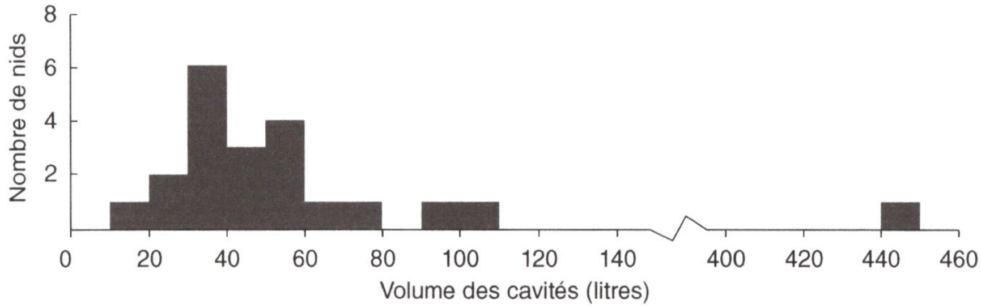

Fig. 2.4. Distribution des volumes des cavités pour 21 nids dans des arbres creux.

place pour stocker des vivres pour l'hiver ? Elles savaient certainement tirer le meilleur parti de leur espace habitable, car presque toutes les colonies avaient rempli la cavité de multiples rayons. Chaque rayon formait un rideau tendu entre les parois (souvent) étroites de la cavité et je remarquai avec admiration d'astucieux petits passages creusés entre ces rayons, à l'endroit où ils étaient fixés à l'arbre. Les abeilles pouvaient ainsi passer de rayon en rayon sans problème. Elles avaient aménagé les rayons de la façon qui est familière aux apiculteurs : le miel stocké en haut et le couvain installé en bas. Les nids prélevés en août montraient que la plupart des colonies avaient amassé de bonnes provisions de carburant pour l'hiver. Les nids contenaient 14 kilos de miel doré (en moyenne), que la présence de cyanure rendait malheureusement immangeable.

Les trous d'entrée étaient également d'une grande uniformité, indiquant la possibilité de préférences concernant les emplacements pour les abeilles. La plupart comprenaient un seul nœud ou une seule fente, avec une ouverture de 10 à 30 cm^2 (fig. 2.5). Ils étaient orientés au sud et se situaient vers le fond de la cavité, près du sol. La tendance pour une petite contenance et une orientation au sud me semblaient des choix de bon sens, car la cavité serait ainsi inaccessible à la plupart des prédateurs, hors des courants d'air et chauffée par le soleil, autant de paramètres avantageux pour la colonie. Pourtant, l'emplacement de l'entrée vers le bas du nid et plutôt près du sol me rendit perplexe, car je me disais que cela rendrait la colonie vulnérable à la détection par les prédateurs,

Fig. 2.5. Entrée dans un nœud du nid de la fig. 2.2 qui montre un certain nombre d'abeilles à l'intérieur.

Cette ouverture mesure environ 5 cm de large et 8 cm de haut.

comme les ours. Je savais que, au Moyen Âge, les forêts du nord de l'Europe (Allemagne, Pologne, Russie) étaient le repaire ancestral des ours (importés par la suite en Amérique du Nord) qui détruisaient les nids d'abeilles, au grand dam des apiculteurs locaux[45]. Ceux-ci inventèrent de terribles pièges pour tuer ces amateurs de miel, dont une plate-forme à charnière montée devant le nid pour précipiter l'ours gourmand et ravageur vers le bas, où il se faisait embrocher sur une grille de piquets pointus et meurtriers.

Je compris plus tard qu'en réalité les abeilles préfèrent les nids en hauteur avec une entrée loin du niveau du sol. Mon erreur était due au fait que j'avais choisi mes échantillons dans les arbres où les nids étaient visibles et où des nuées d'abeilles étaient facilement repérables par le promeneur que j'étais. Je pus vérifier par la suite que les trous d'entrée sont généralement placés beaucoup plus haut. Je devins plus tard un chasseur d'abeilles[46], passé maître dans l'ancienne pratique d'appâter les butineuses, de les poursuivre jusqu'aux fleurs et d'observer leur vol de retour au nid. À chaque poursuite, je m'efforçais d'observer les abeilles qui se faufilaient vers le nid tout en haut d'un arbre (voir fig. 2.2). J'ai pu repérer 27 arbres à abeilles à ce jour, en suivant leur vol, et je suis en mesure d'affirmer que la hauteur moyenne du nid est de 6,50 mètres. Désormais, je connais le danger d'un possible biais d'échantillonnage involontaire, capable de totalement fausser l'expérience.

Maison... !

Bien que mon étude descriptive de l'habitat des abeilles sauvages ait entraîné beaucoup de destruction, elle reste l'une de mes recherches préférées, car j'étais en contact avec des abeilles vivant dans leur milieu naturel et elle me permit d'affirmer ma confiance en tant que chercheur. Elle me guida pendant l'étape suivante de mon investigation : déterminer comment un essaim arrête le choix de son domicile et vérifier si le modèle qui se dessinerait (volume, taille et hauteur de l'entrée, etc.) serait vraiment le résultat des préférences des éclaireuses, ou juste la conséquence de cavités facilement disponibles. La conception de cette étude s'inspira de celles menées en Afrique de l'Est et Afrique du Sud, où les apiculteurs capturent les abeilles en suspendant des ruches artisanales (tronc d'arbre évidé et bouché aux deux extrémités, avec un trou d'entrée) dans les arbres et en attendant qu'un essaim s'y installe[47]. En Amérique du Nord, je n'avais jamais entendu parler d'une technique avec des « ruchettes-pièges », mais je me dis que, si c'était faisable, je le ferais. Je pensais ainsi inviter les abeilles à me révéler leurs préférences de site en leur proposant deux ou trois nichoirs, tous identiques à l'exception d'une seule caractéristique ; le volume, par exemple, ou la distance du sol. J'espérais que les éclaireuses d'essaims sauvages découvriraient les boîtes et, en choisissant systématiquement telle ou telle boîte, me montreraient les raisons de leur choix.

Une étude expérimentale est habituellement précédée d'une étude pilote, pour trouver les méthodes susceptibles de réussir avant d'entreprendre une étude coûteuse à grande échelle. À l'été 1975, mon étude pilote visait à vérifier si des essaims sauvages occuperaient mes nichoirs suffisamment souvent pour confirmer le bien-fondé de ma démarche. À l'aide de bouts de bois récupérés au Dyce Laboratoire, je fabriquai six nichoirs cubiques de 35 cm de côté avec, sur le devant, une entrée de quatre à cinq centimètres de large. Je pris comme modèle le type de cavité que je trouvais dans les arbres. Ces petites maisons ressemblaient à des nichoirs pour oiseaux, mais l'entrée était protégée par un grillage fin pour décourager les volatiles à plumes, tout en laissant entrer les abeilles. J'installai tous les nichoirs sur un tronc d'arbre à cinq mètres du sol dans un endroit familier, à Ellis Hollow, où j'ai toujours plaisir à me rendre. Je conserve un vif souvenir du frisson de joie que je ressentis quelques semaines plus tard lorsque je vérifiai un nichoir cloué sur un vieil orme près de Cascadilla Creek et que j'aperçus des douzaines d'abeilles couleur de cuir qui s'affairaient autour de l'entrée. Un essaim en avait pris possession. Au cours des 15 jours qui suivirent, je pus observer encore deux autres boîtes occupées par des essaims. Malgré sa grande simplicité, mon étude pilote m'avait appris que mon protocole expérimental avait des chances de fonctionner. Mon plan de travail pour l'été à venir était évident : je devais installer des douzaines et des douzaines de nichoirs de facture variable afin de « demander leur avis aux abeilles » et connaître ainsi leur idée de la demeure idéale[48].

Mon plan marchait très bien. Pendant les étés 1976 et 1977, j'installai plus de 200 nichoirs (verts), par groupes de deux ou trois, sur un terrain de Tompkins Country, et plus de la moitié attirèrent un essaim sauvage. Les boîtes de chaque groupe étaient disposées à une distance de 10 mètres les unes des autres, sur des arbres de taille similaire ou, encore mieux, sur des poteaux télégraphiques totalement identiques et exposés aux mêmes conditions climatiques (fig. 2.6). Chaque ensemble était conçu pour tester une seule préférence de site, en proposant un choix entre un nichoir *typique*, donc conforme à un site naturel (taille de l'entrée, volume, etc.), et deux ou trois nichoirs identiques, à l'exception d'une seule variable *atypique*, qui différait d'une boîte à l'autre. Le test portait ainsi sur la préférence des abeilles sauvages concernant la seule variable qui différait entre les boîtes. Ainsi, afin de tester la préférence de grandeur de l'entrée, j'installai des paires de nichoirs identiques, sauf que l'un offrait une entrée de 12,5 cm^2 et l'autre une entrée de 75 cm^2, bien plus grande que d'habitude. De même, pour tester la préférence de volume, j'installai trois boîtes identiques, sauf que leurs cavités pouvaient contenir 10, 40 et 100 litres.

Fig. 2.6. Deux nichoirs montés sur des poteaux télégraphiques.

Les deux boîtes offrent des sites identiques (forme, volume, hauteur de l'entrée, orientation, etc.) sauf que l'entrée de celle de droite est plus petite (12,5 cm^2) par rapport à celle de gauche (75 cm^2).

Fig. 2.7. Deux boîtes différentes utilisées pour voir si les abeilles préfèrent une cavité très étanche (à droite) ou ouverte aux courants d'air avec des trous dans les murs (à gauche).

Des retombées non toxiques

L'étude des abeilles, motivée par la simple curiosité, peut parfois apporter de façon inattendue un bénéfice non négligeable ayant une réelle valeur pratique. Le phénomène est bien illustré par le cas suivant : des connaissances concernant le mode de défécation des abeilles asiatiques aidèrent à réduire les tensions entre les États-Unis et l'Union soviétique dans les années 1980 ! L'histoire commença à la fin des années 1970, peu après la fin de mes études de premier cycle, tandis que je m'apprêtais à partir à l'étranger pour étudier les merveilleuses espèces d'abeilles vivant sous les tropiques asiatiques : l'abeille de ruche asiatique (*Apis cerana*), l'abeille naine (*Apis florea*) et l'abeille géante (*Apis dorsata*)[53]. Avec le soutien de la National Geographic Society et en compagnie de mon épouse Robin, j'entrepris une étude de 10 mois sur les stratégies défensives de ces trois espèces d'abeilles à miel. Nous installâmes notre campement au cœur des forêts vierges qui recouvrent les montagnes du parc national de Khao Yai, au nord-est de la Thaïlande. L'on peut encore y voir des calaos volant entre les diptérocarpes, flairer l'étrange odeur d'urine laissée par un tigre en promenade, entendre à l'aube le hululement du gibbon à visage blanc et, bien sûr, découvrir la vie mystérieuse des abeilles asiatiques. Peu à peu, le tableau des stratégies de défense de chaque espèce prit forme, avec des parades extraordinairement complexes contre les ennemis tels que frelons géants, fourmis tisserandes, faucons apivores, musaraignes arboricoles, singes rhésus et ours. Ce fut une expédition de terrain pur et dur, une aventure merveilleuse pour deux jeunes mariés, mais je me demande encore si plus d'une poignée de biologistes se sont penchés sur le rapport de 21 pages, magnifiquement détaillé, que nous avons publié dans le journal scientifique *Ecological Monographs*.

Quelques années plus tard, à ma grande surprise, les connaissances acquises sur les abeilles asiatiques se révélèrent importantes pour le grand public international. En 1981, le Secrétaire d'État du gouvernement Reagan, Alexander M. Haig, accusa l'Union soviétique de mener une guerre chimique contre les adversaires des gouvernements communistes de deux pays limitrophes de la Thaïlande : le Laos et le Cambodge. Si cette accusation était avérée, il s'agirait d'une violation de deux traités sur les armes : le Protocole de Genève de 1925 et la Convention relative aux armes biologiques de 1972. La preuve principale citée par Haig fut une matière nommée « *yellow rain* » (pluie jaune)[54], c'est-à-dire de petites taches jaunes de moins de six millimètres de diamètre sur la végétation couvrant des sites d'attaques potentiels et qui contiendraient des toxines fongiques. Je me rendis compte que ce que les officiels américains appelaient *yellow rain* était impossible à distinguer des petites taches jaunes que j'appelais, moi, des crottes d'abeilles. Les deux étaient identiques par la couleur, la forme et la taille. Des recherches ultérieures montraient que les deux contenaient également des poils d'abeilles portant des graines de pollen, dont les protéines avaient été digérées. Finalement, je pus aider Matthew Meselson, professeur de génétique moléculaire à Harvard et expert en armes chimiques et biologiques, à démontrer de façon incontestable qu'il s'agissait des matières fécales d'abeilles et non d'armes chimiques. Quelqu'un dit, pour rire, que nous avions révélé le travail des « *KGBs* »[i] [55]. Peu de temps après, en toute discrétion, le Département d'État des USA cessa d'accuser l'Union soviétique de violation des traités sur les armes chimiques et biologiques.

Cette histoire est un exemple remarquable, mais qui n'est pas si rare, d'un effet imprévu et utile qui n'a rien à voir avec la recherche de départ. Une simple recherche de base a souvent des retombées d'un grand bénéfice pour l'humanité. La première fois que ma curiosité personnelle m'apporta un bonus sur le plan pratique aussi utile qu'inattendu, fut pendant l'étude que je menais avec Doc Morse sur les préférences de site chez les essaims. Au cours de l'été 1976, nous avions installé des nichoirs sur plus de 100 sites au cœur de Tompkins Country et attrapé plus de 60 essaims. Vu ce niveau de réussite dans la collecte d'essaims, Doc se rendit compte qu'il serait bien, à partir de ces résultats, de faire des recommandations aux apiculteurs sur la manière de construire et de positionner des ruchettes-pièges afin d'attraper des essaims sauvages. Nous préparâmes un modèle simple (fig. 2.8), assorti d'un mode d'emploi indiquant comment positionner ces ruchettes – un bon emplacement serait à une hauteur d'environ cinq mètres, très visible mais bien ombragé et exposé au sud. Le tout parut dans la revue *Gleanings in Bee Culture*[56] et en tant que bulletin particulier (Cornell Cooperative Extension Bulletin), et fut accueilli avec enthousiasme par les apiculteurs. Auparavant, des apiculteurs qui souhaitaient capturer des essaims sauvages devaient attendre d'être contactés lorsqu'un essaim se posait quelque part. Ils devaient alors se dépêcher de le mettre dans une ruche avant que les abeilles ne sélectionnent un site et s'y envolent. Avec des ruchettes-pièges, les essaims arrivent automatiquement.

Ces dernières années, d'autres scientifiques étudiant les abeilles ont conçu des ruchettes-pièges moins chères, plus légères et plus résistantes, fabriquées avec de la pâte à bois conglomérée renforcée, ainsi qu'un appât olfactif (dans une petite fiole en polyéthylène) livré goutte-à-goutte en proportions égales (1 : 1 : 1) de citral, géraniol et un mélange d'acides nérolique et géranique[57]. Ces appâts imitent les phéromones d'attraction que lâchent les glandes odorifères des éclaireuses afin de marquer un site désirable (voir chapitre 7). Des expériences menées par Justin Schmidt au USDA Bee Research Center à Tucson, Arizona, montrèrent qu'une ruchette-piège avec appât serait cinq fois plus susceptible d'attirer un essaim qu'une ruchette sans appât. Il est probable que

[i] NdT : KGB est l'acronyme soviétique pour le Conseil de sécurité de l'État soviétique, de 1952 à 1991, ici permettant un jeu de mots, car « *KGBs* » se prononce « *Kay Gee Bees* » (*Bees* comme abeilles) en anglais.

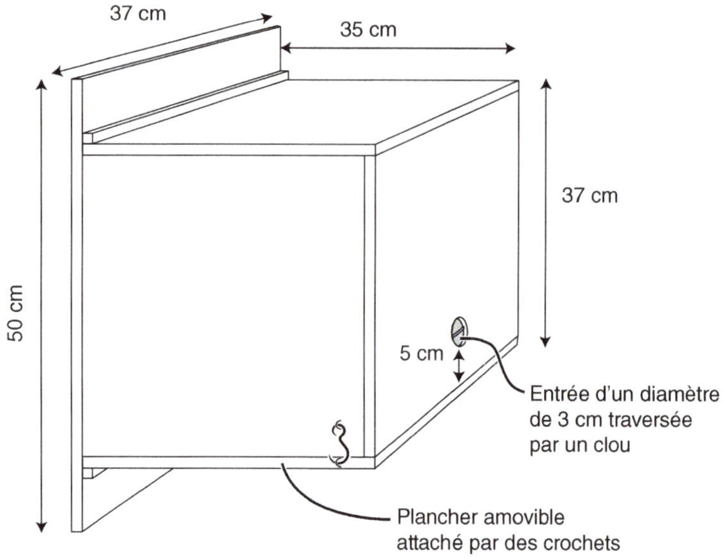

Fig. 2.8. Nichoir servant d'appât, construit en fonction des préférences de site des abeilles.

les phéromones artificielles affichent la présence d'une ruchette, et également possible qu'elles la rendent plus attractive. Des ruchettes-pièges composées de pâte à bois ainsi que les appâts olfactifs sont maintenant commercialisés et vendus chez les vendeurs de matériel apicole. Chaque été, je place une demi-douzaine de ces ruchettes, en partie parce que quelques colonies de plus sont toujours utiles, mais surtout parce que ce sont des *free bees*[j].

Évaluation des biens immobiliers

Tout propriétaire se demande sur quels critères se base le fisc pour estimer la valeur de sa maison : la grandeur, la superficie du terrain, le nombre de chambres, de salles de bain, etc. Je me posai la même question pour les abeilles en août 1974, l'été précédant mon entrée à Harvard, en observant plusieurs éclaireuses qui examinaient attentivement un site potentiel de nid. Je travaillais à l'époque avec Doc Morse au Dyce Laboratory de Cornell et me souciais de ma thèse de doctorat qui visait à approfondir le travail de Martin Lindauer quant au choix d'une nouvelle demeure par les éclaireuses. Personne, pendant 20 ans, ne s'était attelé à la résolution des mystères divers et variés soulevés par ses recherches. Clairement, il y avait une opportunité de premier ordre, mais saurais-je m'en tirer avec succès ? Afin de voir ce que j'allais pouvoir faire, je décidai tout simplement d'observer attentivement un essaim accomplir sa prise de décision démocratique. En travaillant avec Doc, j'avais appris à créer un essaim artificiel – en faisant tomber la colonie (la reine et les ouvrières) dans une cage afin de les priver de domicile et en les gavant de sirop de sucre ensuite. J'installai donc un essaim près de la maison de mes parents à Ellis Hollow (voir fig. 7), et clouait un nichoir (bricolé avec des morceaux de

[j] NdT : Un jeu de mots autour de « freeby » (quelque chose de gratuit) et « free bees » (les abeilles reçues en cadeau).

contreplaqué) sur un pin distant de 150 mètres, espérant que les éclaireuses le découvriraient et le choisiraient. Le nichoir était placé à hauteur des yeux ce qui me permettait ainsi de surveiller toutes les visites.

Cet essai fut une étape marquante. Je regardais longuement les éclaireuses faire leurs danses publicitaires pour plusieurs sites potentiels et, très vite, une abeille vint faire son récit de voyage en dansant pour un site pas trop loin et au nord : mon nichoir ! Sa fougue incita quelques éclaireuses à visiter la boîte et bientôt il y eut un rassemblement d'abeilles. De retour auprès de l'essaim, je décorai quelques danseuses d'une tache de peinture sur le thorax et l'abdomen, en combinant des couleurs différentes. Les abeilles, de simples membres indifférenciés de l'espèce *Apis mellifera*, furent transformées en de vraies connaissances dont les agissements m'intéressaient au plus haut point. À la surface de l'essaim, je regardais chaque éclaireuse effectuer une vigoureuse danse d'accroche, puis contacter une voisine en bougeant les antennes, peut-être pour mendier une gouttelette de miel ou se défaire d'une particule inopportune de couleur, avant de s'envoler pendant 20 ou 30 minutes. À son retour, parfois elle dansait, parfois elle réintégrait l'essaim tranquillement. Au nichoir, je voyais mes abeilles étiquetées qui, en atterrissant, couraient vers l'entrée, rentraient, sortaient, tournaient autour de celle-ci ou volaient lentement autour de la boîte. Ce vol semblait être une inspection visuelle et détaillée (fig. 2.9). Je n'avais jamais vu d'abeilles se comporter avec une attention si soutenue pour recueillir des informations. J'étais intrigué et soulagé. Les interrogations concernant mon sujet de thèse s'étaient envolées maintenant que j'étais sûr de pouvoir suivre les éclaireuses dans le choix de leur nid.

Je commençai l'étude de ce comportement d'inspection l'été suivant, en juin 1975, et dus quitter les forêts d'Ithaca (où j'avais cherché et examiné des nids sauvages) pour me rendre sur un lieu dépourvu de sites naturels : l'île d'Appledore (fig. 2.10). Cette île est le site du Shoals Marine Laboratory des universités Cornell et du New Hampshire[58]. Dénudée, rocailleuse et ouverte à tous les vents, elle ne mesure que 900 mètres de long et se trouve à 10 kilomètres au large du sud du Maine, dans l'océan Atlantique.

Fig. 2.9. Éclaireuses inspectant l'avant d'un nichoir.

Fig. 2.10. En haut : l'île d'Appledore et d'autres îles de l'archipel des îles de Shoals. En bas : roches, broussailles et goélands par une matinée de brouillard.

Appledore me plut d'emblée, car elle n'avait ni population résidente d'abeilles ni grands arbres. Mais elle est couverte de fourrés de sumac vénéneux montant à trois mètres de haut, entremêlés de ronces et de merisiers, le tout généreusement fertilisé par une population d'environ 1 000 couples de goélands argentés (*Larus argentatus*) et de mouettes rieuses (*Larus marinus*). Je me dis qu'en amenant un essaim sur cette île déserte, les abeilles seraient obligées de concentrer leurs efforts de recherche sur mes nids artificiels, me permettant ainsi d'étudier comment elles évalueraient un site en vue d'y nicher.

Mon tout premier objectif consista à réaliser une description détaillée du comportement des éclaireuses inspectant des sites, dans l'espoir d'apprendre les caractéristiques requises pour asseoir leur choix. Il était nécessaire de pouvoir regarder à l'intérieur des nichoirs afin d'apprendre leur façon de mesurer des paramètres tels que le volume de la cavité et la hauteur de son entrée au-dessus du plancher. Pour ce faire, je bricolai une petite cabane et j'attachai un nichoir cubique à l'un de ses murs devant une fenêtre occultée par un filtre rouge (fig. 2.11). Ainsi, je pouvais observer les abeilles à l'intérieur sans les déranger, car elles ne voient pas la couleur rouge, qui leur paraît noire. Les surfaces intérieures de la boîte, quadrillées avec des coordonnées, me permettaient de noter le parcours de chaque éclaireuse[59]. Dès que la cabane et sa boîte d'observation furent installées dans une vallée, un petit essaim d'environ 2 000 abeilles fut lâché au milieu de l'île. Les abeilles étaient marquées de petits points de couleur selon un code me permettant de les identifier individuellement. Dès que tout fut en place, je me retirai dans la cabane pour attendre les éclaireuses.

La première fois, je patientai toute la matinée sans visite, ce qui me surprit et me consterna. De retour à midi, je fus encore plus désemparé de voir quelques éclaireuses

Fig. 2.11. Intérieur d'un nichoir conçu pour l'observation d'une éclaireuse pendant son tour d'inspection.

La boîte est montée sur un côté de la cabane totalement sombre et la fenêtre est occultée par un filtre rouge. Pour les abeilles (qui ne perçoivent pas la lumière rouge) la fenêtre est noire et nous pouvons les observer afin de noter leurs mouvements par rapport aux carrés numérotés.

Fig. 2.12. La maison de Rodney Sullivan, pêcheur de homards.
L'échelle restée sur le toit indique le chemin emprunté par l'auteur afin d'écarter les abeilles.

effectuer de longues danses pour un emplacement loin du mien. Qu'avaient-elles donc trouvé ? Je mesurai la direction et la distance de l'emplacement spécifié par les danses et les traçai sur une carte topographique. Je sombrai dans le désespoir en voyant que les danses indiquaient l'une des deux maisons de pêcheurs de la côte sud de l'île, celle de Rodney Sullivan (fig. 2.12). Justement, on m'avait prévenu la veille de ne pas m'approcher de la propriété des pêcheurs, surtout de celle de Rodney, car il tenait à protéger sa vie privée et gardait un fusil chargé derrière sa porte. Que faire ? Je cherchai conseil auprès du directeur du laboratoire, le professeur John M. Kingsbury qui, très gentiment, m'accompagna jusque chez Rodney pour faire les présentations. Nous arrivâmes par la mer pour l'attirer devant sa maison, face à l'océan, pendant que les abeilles « attaquaient » par derrière, face à la terre. Il entendit notre bateau et sortit pour nous accueillir. Ayant escaladé les rochers, nous arrivâmes devant sa maison. Très content de nous voir, il nous informa d'un cas d'urgence chez lui : des centaines d'abeilles bourdonnaient dans le tuyau de son poêle à bois ! « Jamais vu ça de ma vie ! Elles ont dû arriver avec la dernière tempête. » Je ne répondis point et, pendant que Rodney allumait un feu pour enfumer les abeilles et les faire sortir, je montais sur son toit en pente (très glissant à cause des déjections des mouettes) pour poser une moustiquaire afin d'empêcher des abeilles d'envahir sa cheminée à l'avenir. Rodney fut ravi, et moi j'étais soulagé...

La maison de Rodney ayant été écartée des possibilités résidentielles, les éclaireuses se mirent à affluer vers ma boîte d'observation et à exécuter leur très particulier comportement d'inspection. Je constatai qu'une abeille avait besoin de 13 à 56 minutes (37 en moyenne) pour effectuer son tour d'inspection ; l'inspection complète est la somme de 10 à 30 voyages à l'intérieur de la cavité, chacun d'une durée de moins d'une minute et alternant avec de tout aussi brèves périodes dehors, pendant lesquelles l'abeille examine l'extérieur de la structure du nid. Je nomme cette première prise de contact, lorsqu'une abeille entre et sort sans arrêt, l'inspection de découverte. Suite à cela, l'éclaireuse retourne à l'essaim et, si le site est conforme, elle l'annonce par une danse frétillante et, en général, fait des visites répétées à une demi-heure d'intervalle, mais ces visites consécutives du site ne durent que de 10 à 20 minutes (13 en moyenne) et ne comportent pas beaucoup d'allers-retours à l'intérieur.

Lorsqu'une éclaireuse se trouve à l'intérieur de la cavité pour faire sa tournée de découverte, elle passe l'essentiel de son temps (environ 75 %) à mesurer rapidement les surfaces internes. Cette promenade au rythme accéléré est entrecoupée de pauses pour se reposer, se toiletter, lâcher des phéromones et exécuter de petits vols sautillants. L'intérieur d'une cavité sombre semble un endroit étrange pour voleter, mais l'abeille effectue de petits vols qui durent moins d'une seconde et lui permettent de se déplacer d'un endroit à l'autre sur toutes les parois. La géométrie de ses déplacements montre que l'abeille examine d'abord la région de l'entrée avant de pénétrer au fond (fig. 2.13). Une reconstruction en trois dimensions du chemin effectué montre que, à la fin de

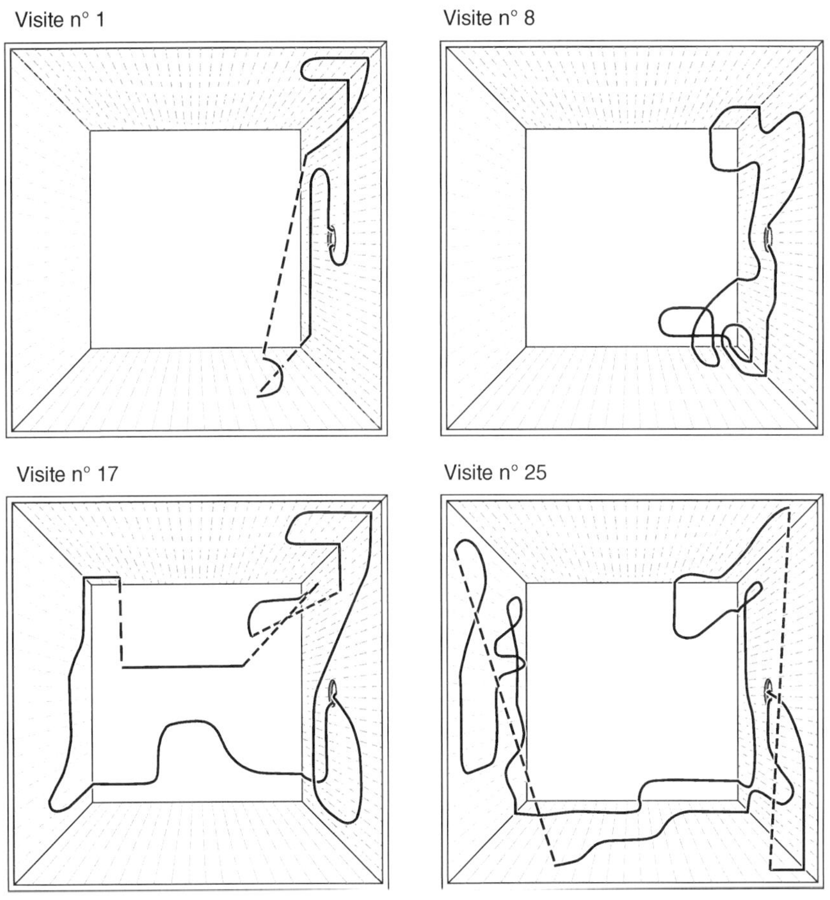

Fig. 2.13. Quatre trajets (sur 25) effectués par une éclaireuse lors de son tour d'inspection initial du nichoir d'observation.

Les lignes pleines désignent où elle marchait et les pointillés où elle voletait.

l'excursion, l'éclaireuse aura effectué un parcours d'au moins 60 mètres, se promenant sur la totalité des surfaces.

Je quittai l'île d'Appledore après quatre semaines d'observation sans avoir résolu le mystère de l'évaluation des sites candidats. Néanmoins, je pensais avoir fait des progrès satisfaisants. J'avais appris à travailler avec des essaims sur cette île côtière, où les vents puissants et les brouillards persistants entravaient souvent mon travail, mais aussi où l'air de la mer, la vue des brisants s'écrasant sur les roches et la compagnie des mouettes étaient toujours revigorants. De surcroît, j'avais assisté au comportement des éclaireuses qui découvrent et explorent un site potentiel, c'était un atout pour mes expériences à venir sur l'île. À mon retour en 1976, je me concentrai sur une énigme de taille : comment une toute petite abeille peut-elle mesurer la taille d'une cavité immense (par rapport à elle) ? Le volume est peut-être le paramètre le plus critique pour la survie de la colonie car, nous l'avons vu, une cavité de 10 litres ne permet pas de stocker tout le miel nécessaire pour passer l'hiver. Je me doutais bien que, au cours de leur évolution, les abeilles avaient trouvé un moyen pour prendre des mesures de façon bien précise.

Mais comment ? Cette façon inlassable d'arpenter les surfaces au cours de la première visite pourrait leur permettre de faire une estimation, mais il se peut qu'elles n'accomplissent qu'un tour de reconnaissance. Pour mieux en juger, je posai d'abord des boîtes dans lesquelles je pouvais varier l'intensité de l'éclairage en ajustant la lumière arrivant par le trou d'entrée, et ensuite varier la superficie des surfaces accessibles en badigeonnant les surfaces de Fluon, une sorte de Teflon glissant qui empêcherait les abeilles de grimper (fig. 2.14). Il s'avéra qu'il leur fallait un éclairage supérieur à 0,5 lux (l'équivalent de la clarté de la pleine lune) et des surfaces qu'elles pouvaient traverser librement, sans encombre. Je me demandais quelles étaient les conditions typiques à l'intérieur d'une cavité d'arbre ? Les parois ne posent certainement pas de problème pour la promenade. Mais la question de l'intensité lumineuse est plus délicate. Je décidai de construire un modèle de nid basé sur les mesures que j'avais prises sur des nids naturels dans les arbres. J'aménageai une série d'ouvertures dans lesquelles je pouvais insérer un photomètre. Je trouvai partout un niveau lumineux de moins de 0,5 lux, sauf près de l'entrée où pénétraient quelques rayons de soleil. De toute évidence, dans la nature, c'est en marchant que les abeilles évaluent essentiellement le volume d'un site.

Dans l'idée de tester cette hypothèse plus directement, je fis en sorte d'altérer leur perception du volume de la cavité, en manipulant la distance à couvrir entre deux points fixes. Une boîte cylindrique montée verticalement sur une plaque tournante me servit de tapis roulant quand je tournais doucement la boîte, avec l'abeille à l'intérieur (fig. 2.14). Une petite fenêtre sur le dessus me permit de voir dans quelle direction marchait l'abeille et d'augmenter ou de diminuer le nombre de pas nécessaires pour réaliser un circuit complet. Ainsi, dès l'entrée d'une éclaireuse, si je décidais d'opérer la rotation de la boîte dans le sens de la marche, l'abeille se trouverait emportée et serait rapidement de retour près de l'entrée.

Par contre, si je tournais le dispositif dans le sens contraire, l'abeille devrait marcher bien plus pour retrouver l'entrée. Ledit dispositif fut monté dans ma cabane protégée contre la lumière du jour, avec un petit tunnel menant de l'entrée de la boîte à une ouverture sur un côté de la cabane. L'entrée était l'unique source de lumière et, je pense, le point de référence permettant à l'éclaireuse de trouver la sortie et de contrôler son progrès à l'intérieur. Je choisis délibérément un volume de 14 litres, un compromis entre la cavité inacceptable et la cavité adéquate. En supposant que le fait de marcher contribue à la perception du volume, il en découlait que la première éclaireuse à découvrir la boîte la

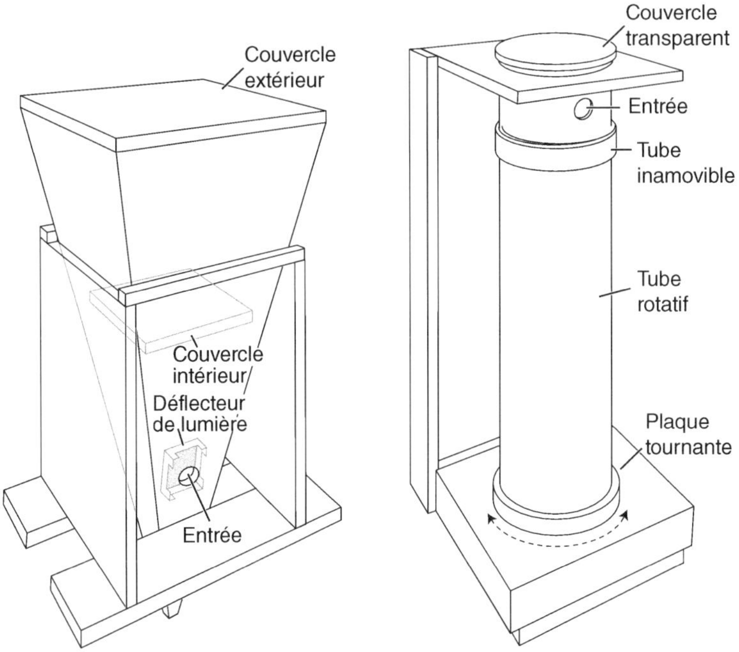

Fig. 2.14. Dispositif expérimental afin de tester comment une abeille mesure le volume d'une cavité.

À gauche : appareil dans lequel le volume de la cavité peut varier entre cinq litres (avec le couvercle interne baissé) et 25 litres (avec le couvercle interne levé). Le déflecteur de lumière permet de faire varier la lumière qui entre afin de voir si une abeille peut mesurer la cavité sans compter sur sa vue. L'enduit sur les parois permet de faire varier la superficie des surfaces possibles à traverser afin d'évaluer l'importance de la marche. À droite : appareil dans lequel la paroi de la cavité cylindrique peut tourner afin d'augmenter ou de diminuer la durée de la marche pour contourner l'espace.

trouverait plus ou moins convenable selon la distance que je lui aurais fait parcourir. Le test de son évaluation de la boîte serait le nombre d'éclaireuses qu'elle allait recruter pour la visiter. Ainsi, elle convaincrait plus d'éclaireuses si elle trouvait la boîte suffisamment grande qu'elle ne le ferait si elle la trouvait plutôt insuffisante. J'en eus aussitôt la confirmation avec quatre essais de ce protocole : sept ou neuf danseuses en 90 minutes lorsque je les faisais beaucoup marcher, et zéro lorsque je raccourcissais le parcours et que l'abeille marchait peu. Seules les abeilles ayant fait la « longue promenade » avaient transmis une recommandation à leurs consœurs, ce qui prouvait que la durée (distance) de la marche était bien le facteur clé pour déterminer la contenance du nid, chaque pas étant une unité de mesure.

Nigel R. Franks et Anna Dornhaus, biologistes à l'université de Bristol en Grande-Bretagne et à l'université d'Arizona aux États-Unis, proposèrent récemment une démarche très simple qui permettrait à l'abeille de juger de la capacité d'un nid en utilisant l'information tirée des mouvements de marche et des volètements qu'elle exécute à l'intérieur. Ils rappellent qu'un espace peut se mesurer en utilisant le libre parcours moyen (LPM) mesuré dans tous les sens à travers un espace donné. Il est égal à quatre fois son volume (V), divisé par sa surface interne (A) : LPM = 4V/A. Donc, le volume est proportionnel au libre parcours moyen multiplié par sa surface[60] : V = (LPM × A)/4.

Il se peut que les promenades des éclaireuses soient le moyen d'évaluer la superficie interne d'une cavité. Il se peut également que leurs petits vols sautillés – que j'avais remarqués sans les associer au processus d'estimation de volume – soient le moyen de voir jusqu'où elles peuvent voler sans rencontrer une paroi, c'est-à-dire leur façon d'évaluer le libre parcours moyen. Si ces deux hypothèses se vérifient, cela mène à croire qu'une éclaireuse peut évaluer le volume d'une cavité d'après la combinaison de sa surface interne et du libre parcours interne. Les résultats de mon expérience sont certainement conformes à cette hypothèse. Lorsqu'une abeille marchait davantage pour retrouver l'entrée (quand j'augmentais son estimation du libre parcours moyen), elle estimait que le volume de la boîte était plus important. Franks et Dornhaus ont également proposé un test ingénieux afin de vérifier leur idée. Il s'agit d'installer un rideau rigide tendu en travers d'une grande partie de l'intérieur d'un nichoir et badigeonné de Fluon pour empêcher les abeilles de s'y promener. Ce rideau va raccourcir le libre parcours moyen des vols mais il ne changera ni le volume ni la surface accessible. Il permettra de voir alors si les abeilles se comportent comme si la boîte avait rétréci et aidera à confirmer cette règle générale. Une approche élégante pour un problème difficile à résoudre.

3

Le débat des éclaireuses

« The experience of democracy is like the experience of life itself – always changing, infinite in its variety, sometimes turbulent and all the more valuable for having been tested by adversity. »[k]

(Jimmy Carter, *Address to the Parliament of India*, 1978)[61]

Au moment du choix d'un futur domicile, un essaim d'abeilles pratique ce qui s'appelle la démocratie directe, où les individus d'une communauté donnée qui participent à la prise de décision le font personnellement, sans représentants. Globalement, la prise de décision collective de l'essaim ressemble à une assemblée citoyenne (association, conseil municipal) où les membres qui s'intéressent aux affaires locales se retrouvent pour voter une décision exécutoire[62]. Quelques différences méritent d'être notées : les abeilles ont clairement des intérêts communs (elles veulent toutes choisir le meilleur site), tandis qu'il y a souvent un conflit d'intérêts parmi les membres d'un conseil d'administration ou municipal (certains veulent subventionner un projet donné et d'autres non). Les décisions chez les abeilles résultent d'un accord absolu tandis que chez nous elles dépendent d'un vote majoritaire. Une autre différence de taille concerne la possibilité ou non de contrôler chaque échange et ainsi de bénéficier d'un aperçu synoptique. Les humains ont l'habitude de cette sorte de survol intellectuel, mais les abeilles dans l'essaim ne peuvent qu'observer et réagir en fonction du comportement de leurs voisines ; elles ne peuvent se prévaloir d'une connaissance partagée mais agissent selon des informations qui passent petit à petit dans la communauté.

Tout en étant parfaitement réelles, ces différences – d'une part, l'intérêt collectif ou le conflit d'intérêts et, d'autre part, des informations diffusées de façon locale ou globale – n'invalident pas certaines similarités importantes entre la démocratie chez les abeilles et la démocratie chez les humains. D'abord, chez les unes et les autres chaque décision concernant une action future est le reflet des contributions, *a priori* de poids égal, apportées librement par des centaines d'individus. Autrement dit, le contrôle de l'action est distribué parmi les nombreux membres du groupe plutôt que détenu par quelques chefs de file. Deuxièmement, la pleine participation assure l'acquisition et le traitement simultanés d'informations de sources multiples, malgré leur grande dispersion. Regardons la première étape du processus de prise de décision où le grand défi est l'identification des diverses options de sites disponibles. Le seul fait de disposer de nombreux individus qui examinent un problème et y apportent des solutions (que ce soit parmi les hommes ou les abeilles), rend le groupe beaucoup plus performant que ne

[k] « L'expérience de la démocratie est comme l'expérience de la vie elle-même – toujours changeante, d'une infinie variété, parfois turbulente, et d'autant plus précieuse qu'elle a été mise à l'épreuve de l'adversité. »

le serait un seul individu en présentant des alternatives intéressantes. Plus grande est la gamme de propositions, plus grande est la possibilité d'y trouver la bonne solution. En dernier lieu, les deux types de communautés choisissent leur action future après une mise en scène concurrentielle. Chaque individu écoute et soupèse chaque proposition et en fait une évaluation personnelle, menant au rejet ou à l'acceptation ; l'approbation a tendance à attirer plus d'adhérents pour l'option examinée. Plus appropriée est la proposition, plus grand est le nombre de votants en sa faveur et plus facilement elle sera adoptée par la communauté.

Chez les éclaireuses, la compétition est souvent farouche entre les défenseurs de propositions diverses, certaines dansant vigoureusement pour annoncer une cavité magnifique et d'autres dansant avec autant de verve pour un deuxième, troisième voire quatrième site. Il s'agit toujours d'une joute amicale ; les éclaireuses sont fondamentalement d'accord sur ce qui constitue un habitat idéal ; elles sont unies dans le but de choisir le meilleur site qui soit ; elles partagent leurs renseignements avec une objectivité totale et, finalement, elles arrivent à un accord absolu. Nous pouvons retenir qu'une concurrence loyale qui brasse toutes les idées, est une façon intelligente d'aborder le problème délicat de prendre une décision basée sur des informations réparties parmi les individus du groupe.

Les essaims de Lindauer

Autorisé en 1951 et en 1952 par Karl von Frisch à étudier tous les essaims qui partaient des ruches du jardin situé derrière l'institut de Zoologie de l'université de Munich, Martin Lindauer fut à l'origine de la découverte du recours au débat par les abeilles pour agréger et comparer des informations éparses[63]. Il put enfin étudier de près ce qui avait éveillé sa curiosité au printemps 1949 : la vue d'abeilles poussiéreuses dansant sur la surface de l'essaim (fig. 3.1). Les colonies de l'institut furent mises à contribution, fournissant 17 essaims durant les mois de mai, juin et juillet. De nombreux essaims traversèrent la rue pour s'établir dans des lieux divers du jardin botanique ; ils furent très joliment nommés d'après l'emplacement de leur bivouac temporaire : l'essaim du Tilleul (le 18 mai 1951), l'essaim de l'Aubépine (le 9 juillet 1952), l'essaim du Balcon (le 22 juin 1952) et ainsi de suite. Son objectif immédiat fut de déterminer si les abeilles qui dansaient sur l'essaim étaient réellement des éclaireuses à la recherche d'un site, mais son véritable but était de comprendre comment l'essaim choisissait son nouveau lieu de vie. Conscient de la valeur de cette précieuse phase « observation et questionnement » (« *watching and wondering* »)[64], le b.a.-ba de l'investigation du comportement animal, Lindauer scrutait la performance des danses frétillantes à la surface de chacun des essaims du matin au soir ; il savait que l'observation consciencieuse et routinière est susceptible d'apporter des découvertes inattendues et fondamentales. Sachant également que ses danseuses devaient devenir des individus identifiables afin qu'il puisse pénétrer dans le monde secret des essaims, il appliquait des taches de couleur sur le dos de chacune. Karl von Frisch avait inventé un système d'étiquetage en 1910 qui permettait la numérotation de 1 à 599, avec seulement cinq couleurs de peinture[65]. Lindauer utilisa ce système pour marquer, à l'aide d'un tout petit pinceau, entre une et quatre taches de couleur sur le thorax de chaque danseuse.

Au début, sa tentative d'enregistrement marchait bien, car il y avait peu d'abeilles et leurs performances étaient intermittentes. Ainsi, il put noter dans son carnet la durée

Fig. 3.1. Performance de danse frétillante par une éclaireuse à la surface d'un essaim (au centre de la photo).

de chaque danse, l'identité de la danseuse et le site indiqué. Ce travail ardu devint quasiment impossible face à une douzaine (ou plus) d'abeilles dansant simultanément sur l'essaim. Il prit le parti de sélectionner certaines données, et ne releva que le moment d'apparition d'une nouvelle abeille (non encore étiquetée) ainsi que le site indiqué par chaque nouvelle danse. Il conduisit seul ce travail titanesque d'observation, d'étiquetage et d'enregistrement, heure après heure et parfois pendant plusieurs jours d'affilée. Mais ce fut une révélation. Dans l'introduction, nous avons vu comment Lindauer eut confirmation de son intuition selon laquelle les abeilles dansant sur l'essaim étaient bien des éclaireuses promouvant des cavités potentielles. Il constata que le site indiqué de façon unanime peu de temps avant l'envol coïncidait avec leur future nouvelle adresse ; plus merveilleuse encore fut la découverte que les éclaireuses engageaient un débat vigoureux afin de choisir leur nouvelle demeure.

Un débat de ce genre, conduit par l'essaim de Eck, est illustré par la figure 3.2. Il quitta sa colonie souche à 13 h 35 le 26 juin 1951, et s'installa sur un buisson de troène pendant quatre jours tandis que ses éclaireuses partaient à la recherche d'un nouveau site. Le premier jour (entre 13 h 35 et 15 h 00), Lindauer remarqua deux abeilles en train de danser et les étiqueta. L'une des deux annonçait un site à 1 500 mètres au nord, tandis que l'autre proposait un deuxième site à 300 mètres au sud-est. Vers 15 h 00, le ciel se remplit de gros nuages de pluie, l'atmosphère se rafraîchit et les abeilles cessèrent leurs opérations de terrain. Le lendemain les éclaireuses restèrent inactives jusqu'à tard dans la matinée et jusqu'à ce que le soleil brillât de nouveau. Lindauer étiqueta 11 danseuses entre midi et 17 h 00 (fig. 3.2) et nota qu'elles étaient trois à vanter le site à 1 500 mètres au nord, deux à promouvoir le site à 300 mètres au sud-est et six à indiquer des sites divers dans des directions différentes. Il n'y eut aucun accord entre les abeilles pendant ce deuxième jour du débat. Le troisième jour apporta un temps de pluie et, en fin de matinée, Lindauer ne nota que deux nouvelles abeilles en train de danser, l'une pour le

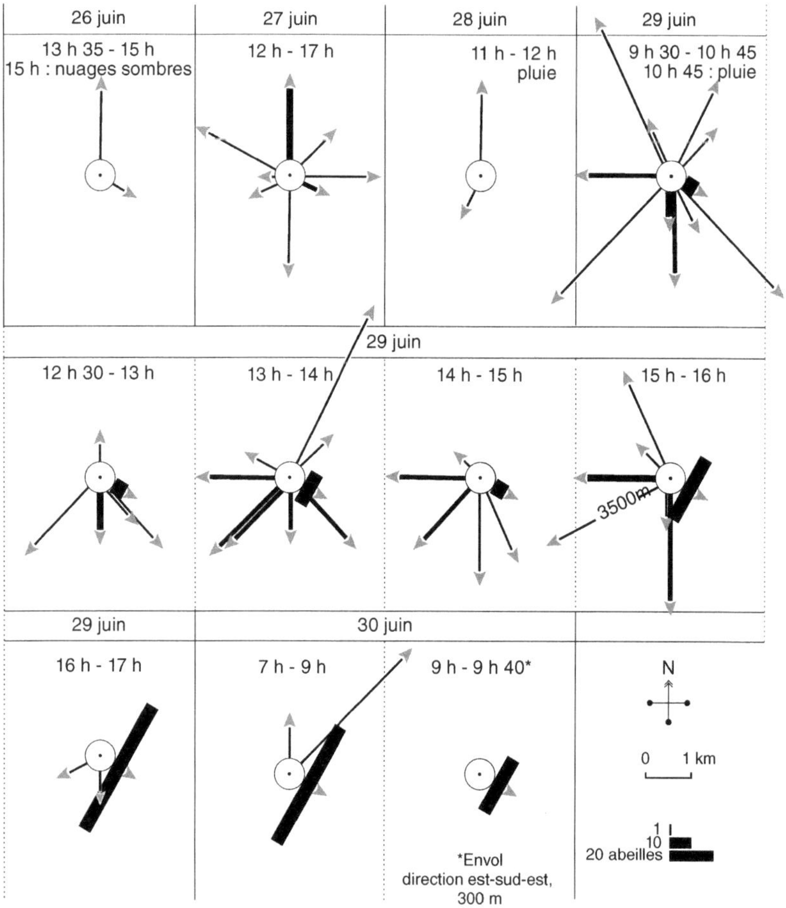

Fig. 3.2. Le schéma des danses effectuées par les éclaireuses de l'essaim de Eck, observé par Lindauer en juin 1951.

Chaque flèche montre la distance (à l'échelle) et la direction d'un site indiqué par une danseuse. La largeur du trait indique le nombre de nouvelles danseuses pendant une tranche horaire donnée.

site au nord – ce qui lui conféra un léger avantage (cinq danseuses au total) – et l'autre pour un nouveau site à environ 400 mètres au sud-ouest.

Le quatrième jour apporta un ciel dégagé avec un réchauffement de l'air et une reprise d'activité chez les abeilles. Plus de 20 sites furent répertoriés ; étonnamment, le site au nord ne reçut plus de publicité. Lindauer suggéra la possibilité d'une cavité fissurée qui, la veille, aurait laissé passer la pluie, rendant le nid peu attractif. La plupart des nouveaux sites furent signalés par une seule abeille – donc des propositions peu sérieuses – mais quelques-uns suscitèrent l'attention de plusieurs éclaireuses et devinrent des sujets de discussion. Par exemple, entre 9 h 30 et 16 h 00 neuf abeilles annoncèrent un nouveau site à 1 500 mètres à l'ouest. Malgré cela, l'enthousiasme finit par s'effacer ; entre 16 h 00 et 17 h 00 Lindauer n'enregistra aucune nouvelle danseuse pour ce site. Un seul site, celui à 300 mètres au sud-est, attira régulièrement l'attention des abeilles pendant toute la journée ; chaque nouvelle recrue reçut ses taches de couleur. La figure 3.2 détaille le regain d'enthousiasme pour ce nid, qui se manifesta tout au long de la journée ; à 16 h 00 il était encore en tête de liste. Mais ce fut seulement entre 16 h 00 et 17 h 00 que le nombre de votes dépassa de loin ceux des autres sites, avec 61 nouvelles danseuses pour le site du sud-est et deux pour des alternatives ; de même le lendemain matin, quand 83 sur 85 nouvelles recrues dansèrent cette préférence. Finalement, à 9 h 40 le 30 juin, l'essaim se lança dans les airs, traversa les 300 mètres qui le séparait du nid élu, et s'établit d'emblée dans le mur d'un bâtiment détruit lors des bombardements.

L'essaim de Eck donna à Lindauer une vision globale ; d'abord, l'apparition de nouvelles danseuses indiquait plusieurs sites potentiels, puis, peu à peu, un déplacement de votes sur un seul site et, finalement, l'envol vers ce site favori. Ce schéma s'avéra typique pour les 17 essaims étudiés. Pourtant, occasionnellement, il rencontrait un essaim où le débat ne se déroulait pas de façon si classique. Par exemple, il arrivait que les éclaireuses tombent sur deux bons sites simultanément, exécutant leurs danses avec une vigueur égale. Ces deux sites continuaient à recevoir beaucoup de nouvelles recrues pendant une bonne partie de la journée. Bien sûr, cette forte et persistante concurrence ne pouvait que rendre difficile (et tardif) l'accord final.

Le cas d'un débat prolongé illustre le dilemme d'un essaim qui produit deux équipes de danseuses de force égale. L'essaim de Propyläen quitta la ruche à 14 h 14, le 11 juin 1952, et ses éclaireuses rapportèrent des informations sur 11 sites, dont un qui attira le plus grand nombre de danseuses. Nous pouvons voir (fig. 3.3) que Lindauer étiqueta 15 abeilles qui dansaient pour un site à 900 mètres au nord-est et 14 abeilles, au total, pour 10 autres sites. L'accord semblait ainsi acquis en un temps record de moins de trois heures. Pourtant, le lendemain matin, un autre groupe de danseuses s'exprimèrent fortement, tous les membres annonçant un site à 1 400 mètres au sud-ouest. Lindauer nota : « leurs danses n'étaient ni moins vigoureuses ni moins continues les unes que les autres ; ce fut éprouvant pour l'observateur d'être le témoin des tiraillements incessants entre ces groupes qui s'éternisaient pendant deux jours et où la victoire oscillait entre les deux équipes. »[66] Pendant la deuxième journée, les danseuses pour le site au nord-est et celui au sud-ouest étaient en nombre égal ; il fallut attendre la fin du troisième matin (le 13 juin) pour que cette symétrie soit brisée. Pour une raison ou une autre, la vigueur des danses pour le site du sud-ouest fléchit légèrement (moins de nouvelles danseuses) et le site du nord-est rallia beaucoup plus de nouvelles danseuses : d'abord 25 nouvelles danseuses contre neuf (de 12 h 00 à 14 h 00), ensuite 41 nouvelles danseuses contre sept (de 14 h 00 à 16 h 00), et finalement 34 nouvelles danseuses contre zéro (entre 16 h 00 et 17 h 00). Ainsi, un accord fut établi à la fin du troisième jour mais, hélas, trop tard pour que l'essaim entreprenne l'envol vers son nouveau logis[67]. Il est rare qu'un essaim s'envole après 17 h 00, peut-être pour éviter l'installation précipitée sans le bénéfice d'une période suffisante de clarté. La reine peut parfois avoir besoin d'effectuer un atterrissage imprévu pour se reposer, et ceci retarde le voyage d'au moins une heure, le temps que l'essaim interrompe son vol, la retrouve et l'entoure à nouveau. La décision retardée chez l'essaim de Propylaën l'obligea à rester sur place jusqu'au lendemain, une journée fraîche et pluvieuse, ce qui différa le voyage de quelques heures ; il finit par avoir lieu au milieu de l'après-midi du 15 juin quand, quatre jours après le départ de la ruche, l'essaim s'envola vers le site au nord-est.

Il est arrivé que Lindauer observe un essaim qui ne parvint pas à un accord, c'est-à-dire ni l'un ni l'autre des deux groupes de danseuses ne domina le débat au point que

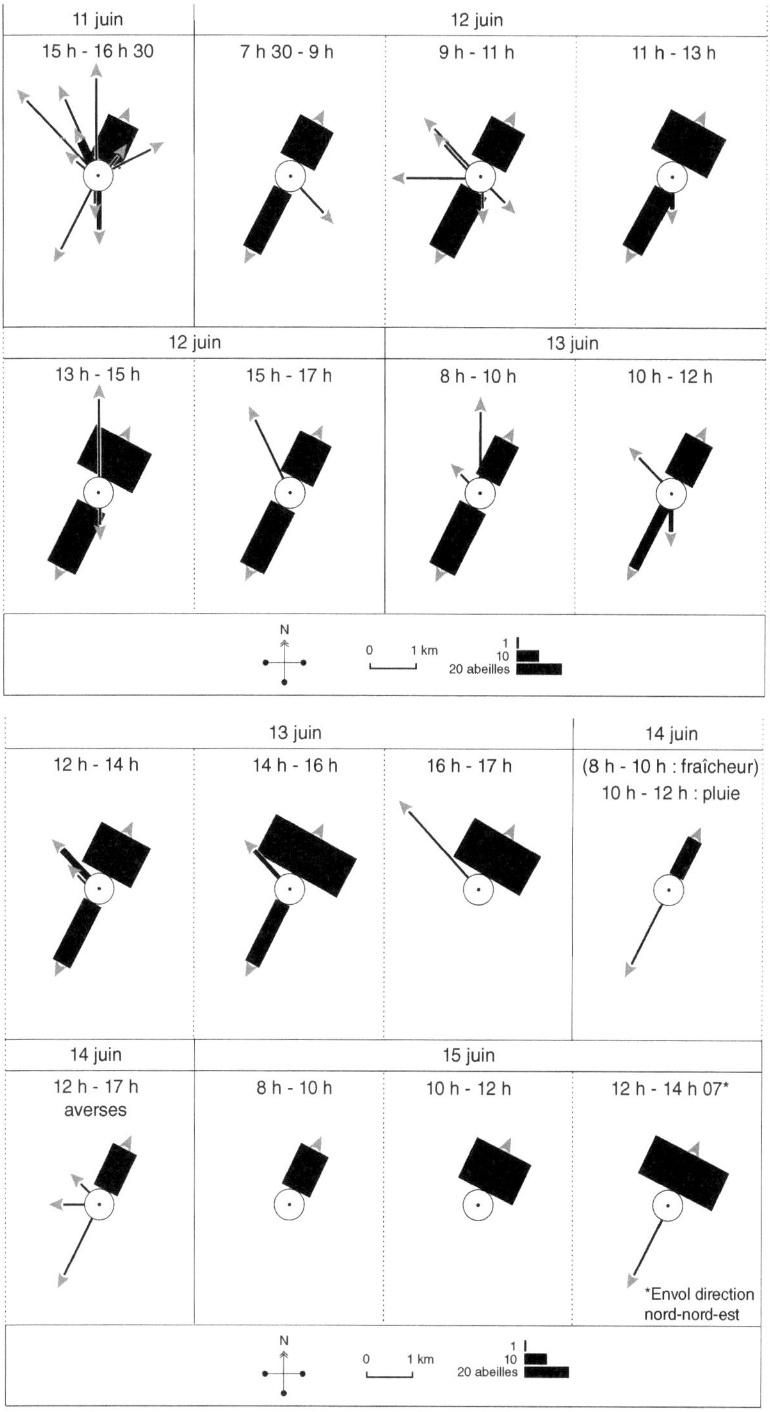

Fig. 3.3. Le schéma des danses effectuées par les abeilles de l'essaim de Propyläen, observé par Lindauer en juin 1952.

Les éclaireuses ayant formé de grands groupes, le consensus fut long à conclure.

Lindauer ne note que celles qui dansaient pour un seul site. Ce fut l'essaim du Balcon, du 22 juin 1952 (fig. 3.4). De même que chez l'essaim de Propylaën, ses éclaireuses entreprirent une compétition à forces égales : un groupe de danseuses recommandait un site 600 m au nord-ouest et l'autre un site 800 m au sud-ouest. Pendant quatre heures (de 12 h 00 à 16 h 00) aucun groupe ne prit le dessus. Néanmoins, à 16 h 10 l'essaim s'éleva et fit quelque chose de si inédit que Lindauer n'en croyait pas ses yeux. Selon ses propres mots : « L'essaim [...] chercha à se diviser. La moitié voulait partir au nord-ouest, l'autre au sud-ouest. Apparemment, chaque groupe d'éclaireuses voulait détourner l'essaim vers son propre choix de nid. »[68] Chaque groupe réussit en partie, car la moitié des abeilles envolées se dirigea au sud-ouest vers la gare principale, tandis que l'autre moitié se mit en route au nord-ouest, vers la *Karl-Strasse* (voir fig. 6). Aucun des deux groupes ne réussit à maintenir sa route, peut-être parce qu'il manqua une reine chez l'un et chez l'autre et, finalement, les deux nuées d'abeilles tourbillonnantes se réunirent dans les airs, là où elles s'étaient séparées. Ensuite commença un tiraillement entre les deux groupes. Pendant la demi-heure suivante, un groupe tentait encore de partir au nord-ouest, parcourant 100 m avant de revenir, et l'autre groupe se dirigea 150 m au sud-ouest avant de retourner au site d'origine et de se réinstaller sur le balcon. Malheureusement, la reine s'était perdue pendant la bataille aérienne, et Lindauer observa le groupe se dissoudre petit à petit au fur et à mesure que les abeilles, sans leur reine, retrouvèrent la ruche souche.

Cette histoire de l'essaim infortuné du Balcon est révélatrice d'un certain nombre de caractéristiques concernant les essaims et leur processus décisionnel. La perte tragique de la reine et la dispersion de l'essaim nous rappellent que la survie de la reine, celle qui

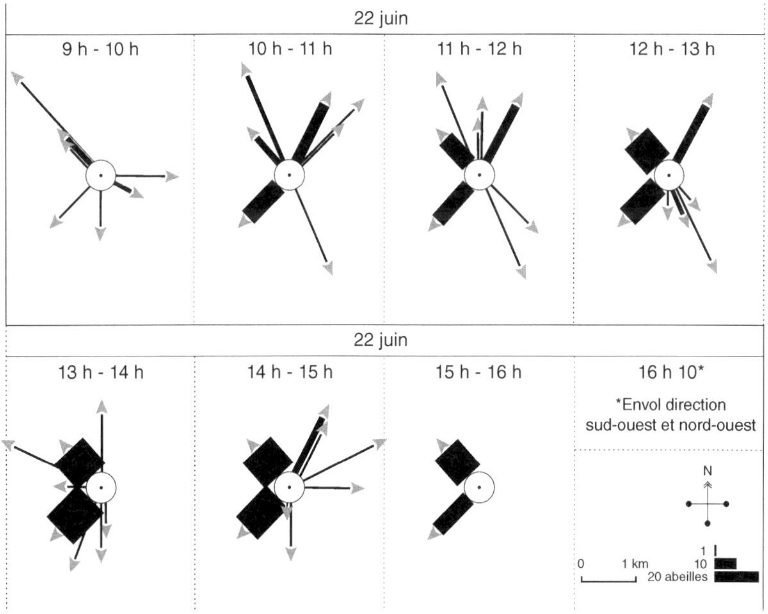

Fig. 3.4. Le schéma des danses effectuées par des éclaireuses de l'essaim du Balcon, observées par Lindauer en juin 1952.

Les éclaireuses de cet essaim ne parvinrent pas au consensus.

porte dans ses ovaires et sa spermathèque les gènes de la future colonie, est l'élément clé de la réussite de l'essaim. Une telle défaillance de la part des éclaireuses, qui ne tombent pas d'accord, montre que l'essaim n'est pas infaillible quant à la justesse de sa prise de décision. Occasionnellement, un essaim rendra un avis partagé, la plupart du temps de façon temporaire, avant de résoudre le problème. Nous voyons au chapitre 6 qu'à l'occasion d'une décision partagée l'essaim a tendance à décoller, sans se déplacer vers l'un ou l'autre des sites, avant de se redéposer afin de reconduire le débat pour trouver un accord. Il se trouve que Lindauer observa 17 essaims dont seulement deux (les essaims du Balcon et de Moosacher) produisirent des décisions partagées ; seul l'essaim du Balcon ne trouva pas d'accord, et ce parce qu'il avait perdu sa reine. Il semblerait donc qu'un échec total lors de la prise de décision est bien rare. Finalement, le cas de l'envol de l'essaim du Balcon sans consensus préalable parmi les danseuses nous apprend que ce consensus, aussi évident qu'il puisse paraître à un observateur humain, n'est pas ce que les abeilles surveillent pour déterminer quand elles devront passer de la prise de décision à la mise en œuvre de la décision. Leur manière d'opérer ce changement sera exposée au chapitre 6.

Mes essaims

Une grande découverte scientifique est celle qui apporte des idées lumineuses dont l'éclairage dissipe bien des zones d'ombre et révèle des horizons nouveaux. Martin Lindauer a fait une découverte de cette importance lorsqu'il constata qu'un essaim d'abeilles choisit son futur logis par un débat dans lequel les éclaireuses rapportent leurs trouvailles et expriment leurs arguments par des danses frétillantes. La fonction des danses conduites sur la surface de l'essaim fut élucidée, et cette percée ouvrit ainsi la voie à la compréhension du système de prise de décision au sein des essaims d'abeilles. Plus important encore, Lindauer nous guida vers un domaine totalement nouveau : la prise de décision de la part d'un groupe d'animaux non humains par le biais d'une démarche très sophistiquée.

Lindauer fut certainement un pionnier de la science du comportement et, comme tous les pionniers, le temps et les outils à sa disposition étaient insuffisants pour explorer pleinement ce nouveau domaine de recherche. Il n'est pas étonnant que son investigation de la démocratie chez les abeilles soit souvent incomplète. Nous pouvons en saisir la difficulté en regardant les limites imposées par son équipement (carnet, montre et boîte de peinture), le contraignant à noter seulement l'apparition de nouvelles danseuses sur les essaims. Dans l'idéal, pour constituer un tableau complet, il aurait dû enregistrer toutes les danseuses (récentes et anciennes) se présentant sur leur essaim à chaque étape du processus de prise de décision. Il aurait pu tracer la dynamique déployée lors des danses pour des sites concurrentiels. Il aurait pu montrer comment le nombre total d'abeilles adoptant chaque site proposé – et pas seulement l'apparition de nouvelles adhérentes – évolue avec le temps, et constater comment un seul site se trouve finalement recommandé par les danseuses. Les résultats transcrits dans les schémas 3.2 et 3.3 indiquent que, peu de temps avant l'envol, le site sélectionné était vanté par toutes les nouvelles danseuses ; mais ils ne nous disent pas si *toutes les danseuses*, anciennes et nouvelles, soutenaient ce choix. Ce processus de décision aboutit-il de façon claire, avec la totalité des danseuses en faveur d'un seul site, le site gagnant ? Lindauer affirma que oui, et indiqua que les éclaireuses des sites perdants finissaient par « retirer leur soutien »[69] ; on peut donc supposer qu'elles cessaient de danser, mais il ne put démontrer que ce fut réellement le cas. Il n'indiquait ni quand ni comment les partisanes des sites perdants arrêtaient de danser. Obtenir un tableau complet de toutes ces danses nous apporterait ces renseignements manquants. Il serait également d'un grand intérêt de disposer de registres complets du comportement des danseuses individuelles afin de retracer le comportement de chacune suivant sa première prestation. Est-ce qu'elle en fait plusieurs ? La durée de sa danse est-elle liée à la qualité du site qu'elle recommande ? Si elle arrête de danser, comment le décide-t-elle ? Est-ce qu'elle abandonne la danse de son propre chef, sans rapport avec ce qui se passe alentour, ou seulement suite à une rencontre avec une autre abeille exécutant sa danse avec plus de vigueur ? L'étude de Lindauer constitue une remarquable description de la façon dont les abeilles à la recherche d'un site accomplissent une prise de décision collective. Toutefois, elle laisse sans réponse d'innombrables questions concernant les règles de procédure que suivent les éclaireuses lors de leurs délibérations.

En 1996, j'ai pris la décision de m'atteler à ces questions, presque 20 ans après la fin de ma thèse de doctorat sur les préférences des abeilles quant à leur site ainsi que sur leur façon d'évaluer le volume de la cavité prospective. Pourquoi n'avais-je pas abordé les lacunes dans le travail de Lindauer pendant les années 1970 ? C'est que je ne voyais pas comment obtenir l'équipement vidéo nécessaire pour enregistrer des séquences de prise de décision qui me mèneraient au-delà de son analyse. À cette époque, une caméra vidéo couleur, un enregistreur numérique et un moniteur vidéo (tous vendus séparément) auraient coûté plusieurs milliers de dollars, un prix dépassant largement les petites subventions que je pouvais obtenir en tant que chercheur débutant. J'ai porté mes recherches ailleurs, sans néanmoins abandonner le sujet de la prise de décision collective chez les animaux. J'ai donc résolu d'étudier une autre forme de décision collective de la part des abeilles : comment une colonie déploie ses pourvoyeuses parmi le kaléidoscope des parcelles de fleurs dans le paysage environnant. Ceci est une autre forme de choix collectif ; tandis que les éclaireuses d'un essaim sans domicile fixe opèrent une « décision consensuelle » concernant *une seule option* (le nouveau site), une colonie de butineuses fera une « décision combinée » concernant leur distribution parmi *plusieurs options* (les sources de nourriture)[70]. J'étais attiré par le casse-tête que représentait la distribution des butineuses, d'une part en raison de la ressemblance avec le processus de choix d'un site et d'autre part à cause de sa plus grande faisabilité. L'essaimage est un phénomène éphémère qui dure, tout au plus, quelques jours, alors que les abeilles butinent tout au long de l'été. Ainsi, pendant environ 15 ans, j'explorai, avec un immense plaisir, comment les abeilles travaillent en tant qu'entité unifiée à la fois dans la ruche et lors de la cueillette. Comment se répartissent-elles avec tant de sagesse parmi les parcelles de fleurs ? En 1995, je résumai l'essentiel de ces recherches dans mon livre, *The Wisdom of the Hive*[I 71]. Ce travail dûment accompli, je me réjouissais à l'idée de reprendre mon exploration de la prise de décision collective chez les abeilles.

Le point de départ me sembla évident : je devais me constituer un dossier complet sur les danses tout au long du processus de choix afin de me faire une image globale du déroulement de ce genre de débat. Une description générale du comportement des éclaireuses comblerait les lacunes inévitables du travail de Lindauer et serait susceptible également de fournir des découvertes importantes ; ce fut le cas. Contrairement à Lindauer il y a 40 ans, ou à moi-même il y a 20 ans, je détenais maintenant tout un

[I] NdT : Titre d'un ouvrage précédent (non traduit en français) sur la physiologie sociale de l'abeille, que l'on peut traduire comme *La sagesse de la ruche*.

arsenal d'équipement vidéo avec retour au ralenti qui donnait la possibilité d'élaborer un rapport complet sur les danses des éclaireuses. De surcroît, je savais comment étiqueter des milliers d'abeilles pour réaliser leur identification individuelle, en leur collant de petits papillons de couleur sur l'abdomen (fig. 3.5), un talent que j'avais acquis durant mes études sur les butineuses. Je me dis qu'avec chaque abeille portant son petit badge, il serait possible de tracer l'histoire de chaque danseuse pendant le processus de prise de décision. La parfaite réussite du projet allait nécessiter une quantité incroyable de travail minutieux. Je devais étiqueter des milliers d'abeilles de chaque essaim et surveiller l'équipement vidéo ainsi que les essaims pendant les prestations des éclaireuses. Les renseignements (l'identité de la danseuse, le site annoncé, la durée de la danse) devaient être extraits manuellement à partir des enregistrements vidéo. J'eus la chance de pouvoir associer à ce projet Susannah Buhrman, une étudiante intelligente et infatigable. Elle s'avéra une partenaire indispensable pour le projet ; notre travail d'équipe de l'été 1997 fut couronné de succès.

Avec Susannah, nous « écoutions aux portes » de nos trois essaims lors de leurs délibérations, afin d'obtenir un rapport complet des danses effectuées pour chaque prise de décision[72]. La figure 3.6 détaille le débat de l'essaim n° 1, enregistré à partir de 10 h 00 le 19 juin. On voit que les éclaireuses commencent à annoncer leurs découvertes entre

Fig. 3.5. Des ouvrières étiquetées pour l'identification individuelle.

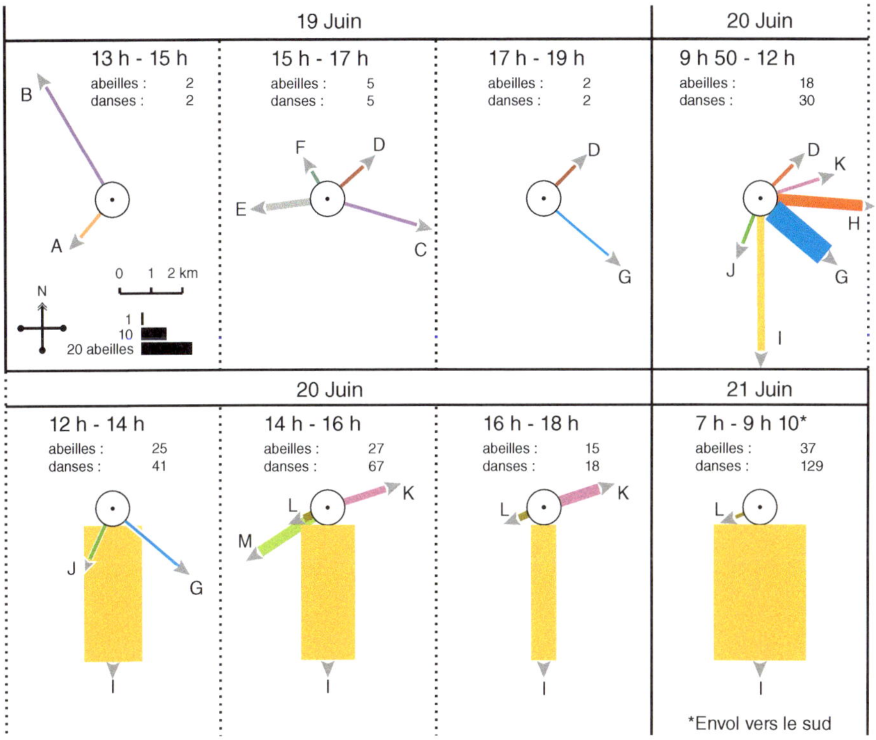

Fig. 3.6. Le schéma de danses effectuées par des éclaireuses de l'essaim n° 1, observées par Seeley et Buhrman en juin 1977.

La largeur des traits montre le nombre total de danseuses pour le site pendant la période indiquée. Le consensus fut trouvé rapidement.

13 h 00 et 15 h 00 et qu'à la fin de la journée il y a sept sites candidats (A – G) portés à la connaissance générale, bien qu'aucun ne suscite de soutien très enthousiaste. Le lendemain, les éclaireuses sont plus excitées et, à midi, quatre sites supplémentaires (H – K) sont soumis au débat ; trois sites (G à 2 200 mètres au sud-est, H à 2 600 mètres à l'est, et I à 4 200 mètres au sud) sont soutenus par une multitude d'abeilles chacun. Le site G semble être en tête car neuf abeilles le dansent mais, pour le moment, aucun site ne domine le débat. La situation change entre 12 h 00 et 14 h 00 lorsque le site I prend de l'importance (avec le soutien de 23 sur 25 abeilles) et continue à devancer les autres pendant tout l'après-midi malgré l'addition de deux possibilités (L et M). Ces sites sont dûment présentés et les danseuses soutiennent les sites K, L et M ainsi que le site I jusqu'à la fin de la journée. Pourtant, le lendemain, le site I est l'objet du consensus et à 9 h 10 l'essaim décolle vers le sud, certainement là où se trouve ce site.

Ce débat d'abeilles me rappela ce que Lindauer avait décrit concernant l'essaim de Eck. Pendant la première moitié de la discussion, les éclaireuses affichent de nombreux sites se trouvant à des distances et dans des directions différentes par rapport à l'emplacement de l'essaim en grappe. Ensuite, pendant la deuxième partie du débat, les danses des éclaireuses gagnent rapidement en force et se focalisent sur un seul site. En fin de compte, les abeilles sont presque unanimes et, comme convenu, l'essaim s'envole directement vers le site. Il est important de bien noter que la figure 3.6 décrit, pour chaque tranche horaire, le nombre *total* de danseuses pour chaque site, et pas seulement les *nouvelles* danseuses. Par conséquent, il est certain que la conclusion de la discussion traduit un vrai consensus parmi les danseuses.

Le débat le plus intéressant que nous avons observé est celui de l'essaim n° 3 (fig. 3.7). Ici la compétition fut très forte entre deux groupes, et pendant des heures il était impossible de deviner quelle faction remporterait la victoire. L'essaim, installé à 14 h 30, le 19 juillet, ne se mit à annoncer des sites potentiels que le lendemain. Six sites (A – F) furent dansés entre 11 h 00 et 13 h 00, dont un (site A à 2 200 mètres à l'est) passa rapidement en tête avec huit abeilles faisant sa promotion. Trois sites supplémentaires (G, H, I) s'ajoutèrent pendant les quatre heures suivantes et d'autres sites encore reçurent une forte approbation, chacun recommandé par plusieurs abeilles. Ensuite le site A commença à perdre son avantage, tandis que les sites B (900 mètres au sud) et G (1 400 mètres au sud-ouest) gagnèrent de plus en plus de soutien. Entre 15 h 00 et 17 h 00, seulement quatre abeilles dansaient pour le site A par rapport à 17 pour le site B et 10 pour le site G. À 17 h 00, le débat semblait loin d'être clos mais la situation changea abruptement pendant les deux dernières heures. Malgré des danses pour sept sites pendant cet intervalle, y compris pour deux nouveaux sites (J et K), seuls les sites B

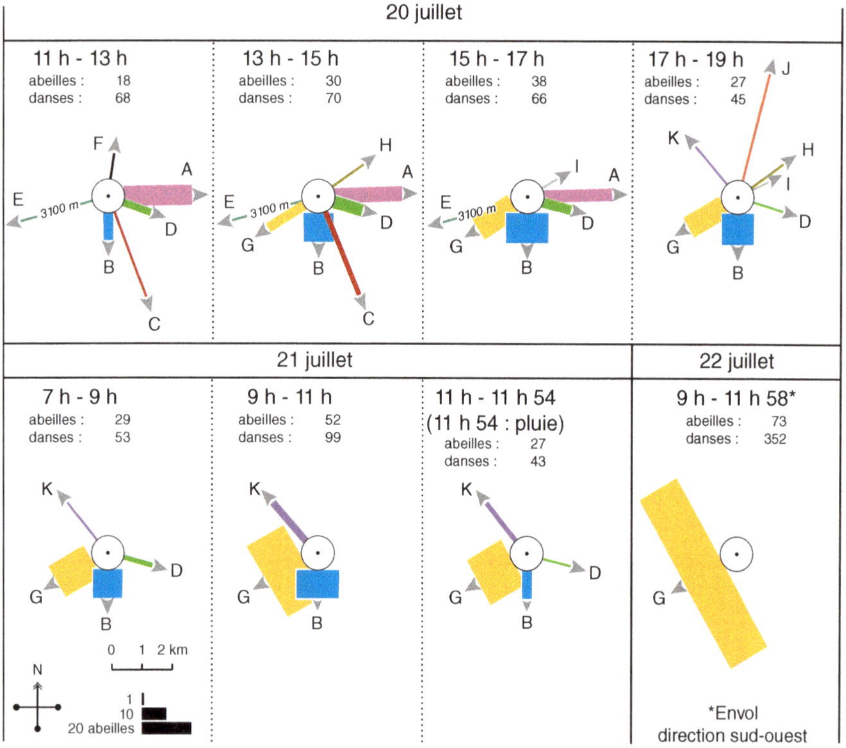

Fig. 3.7. Le schéma des danses effectuées par les éclaireuses de l'essaim n° 3, observées par Seeley et Buhrman en juillet 1977.

Les éclaireuses de cet essaim arrivèrent à un consensus, mais seulement à la suite d'une longue compétition entre celles du site B et celles du site G.

et G furent affichés par un bon nombre d'abeilles. Il devint évident que le nombre de supporters de ces derniers sites avait dépassé celui des neuf autres sites. À ce stade, les paris entre nous allaient bon train, pour l'équipe B (moi) ou l'équipe G (Susannah). L'enjeu était trois boules de glace pour le gagnant chez Ben & Jerry !

Il y eut beaucoup de tension le lendemain matin pour savoir lequel de nous deux allait gagner. Notre arrivée juste après le lever du jour nous permit d'installer l'équipement d'enregistrement avant que les éclaireuses ne soient prêtes à reprendre le débat. Pendant les deux premières heures (de 7 h 00 à 9 h 00) nous étions tous les deux pleins d'espoir car les deux sites recevaient chacun le soutien d'une douzaine d'abeilles. Vers 9 h 00, je commençais à perdre mon optimisme ; le gros soutien pour le site B dépassa celui du site G – 32 contre 17 respectivement entre 9 h 00 et 11 h 00 et puis 20 contre quatre entre 11 h 00 et 11 h 54 (lorsqu'il se mit à pleuvoir). D'une manière ou d'une autre, les abeilles G avaient réussi un score écrasant. Il plut pendant le restant de la journée ainsi que le lendemain matin jusqu'à 8 h 00. Les éclaireuses reprirent la danse jusqu'à 9 h 00 passées en déclarant un vote unanime – 73 sur 73 – pour le site G au sud-ouest. Juste avant midi l'essaim s'en alla et, juste après, nous aussi, en direction de Ben & Jerry's.

Ce fut un plaisir intense de regarder le concours de danses parmi les éclaireuses, mais ce fut un plaisir encore plus grand de passer à l'analyse des schémas (fig. 3.6 et 3.7 par exemple), après en avoir tiré et avoir trié toutes les informations de nos 48 enregistrements vidéo. Nous voilà devant une image parfaitement claire des principales caractéristiques du processus de prise de décision. D'abord, l'ensemble des schémas montre que les débats commencent lentement, puis s'ensuit une phase intense de cumul d'informations où les éclaireuses soumettent un bon nombre de possibilités à l'essaim ; les trois essaims décrits précédemment présentent 13, 5 et 11 sites. Ces sites sont situés dans des directions et à des distances variées (de 200 à 4 800 mètres de l'essaim en grappe), ce qui nous apprend que les éclaireuses intrépides ont exploré environ 70 km^2 de terrain lors de leurs recherches. La plupart des sites candidats sont présentés pendant la première partie des délibérations, mais les sites L et M de l'essaim n°1 (fig. 3.6) ne sont présentés que tardivement. Il est certain qu'un essaim n'arrive pas à identifier toutes les options simultanément mais, comme nous le verrons au chapitre 4, le manque de synchronisation n'entraîne pas de mauvais choix.

Deuxièmement, les enregistrements des danses montrent que les débats se terminent avec toutes (ou presque) les danseuses en faveur d'un seul site, c'est-à-dire par un consensus. La question brûlante est alors : comment la concurrence acharnée se transforme-t-elle en accord harmonieux ? Plus précisément, comment le nombre de danseuses pour un site (d'habitude le meilleur) augmente-t-il en même temps qu'il tombe à zéro pour les autres sites ? Au chapitre 5, nous examinerons les astuces élégantes qu'emploient les abeilles pour arriver à leurs fins.

Troisièmement, notre analyse montre que le processus de prise de décision est très largement distribué et, démocratiquement, fait appel à des douzaines, voire des centaines d'individus. Avec Susannah, sur trois essaims, nous avons vu 73, 47 et 149 abeilles en train de danser. Ces décomptes doivent certainement sous-estimer le nombre de danseuses dans un essaim parce que nous avons choisi les essaims pour leur petite taille – avec seulement 3 252 abeilles, 2 357 abeilles et 3 649 abeilles – pour permettre le travail d'étiquetage individuel. D'habitude, un essaim dans la nature comprendra entre 6 000 et 14 000 abeilles. Le schéma montre que le pourcentage de danseuses dans nos essaims est de 2,8 %, pas trop loin des 5,4 % pour des essaims sauvages que rapporte David Gilley, un autre étudiant de Cornell, qui s'est dévoué pour percer le mystère de l'identité des éclaireuses (voir plus loin). Étant donné qu'entre 3 et 5 % des abeilles d'un essaim participent au débat dansé, on peut déduire qu'un essaim moyen de 10 000 abeilles aura entre 300 et 500 individus impliqués dans les délibérations.

Des exploratrices intrépides

La profession d'éclaireuse à la recherche de sites s'exerce pendant seulement quelques jours par an, d'habitude entre la fin du printemps et le début de l'été[73]. Ce fait, ainsi que la courte durée de vie d'une abeille (entre trois et cinq semaines pendant la période clémente), nous apprend que beaucoup de générations d'abeilles ne connaîtront pas ce besoin de chercher un nouveau logement. Pourtant, lorsqu'une colonie s'apprête à essaimer, une petite fraction de sa main d'œuvre passe à l'action dans le nouveau rôle d'éclaireuse. Ces exploratrices intrépides représentent la force motrice du déplacement de l'essaim. Ces abeilles se trouvent au cœur de l'événement pour déterminer le moment où l'essaim quitte la ruche ou le nid d'origine (chapitre 1), prendre la décision (de vie ou de mort) quant au choix d'une cavité adéquate, déclencher l'envol vers ce nouveau logis (chapitre 6) et piloter l'essaim à destination (chapitre 7). Qui sont-elles ? Qu'est-ce qui les mobilise ?

Nous savons que ce sont des butineuses ayant changé radicalement de comportement ; au lieu de chercher des fleurs éclatantes, elles cherchent des coins sombres. Les premières preuves que les éclaireuses soient des butineuses reconverties furent apportées lors d'une expérience conduite par Lindauer. Le 11 mai 1954, il installa une colonie sur un site à l'est de Munich où il y avait des champs à perte de vue et peu d'arbres ou de maisons offrant de bonnes niches. Par contre, il y avait une abondance de fourrage et, avant la fin de la semaine, les rayons de la ruche étaient remplis de miel, de pollen et de couvain. Lindauer s'attendait à ce qu'elles essaiment peu de temps après, ce qu'elles firent le 27 mai. Dix jours avant cette date, il avait placé une table à 250 mètres de la ruche, garnie d'un nourrisseur rempli d'un riche sirop de miel et de saccharose cristallisé. Il a suffi de quelques jours pour voir plus de 100 abeilles (qu'il marqua avec des taches de couleur pour les identifier) s'en nourrir avec entrain. Ensuite, le 22 mai, il plaça deux ruchettes près de la table : l'une en paille et l'autre en bois (fig. 3.8). Pendant les jours suivants Lindauer remarqua de curieux changements de comportement chez les abeilles visitant son nourrisseur : d'abord elles s'intéressaient moins à la nourriture ; puis de moins en moins d'abeilles étiquetées se rendaient au nourrisseur, et celles qui se présentaient y allaient de moins en moins souvent et, parfois, elles ne faisaient que sucer le sirop de manière hésitante. Finalement, au matin du 25 mai, il constata « qu'elles faisaient semblant de s'intéresser au nourrisseur. Elles ne prenaient que de petites gorgées avant de se lever dans les airs *et de bourdonner à proximité pendant un bon moment.* »[74] Un nœud dans un chêne avoisinant attira leur attention, ainsi que les deux nichoirs artificiels. Pendant l'après-midi, six butineuses étiquetées (abeilles n°s 7, 100, 106, 113, 119 et 156) accomplirent 15 tours d'inspection de la ruchette en paille et huit de celle en bois. On ne pouvait plus douter que certaines de ces butineuses étaient devenues des éclaireuses !

Une deuxième indication que des butineuses se convertissent en éclaireuses vient d'une étude menée par Dave Gilley, cet étudiant talentueux qui, en se joignant à mon laboratoire, tomba tout de suite amoureux des abeilles. Afin d'obtenir une licence à l'université Cornell, un étudiant qui souhaite se spécialiser en biologie doit rédiger une thèse sur des

Fig. 3.8. Lindauer installa deux sites artificiels à côté d'une petite table portant un nourrisseur rempli d'un riche sirop de sucre.

travaux de recherche originaux. Dave m'aborda au printemps de sa première année en demandant de faire des abeilles le sujet de sa thèse[75]. Je lui suggérai de tenter de sonder le mystère de l'identité des éclaireuses et il accepta avec joie. Lindauer avait démontré que *certaines* éclaireuses avaient été des butineuses ; Dave voulait savoir si c'était le cas de *toutes* ou de *la plupart* des éclaireuses. Si oui, il s'ensuivrait que les éclaireuses étaient parmi les membres les plus âgés de l'essaim car c'est un fait établi que les butineuses sont les abeilles les plus âgées de la colonie. Dave mit ce pronostic à l'épreuve au début mai 1996 en installant cinq petites colonies. Par la suite, tous les trois jours entre le 5 mai et le 22 juillet, il ajouta à chacune un lot de 100 juvéniles (abeilles de 0 jour) qui venaient d'émerger du couvain. Toutes les abeilles de chaque groupe furent étiquetées avec une couleur particulière par catégorie d'âge. Chaque semaine, Dave remplissait ses ruches de juvéniles vivement colorées tandis que les abeilles remplissaient les rayons de miel, de pollen et de couvain. Puis, l'une après l'autre, pendant les mois de juin et de juillet, les colonies essaimèrent. Dave scruta chaque essaim, dès son installation en grappe, à la recherche d'abeilles colorées en train de danser ; il en nota l'âge et leur ajouta une nouvelle tache de couleur afin d'éviter de les inclure dans des comptes ultérieurs. Dès qu'il constata la présence d'une cinquantaine d'abeilles ainsi répertoriées sur une grappe, il la prit, l'endormit avec du CO_2 et la mit au congélateur. Ensuite, il tria les abeilles mortes pour savoir à quel groupe d'âge elles appartenaient. Ces décomptes lui permirent de calculer la distribution d'âge des éclaireuses, et de la comparer avec celle à laquelle on pouvait s'attendre si elles avaient été retirées de façon aléatoire parmi toutes les abeilles d'âge connu dans l'essaim. La figure 3.9 montre des résultats typiques d'un essaim où il y a, parmi les éclaireuses, beaucoup plus d'abeilles plus âgées (de l'âge des butineuses) que si les éclaireuses d'âge connu avaient été prélevées au hasard parmi l'ensemble des abeilles d'âge connu de l'essaim. Ces résultats appuient la théorie selon laquelle les éclaireuses d'une colonie proviennent largement, sinon entièrement, de la population des butineuses. Les éclaireuses, ainsi que les butineuses, font des excursions à de grandes distances de leur site (essaim ou ruche respectivement) et doivent savoir retrouver leur chemin. Il est facile d'imaginer que les abeilles ayant déjà une expérience de butinage font les meilleures éclaireuses.

Cette expérience de butinage prépare les abeilles à la tâche particulière de recherche de logis, mais ceci n'explique pas tout, car beaucoup de butineuses ne basculent jamais du côté de l'immobilier. Nous savons désormais que certains gènes prédisposent les abeilles à assumer cette fonction. Les biologistes ont maintes et maintes fois démontré, chez beaucoup d'espèces animales, que les différences de comportement entre les individus sont dues à des différences à la fois dans leur patrimoine génétique (nature) et dans leurs expériences (culture)[76]. Il n'est pas surprenant que les éclaireuses et les non-éclaireuses diffèrent quant à l'inné (gènes) et à l'acquis (expérience). Le besoin d'un équipement génétique particulier pour devenir éclaireuse fut démontré par deux experts de génétique comportementale, Gene E. Robinson et Robert E. Page Jr., actuellement professeurs à l'université de l'Illinois (Urbana-Champaign) et à l'université d'Arizona, respectivement[77]. Ils utilisèrent trois colonies, chacune dotée d'une reine inséminée artificiellement avec le sperme de trois faux-bourdons (A, B et C) sans parenté

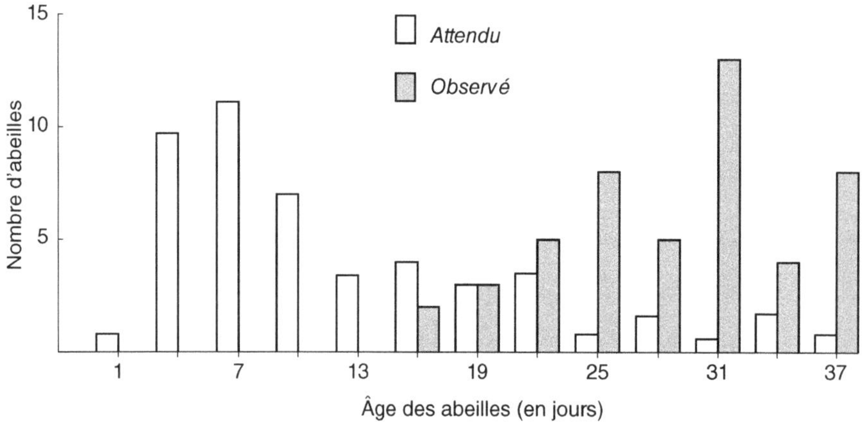

Fig. 3.9. La distribution des âges des éclaireuses *versus* celle des abeilles de l'essaim.

Les colonnes pleines montrent le nombre d'éclaireuses observées dans chaque groupe d'âge. Les colonnes vides montrent le nombre d'éclaireuses que l'on pouvait s'attendre à trouver dans chaque groupe d'âge si elles avaient été prélevées au hasard.

commune. Les trois donateurs portaient des marqueurs génétiques distinctifs afin de déterminer quel géniteur avait engendré une ouvrière donnée. Robinson et Page préparèrent des essaims artificiels à partir de leurs colonies, les installèrent à l'extérieur et prélevèrent 40 éclaireuses (danseuses) et 40 non-éclaireuses (non-danseuses) de chacun. Finalement, ils firent une analyse de paternité pour chaque abeille et un modèle statistique pour voir si la progéniture d'un mâle donné était plus susceptible d'inclure des éclaireuses que celle des deux autres. Pour deux des trois essaims la réponse fut oui, il y avait des différences saisissantes – par exemple l'essaim dont le mâle était le géniteur de plus de 60 % des éclaireuses, alors qu'il n'avait engendré que 20 % des ouvrières. Nous ne savons toujours pas exactement quel élément du patrimoine génétique de ce faux-bourdon a pu conférer à ses filles ce goût de l'aventure si utile pour la recherche de domicile.

Bien sûr, un comportement de recherche de domicile ne s'exprime que lors de l'essaimage, et particulièrement de la part des porteuses de gènes favorisant ce penchant pour le rôle de pionnières. Comment savent-elles à quel moment il faut « changer de casquette » et de butineuses devenir éclaireuses ? L'examen de certaines de nos pratiques d'apiculteur – créer un essaim artificiel – peut nous aider à trouver un indice. Fonder un essaim artificiel (pour une étude quelconque) nécessite de « kidnapper » la reine et un contingent d'ouvrières en évitant de les affamer (« *homeless but not hungry* »)[78]. La reine étant dûment séquestrée dans une boîte d'allumettes, il faut, à l'aide d'un entonnoir, secouer quelques centaines d'ouvrières trouvées dans les rayons pour les mettre dans une boîte (avec le dessus, le fond et les deux bouts en bois, les quatre côtés en maillage pour la ventilation). Ensuite, il faut suspendre la cage de la reine à l'intérieur de la cage des abeilles (afin que les ouvrières soient avec leur reine), tout fermer et puis régaler les abeilles avec un sirop de sucre appliqué sur les parties en maillage. Il est crucial de gaver les abeilles et de les garder repues pendant plusieurs jours sinon, même si elles entourent la reine (enfermée dans sa boîte), il n'y aura point d'éclaireuses prêtes à l'action. J'en ai fait l'expérience personnellement. Quand je commençais à créer des essaims artificiels, il m'arrivait de ne pas nourrir assez l'essaim avant de l'installer. Ensuite, je montais la garde devant l'essaim pendant des jours et des jours en attendant que les éclaireuses commencent à danser, et en me demandant pourquoi elles « boudaient ». J'en ai déduit que le déclenchement de la transformation d'une butineuse en éclaireuse ne se passe que si elle a le ventre bien rempli depuis quelques jours.

Lindauer avait remarqué cette transformation – de la butineuse gourmande à l'éclaireuse repue – pendant l'étude (décrite précédemment) conduite en mai 1954[79]. La colonie en question résidait dans une ruche d'observation, dont les parois en verre permettaient de suivre le comportement des butineuses à l'intérieur ainsi qu'à l'extérieur. Le 27 mai, lorsqu'il posa le nourrisseur à 250 mètres de la ruche, il y avait peu de fourrage naturel dans les parages. Les abeilles qui le trouvaient, une fois gavées de sirop de sucre, se mettaient à danser fortement dès leur retour à la ruche. Les jours suivants, il put étiqueter plus de 100 butineuses nourries au nourrisseur. À partir du 22 mai cependant, les fleurs de marronnier (*Aesculus hippocastum*) commençaient à fournir beaucoup de nectar et les abeilles en profitèrent pour remplir les rayons de miel ; lorsque les butineuses de Lindauer revinrent à la ruche, elles avaient du mal à trouver des ouvrières prêtes à accepter leur butin de sirop de sucre. Nous savons maintenant que lorsque des butineuses ont du mal à se décharger de leur nectar, elles perdent leur intérêt pour la danse et le butinage[80]. Dans le cas extrême d'une colonie très forte, portant des rayons pleins de nourriture et de progéniture (et ainsi prête à essaimer), il est fréquent que les butineuses qui n'arrivent pas à se délester de leur nectar restent à la maison, leur estomac gonflé. Une telle inactivité forcée peut stimuler quelques butineuses – celles qui sont programmées pour l'exploration – à se mettre à chercher un site. Je trouve très révélateur que Lindauer ait pu constater la présence de ses butineuses étiquetées en train d'explorer des sites plutôt que de profiter de son nourrisseur, et ce quelques jours après avoir remarqué « ses » butineuses précédentes en train de paresser, soit dans un coin tranquille de la ruche, soit au sein de la grappe d'abeilles accrochée devant l'entrée. Ces observations anecdotiques offrent un tremplin parfait pour la conception d'une expérience pour tester de façon concluante si c'est un ventre plein, *per se*, ou un autre facteur associé à une indolence forcée, qui dicte aux butineuses le fait qu'il est temps de devenir des éclaireuses.

4

S’accorder sur le meilleur site

« *Love quarrels oft in pleasing concord end.* »[m]

(John Milton, *Samson Agonistes*, 1671)[81]

Nous avons vu au chapitre précédent que les disputes parmi les éclaireuses peuvent, comme celles des amoureux, se terminer harmonieusement. Maintenant, nous allons voir si la réconciliation lors du consensus sera « agréable » (« *pleasing* ») parce qu’elle aboutit au choix du meilleur site. La réponse est oui ! Avant d’apprécier les preuves du bien-fondé du choix de domicile, nous allons examiner la structure du problème du choix auquel se confronte l’essaim, considéré comme un corps décisionnel.

Que ce soit un essaim ou une personne, le problème est identique : trouver la meilleure demeure lorsqu’il faut soupeser les principales caractéristiques (voisinage, superficie, ensoleillement, etc.) devant de multiples possibilités. Il s’agit toujours d’un processus à deux volets : d’abord identifier les possibilités, puis opérer un choix en conséquence. Dans un monde idéal, le décideur serait en mesure de prendre connaissance de toutes les possibilités et de leurs caractéristiques, de calculer la valeur de chaque possibilité en fonction de ses attributs et, rationnellement, de sélectionner la meilleure proposition. Dans le monde réel, ce choix optimal, exhaustif, est impossible en raison de son coût en termes de temps, d’énergie et de toutes les ressources nécessaires à l’acquisition et au traitement des informations recueillies. Quelqu’un à la recherche d’un appartement dans une grande ville doit faire face à ces coûts en temps, en effort mental et en argent, pour répertorier toutes les propriétés potentielles, les évaluer et choisir, rationnellement, la meilleure option.

Personne, dans ces circonstances, ne dispose d’un temps illimité, ni de ressources inépuisables, ni d’une capacité de raisonnement infinie. Psychologues et économistes reconnaissent que le monde réel de prise de décision – appelé *bounded rationality* (rationalité limitée) – dépend de l’analyse *heuristique*, c’est-à-dire de certains mécanismes de choix simplifiés[82]. Ceci implique la réduction soit de *la profondeur*, soit de *l’étendue* des possibilités prises en compte[83]. Par exemple, l’heuristique nommée *satisficing*[n] en anglais, entraîne la réduction du périmètre d’une recherche donnée où, par une sorte de raccourci, le choix est arrêté dès que le seuil d’acceptabilité (fixé au préalable) sera atteint. Imaginons une personne qui déménagerait dans une grande ville et se trouverait en quête d’un appartement, mais sans disposer du temps nécessaire pour une recherche de grande ampleur. Si elle choisit la première proposition acceptable, elle aura utilisé

[m] « Souvent, dans une douce réconciliation, se terminent les querelles de l’amour. » (NdT : Œuvre poétique de John Milton, *Samson agoniste*, traduite en français par Joseph Avenel en 1860.)

[n] NdT : C’est un néologisme, mélange des mots anglais *satisfying* (satisfaisant) et *sufficient* (suffisant).

l'heuristique de réponse « suffisamment satisfaisant ». Une deuxième heuristique de prise de décision s'appelle l'élimination par aspects (*elimination by aspects*) et concerne la réduction de la profondeur de la recherche en fixant un critère prioritaire (la proximité de son travail) et en éliminant tous les appartements qui dépasseraient la limite d'acceptabilité (par exemple, un trajet ne prenant pas plus de 20 minutes entre le domicile et le lieu de travail). Le processus sera répété pour chaque caractéristique (un loyer inférieur à 1 000 € mensuels, un parc pour le jogging pas trop loin, etc.), jusqu'à trouver un choix convenable ou réduire les possibilités au point d'en faire une évaluation approfondie des finalistes. Il se peut que la personne ne choisisse pas l'appartement le plus approprié de façon globale – ayant éliminé d'office un appartement à 22 minutes de son travail, malgré un petit loyer et un parc magnifique pas loin – mais elle aura diminué le temps, le coût et l'effort mental qu'exige la recherche d'un logement.

La plupart des humains et des animaux prennent leurs décisions en se référant à une boîte à outils heuristique, mais les abeilles méprisent le raccourci et regardent en long et en large lorsqu'il s'agit d'un nouveau logis. Comme nous l'avons vu au chapitre 3, l'essaim n'arrête pas son choix avant d'avoir expédié ses éclaireuses faire une inspection multidimensionnelle de chaque site. Les essaims grandeur nature, tels que Martin Lindauer a pu les étudier, rapportaient des renseignements sur une moyenne de 24 sites explorés (avec une fourchette de 13 à 34). Même chez les petits essaims expérimentaux que nous avons étudiés avec Susannah Buhrman, la moyenne était de 10 (entre cinq et 13). Ainsi que nous l'avons vu au chapitre 2, chaque site candidat est évalué en fonction d'au moins six attributs (volume de la cavité, hauteur et taille de l'entrée, etc.). Les abeilles poursuivent une stratégie de prise de décision extrêmement sophistiquée qui prend en compte tous les renseignements relatifs au futur lieu d'habitation. (Note : néanmoins, même un essaim n'est pas omniscient, car malgré l'envoi de centaines d'éclaireuses à la recherche d'une maison de rêve, il est peu probable que ces abeilles tombent sur *toutes* les demeures disponibles dans leur secteur d'exploration.) L'organisation démocratique de l'essaim est ce qui permet aux abeilles d'être si exigeantes et d'exploiter la concertation de beaucoup d'individus en vue d'accomplir les deux étapes incontournables en amont du choix : l'acquisition d'informations concernant les possibilités et leur traitement efficace. Nous allons voir comment les abeilles arrivent à réaliser une prise de décision quasi optimale.

Un site, « le meilleur sur N » ?

Afin d'examiner si oui ou non les éclaireuses sélectionnent le meilleur site disponible, je voulais pousser plus loin mon observation de leurs danses d'annonce sur la surface de l'essaim. Plus précisément, je devais leur présenter un assortiment de sites artificiels de qualités différentes, et ce dans une localité qui manquerait de sites naturels afin de diriger l'attention des éclaireuses vers mes propositions. Avec une telle installation expérimentale, j'allais pouvoir vérifier si les éclaireuses choisiraient systématiquement le meilleur site parmi un ensemble de possibilités. Les biologistes utilisent une convention de langage, parlant d'une solution « la meilleure sur N » pour un tel problème de choix, même sans arriver au choix optimal.

Il est facile d'imaginer de nombreux facteurs empêchant les abeilles de choisir le site parfait. Au chapitre 3, nous avons vu que les éclaireuses ne soumettent pas tous les sites potentiels au débat en même temps, mais plutôt sur une durée de plusieurs heures, voire de quelques jours. Si le meilleur site est présenté tard dans le débat, il se peut que ses supporters aient du mal à « doubler » ceux qui recommandent un autre site, certes inférieur, mais suffisamment bon. Également, même si la meilleure alternative figure tôt dans la discussion elle pourrait être perdante si ses partisanes ne font pas assez de louanges à son sujet (au chapitre 5, nous examinerons comment la qualité d'un site est proclamée par les abeilles *via* leurs danses frétillantes). Un site difficile à retrouver (très éloigné ou avec une entrée masquée) peut se trouver négligé, même s'il est rapporté promptement et correctement. Dans chaque cas l'embrigadement de nouvelles recrues sera freiné pour ce qui est réellement le meilleur site. Vu le grand nombre de situations susceptibles de produire des solutions non optimales, je me demandais dans quelle mesure les essaims disposeraient des talents nécessaires pour choisir une solution « la meilleure sur N »[84]. À cette fin, je m'apprêtais à concevoir et à réaliser des expériences contrôlées concernant leurs modalités de choix.

Un site médiocre, mais suffisamment bon

Pendant l'été 1997, je retournai à l'île d'Appledore où, 20 ans auparavant, j'avais réussi à intéresser les abeilles à mes nids artificiels. Entre-temps, j'avais principalement étudié les abeilles à la station biologique de Cranberry Lake, au cœur de la forêt des montagnes Adirondack, au nord de l'État de New York, où les fleurs sont rares et les abeilles heureuses de se nourrir à des sources artificielles. Étudier les abeilles dans les bois du nord avait été une expérience passionnante ; chaque été, avec mes étudiants, nous avons pu découvrir des « secrets sur la beauté du fonctionnement interne d'une colonie »[85], surtout en ce qui lui permet l'efficacité maximale pour récolter sa nourriture. De plus, j'étais tombé sous le charme des eaux cristallines du lac ; j'ai pu nager sous le ciel de minuit et regarder luire l'aurore boréale, puis m'endormir, bercé par les cris obsédants de ces oiseaux appelés plongeons ou huards. Néanmoins, en 1997, j'étais prêt à retrouver le soleil intense, les mouettes féroces, le sumac vénéneux et l'air salé et revigorant d'Appledore.

Ma première tâche fut de fabriquer un nichoir qui serait acceptable, mais non idéal (suffisamment satisfaisant)[86]. Ce problème résolu, je serais en mesure de voir si les essaims étaient capables d'une prise de décision optimale. La conception technique comprenait la présentation aux essaims d'un assortiment de cinq nichoirs (un à la fois), dont quatre seraient acceptables et un seul serait idéal, afin de voir la fiabilité de leur choix, « le meilleur sur N ». Mes recherches des années 1970 m'avaient appris les préférences des abeilles : une grande cavité (40 litres) et une petite entrée (15 cm^2). Par conséquent, je cherchais à réduire la qualité du nichoir en diminuant la cavité et en augmentant la taille de l'entrée. Je pouvais changer les paramètres d'un nichoir type (fig. 4.1) en réduisant, à l'aide d'une cloison amovible, le volume de départ de 40 litres à 20, 15 ou 10 litres, et en agrandissant l'entrée de départ de 15 cm^2 à 30 ou à 60 cm^2, en changeant le réducteur d'ouverture. À l'exception de ces deux paramètres, tous les nichoirs devaient être identiques ; ainsi je les plaçai dans un abri ouvert sur un seul côté (fig. 4.2), exposés exactement de la même façon au vent, au soleil, à la pluie et... à la fiente de mouettes.

Au début du mois d'août, à Ithaca, je chargeai mon pick-up d'un lot de matériel : cinq nichoirs, cinq abris, le support qui avait servi pour l'enregistrement vidéo des débats des éclaireuses, et trois ruches pour créer des essaims artificiels. Je montai

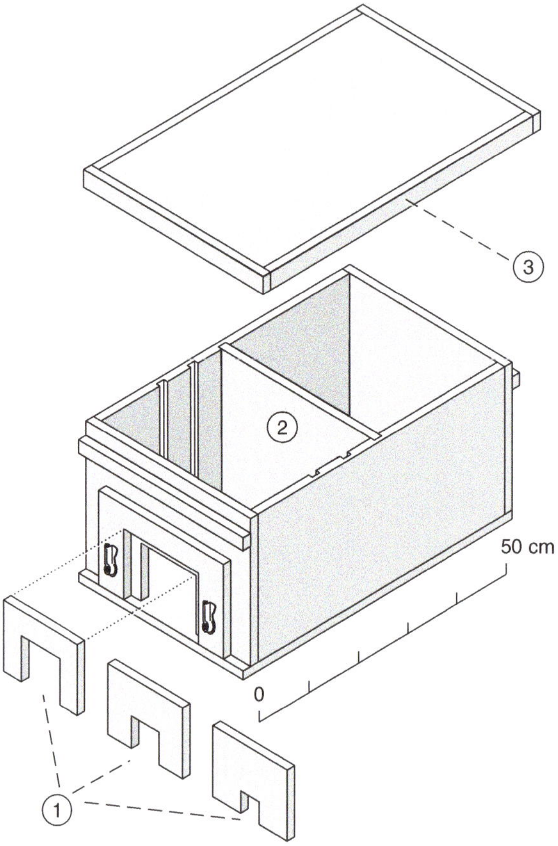

Fig. 4.1. Le modèle du nichoir expérimental : 1. réducteurs d'entrée ; 2. paroi interne amovible qui fixe le volume de la cavité ; 3. couvercle pour occulter la lumière.

Fig. 4.2. Un nichoir à l'intérieur de son abri.

tout cet équipement à bord du *John M. Kingsbury* (un vaisseau de recherche multifonctionnel du Shoals Marine Laboratory) qui devait me prendre à Portsmouth avec mes 60 000 « collègues de travail », descendre la rivière Piscataqua, et mettre le cap sur l'archipel des îles de Shoals, dont l'île d'Appledore est la plus grande (environ 40 hectares). Mon neveu, Ethan Wolfson-Seeley, m'accompagna en tant qu'assistant de recherche. Je trépignais de joie à l'idée de me retrouver sous un soleil éclatant, en contemplation de la belle côte de Nouvelle-Angleterre, et de retourner dans un lieu cher où j'avais fait certaines de mes premières découvertes scientifiques.

Néanmoins, je sentis une certaine appréhension à l'idée de revenir vers un type d'expérience que je savais difficile, même sur l'île d'Appledore. J'avais entendu que mon ami Rodney Sullivan, le pêcheur aux homards, avait vendu sa maison et quitté l'île. Les nouveaux propriétaires me laisseraient-ils l'accès à leur cheminée afin d'y grimper pour décourager mes essaims de s'y nicher ? Je savais également que le Shoals Marine Laboratory avait fait construire de nouveaux bâtiments ; est-ce que mes abeilles n'allaient pas y trouver (à mon plus grand désespoir) des sites plus attractifs que les miens ? Je me demandais si mes nichoirs étaient assez bien conçus pour me permettre de les modifier conformément à mes exigences quant au volume de la cavité et à la taille de l'entrée. Il fallait proposer des sites médiocres, mais acceptables. Je me rassurais en me disant que l'observation rapprochée des abeilles m'avait toujours permis d'aller plus loin dans mes recherches ; en prêtant attention à des résultats inattendus ou en utilisant les échecs à bon escient, il m'arrivait de trouver de nouvelles pistes d'investigation. Une chose était sûre ; installé à 640 kilomètres de l'université Cornell et à 10 kilomètres du continent américain, ce serait l'occasion de me consacrer aux abeilles et rien qu'aux abeilles.

Au bout de quelques jours, avec Ethan pour m'aider, j'avais réussi à installer un essaim sur le porche de l'un des bâtiments et deux nichoirs (distants de 250 mètres l'un de l'autre, mais dans des directions légèrement différentes), sur un terrain herbeux au nord de l'île (fig. 4.3, sites A et B). Dans un premier temps, pour les intéresser davantage, j'avais installé des nichoirs offrant une résidence confortable avec un grand volume (40 litres) et une petite entrée (15 cm^2). Je m'étais déjà présenté aux nouveaux propriétaires de la maison de Rodney Sullivan (originaires du Massachusetts et sans fusil), leur avais expliqué ma démarche et avais obtenu leur bénédiction. Le travail consistait alors à rester près de l'essaim et à guetter les abeilles en train de danser sur la surface pour voir ce qu'elles allaient « raconter ». Les abeilles annonçant nos nichoirs seraient laissées tranquilles, mais toute abeille annonçant un autre site serait prélevée avec des pinces, déposée dans une cage et mise au congélateur. Cette censure était essentielle pour le succès de l'expérience ; de temps en temps nous voyions une abeille en train de s'exciter pour un site « rebelle » et, si on ne l'avait pas enlevée, il y aurait eu rapidement une escalade incontrôlable de manifestation d'intérêt pour ce site. Un tel effet boule de neige parmi les éclaireuses s'est produit trois fois pendant cet été-là. Dans deux des cas nous réussîmes à trouver le site affiché en lisant les messages dansés et en traçant l'emplacement approximatif sur une carte de l'île, pour trouver les abeilles en train de s'intéresser à une ouverture non programmée. L'un de ces sites se situait sous un tas de vieilles planches et l'autre dans un petit creux d'un mur en pierres. Je pus rendre les deux sites inutilisables en les ouvrant en grand. La troisième fois, notre opération de recherche et de neutralisation échoua, malgré le temps passé – avec la certitude d'être dans la bonne zone – à sonder trois vieilles maisons sur la côte sud de l'île. De toute évidence, l'éclaireuse avait trouvé un chic site derrière ces maisons, au cœur d'une jungle de sumacs vénéneux, un endroit que nous n'osions explorer. Ne pouvant éliminer ce site,

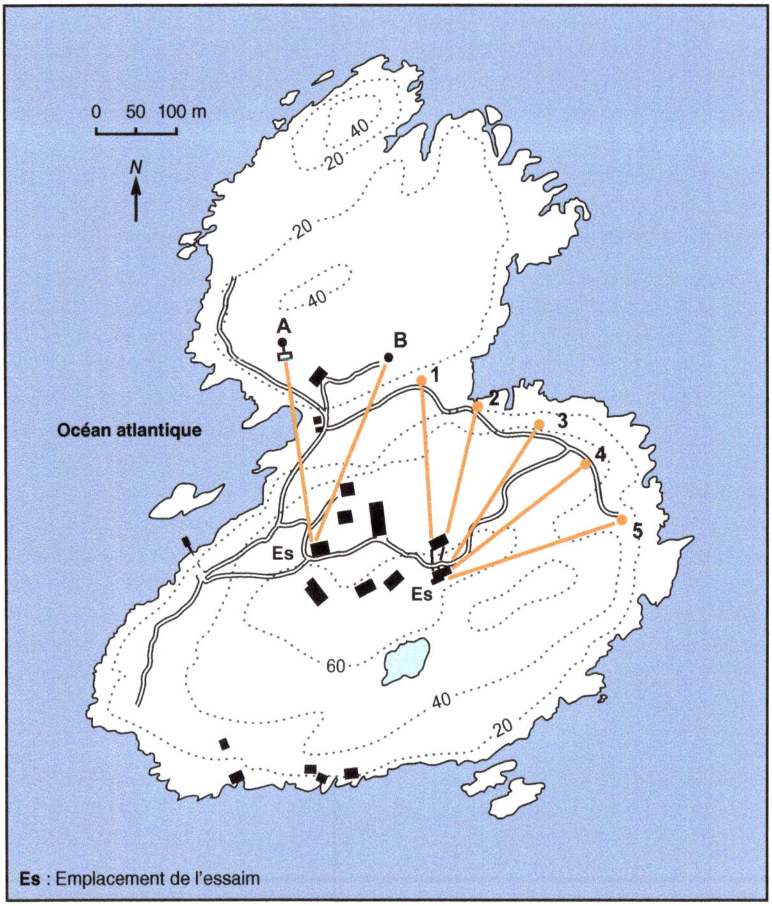

Fig. 4.3. Le plan d'occupation des sols pour les expériences conduites sur l'île d'Appledore : en 1997 (avec deux nichoirs A et B) et en 1998 (avec cinq nichoirs de 1 à 5).

Les courbes de niveau indiquent l'altitude (en pieds ; 1 pied = 0,3048 mètre).

il devînt impossible de calmer l'excitation des abeilles ; nous voilà contraints d'enlever l'essaim avec ses éclaireuses errantes et de recommencer toute la procédure.

Heureusement, tous les essaims ultérieurs concentrèrent leurs efforts de recherche sur les nichoirs, nous guidant par leur comportement dans la transformation de l'un des deux en demeure médiocre mais suffisamment bonne. Notre première leçon fut de découvrir que je m'étais trompé en pensant que l'agrandissement de l'entrée à 30 ou 60 cm^2 constituait une amélioration. Une boîte de 40 litres avec une entrée de 15 cm^2 provoqua beaucoup d'intérêt chez l'essaim, manifesté par l'essor, peu de temps après sa découverte, du nombre d'abeilles présentes sur place[87]. Par exemple, le 10 août 1997, un tel nichoir est découvert à 13 h 00 ; à 14 h 30 il y a dix abeilles en train d'arpenter et de voler à l'extérieur. Pas de doute, ce nichoir est jugé tout à fait convenable et les éclaireuses ont recruté de nouvelles danseuses. Déjà, vers 13 h 00 nous voyons plusieurs abeilles en train d'exécuter de vigoureuses danses frétillantes, mais après l'élargissement de l'entrée à 60 cm^2, à 14 h 30, le nombre d'abeilles chute ; il n'en reste plus qu'une ou deux à 15 h 00. Cet abandon suggère que les éclaireuses ne s'y intéressent plus. À 15 h 00, l'entrée de 15 cm^2 est restituée et le nombre d'abeilles à l'extérieur grimpe comme précédemment, avec plus de 12 abeilles à 16 h 30. Après l'élargissement de l'entrée à 60 cm^2 à 16 h 30, le nombre d'abeilles chute de nouveau et, à 18 h 00, le nichoir est délaissé. Le lendemain, le même schéma se reproduit, avec un grand nombre d'abeilles à l'extérieur du nichoir avec une petite entrée (15 cm^2) mais qui se dissipent dès son agrandissement (30 cm^2). Ces résultats, confirmés par ceux d'un deuxième essaim quelques jours plus tard, démontrent clairement qu'un nichoir doté d'une entrée de 30 ou de 60 cm^2 est jugé de qualité inférieure, voire inacceptable par les abeilles. Elles nous ont montré à quel point il est facile de conduire un sondage d'opinion parmi les éclaireuses – il suffit de compter celles qui sont présentes à chaque nichoir (fig. 4.4).

Ensuite, nous proposons un nichoir de qualité moyenne, en réduisant le volume de la cavité à moins de 40 litres. Cette approche est payante et notre premier essai commence bien ; les abeilles trouvent les deux boîtes en fin d'après-midi le 13 août 1997. Le lendemain matin, on réduit le volume de l'un des nichoirs à 15 litres, et laisse l'autre à 40 litres, les deux nichoirs ayant une entrée de 15 cm^2. Le nombre d'abeilles autour du deuxième nichoir augmente de façon constante pendant la matinée et plafonne à neuf abeilles au début de l'après-midi (fig. 4.5). Par contre, il n'y a que deux ou trois abeilles auprès du premier nichoir. Il est flagrant que les éclaireuses considèrent le nichoir de 40 litres comme un site de grande qualité. Cependant, jugent-elles la boîte de 15 litres comme un site de moyenne qualité, pas vraiment souhaitable mais acceptable ? Nous tenons à nous en assurer ; à 12 h 30 l'entrée du nichoir de 40 litres est agrandie à 60 cm^2 pour le rendre inacceptable ; on veut voir si les abeilles vont accepter le nichoir

Fig. 4.4. Nichoir en cours d'inspection par plusieurs éclaireuses.

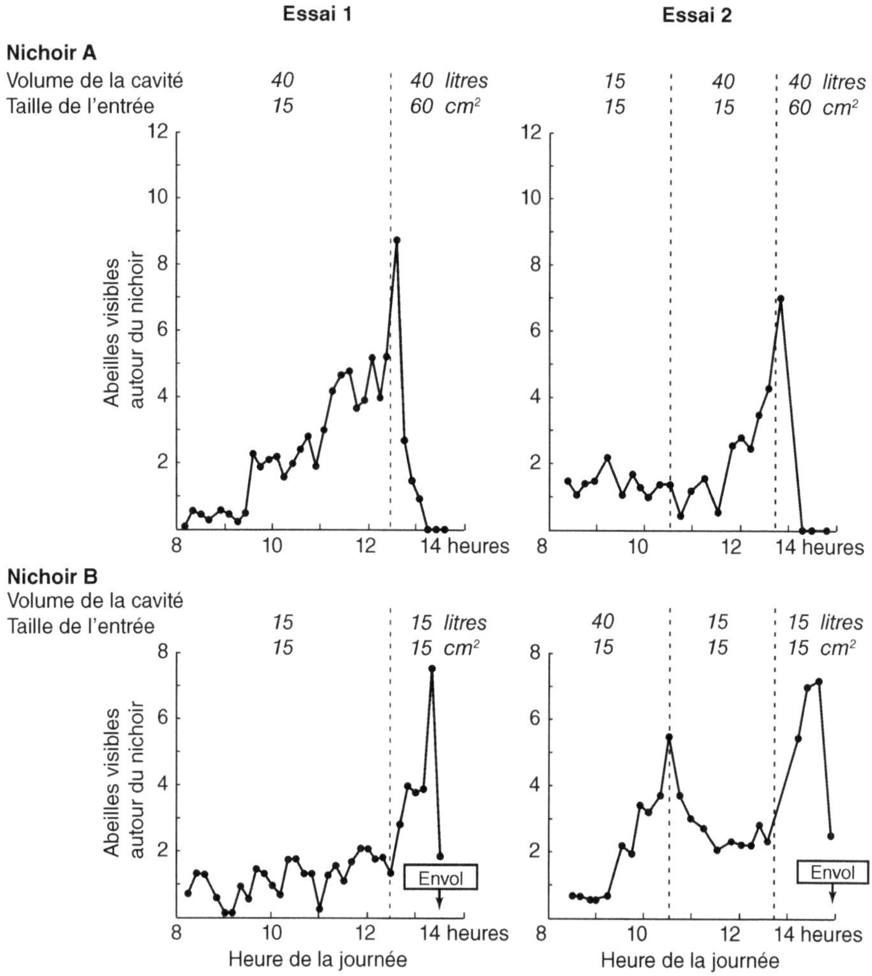

Fig. 4.5. Les résultats de deux essais d'une expérience conçue pour déterminer les propriétés d'un nichoir de qualité moyenne.

Pour chaque essai, l'essaim fut mis en présence de deux nichoirs, le volume de la cavité et la taille de l'entrée étant différents pour chacun. Le compte du nombre d'abeilles visibles témoigne de leur intérêt pour chaque nichoir. Les lignes en pointillé montrent le moment du changement de volume de chaque boîte.

de 15 litres. Oui ! Le nombre d'abeilles au grand nichoir baisse et celui du petit grimpe fortement ; à 13 h 28 l'essaim décolle et se rend au nichoir de 15 litres. Cet essai prouve que nos abeilles à Appledore trouvent acceptable un nichoir d'un volume de 15 litres et avec une entrée de 15 cm^2.

Des essais supplémentaires conduits avec deux autres essaims ont donné des résultats similaires. Face au choix entre deux boîtes de contenance différente, les éclaireuses sont plus nombreuses auprès de celle de 40 litres que celle de 15 litres, à condition que les deux aient une petite entrée (15 cm^2). Mais lorsque le nichoir de 40 litres est dégradé par l'élargissement de l'entrée à 60 cm^2, les éclaireuses arrivent en grand nombre au petit nichoir, et finissent par l'accepter en tant que futur domicile.

Un aperçu de l'esprit de l'abeille

La preuve que nous avions trouvé la bonne formule pour la création d'un site médiocre, mais acceptable, vint de nos observations de l'activité au niveau de l'essaim en grappe, plutôt que dans les sites proposés. Les éclaireuses sur l'essaim dansaient simultanément pour les deux sites (40 et 15 litres avec une petite entrée). L'angle du parcours des danses frétillantes nous renseignait sur l'emplacement du nichoir inspecté car nous avions placé les nichoirs dans des directions différentes (30° d'écart), les rendant faciles à identifier (voir fig. 4.3). Ainsi il n'y eut pas besoin d'étiqueter les deux groupes d'abeilles, nous évitant un travail fastidieux. (Merci les abeilles, pour vos messages si clairs !) Les apiculteurs le savent bien, lorsqu'une abeille exécute sa danse frétillante pour attirer ses compagnes de ruche vers une source de nourriture, elle dose la vigueur de sa danse selon l'attractivité de la parcelle de fleurs. Par exemple, une abeille qui annonce des fleurs pleines de nectar pourrait bien le faire avec une danse comportant une centaine de circuits pour une durée totale de 200 secondes ; tandis qu'une abeille indiquant une moindre source de nectar produirait une danse plus brève avec, peut-être, 10 circuits et une durée de 20 secondes. Cette précieuse corrélation entre l'attractivité du butin et la vigueur de la danse (nombre de circuits) signifie que la danse frétillante nous offre un aperçu de l'esprit de l'abeille et, surtout, de l'idée qu'elle se fait de la qualité des renseignements qu'elle rapporte à ses consœurs[88].

Supposant que cette compréhension ouvre une fenêtre sur le monde des abeilles à la recherche d'un logis comme sur celui des abeilles à la recherche d'une source de nourriture, nous avons décidé de regarder de ce côté pour voir comment nos éclaireuses pouvaient juger de la qualité de chacun des sites proposés. L'enregistrement vidéo nous permit de filmer les danses exécutées sur l'essaim par les deux groupes d'éclaireuses, côte à côte. Le fait que les deux boîtes suscitaient des danses en disait long sur l'intérêt des sites examinés. Mieux encore, passer l'enregistrement vidéo nous permit de mesurer la force de chaque danse : le nichoir de 40 litres provoqua des danses de 35 circuits en moyenne avec une durée de 85 secondes, tandis que celui de 15 litres ne reçut qu'une moyenne de 14 circuits dansés avec une durée de 45 secondes. Ces résultats nous menèrent à la conclusion que les abeilles jugent un nichoir de 15 litres acceptable comme site, mais médiocre. Son *acceptabilité* est démontrée par le fait que les éclaireuses ont dansé (les éclaireuses ne produisent pas de danse pour un site inacceptable), et sa *médiocrité* par la faiblesse de leurs danses.

Une expérience critique

À Appledore, par ces journées ensoleillées du mois d'août, j'appris (d'après les réactions des abeilles) comment ajuster mes nichoirs expérimentaux afin de leur présenter un choix de cinq sites potentiels : quatre étant de qualité approximative et le cinquième représentant une maison de rêve (« le meilleur sur 5 ») ; je brûlais d'impatience de démarrer l'expérimentation, mais devais attendre l'été suivant pour conduire ce test critique concernant leurs talents décisionnels[89]. À Cornell, le semestre d'automne débute à la dernière semaine d'août. Lors de chaque rentrée, je fais partie d'une équipe donnant des cours sur le comportement animal pour l'université populaire ; je devais donc y retourner tout de suite. J'avais également l'intention d'installer des ruches vitrées comme celles que nous utilisons pour initier les étudiants aux plaisirs de « *watching and wondering* » (l'observation et le questionnement).

En juin 1998, je retournai à l'île d'Appledore, accompagné de nouveau par Susannah Buhrman, qui m'avait aidé l'été précédent lors du travail sur les débats entre abeilles. Maintenant, nous voulions tester la prise de décision chez les essaims avec le test du choix du site « le meilleur sur 5 ». La gestion du test demandait une équipe de deux personnes, l'une qui serait assise auprès de l'essaim afin d'éliminer toute éclaireuse dansant (fâcheusement) pour un site autre que les nichoirs expérimentaux (fig. 4.6), et l'autre qui ferait la tournée des sites afin de compter les abeilles en visite. Les nichoirs furent installés en éventail (voir fig. 4.3) à l'est de l'île afin qu'ils soient à distance à peu près égale (250 mètres) de l'essaim, mais orientés différemment (au moins 15° d'écart). Les boîtes furent aménagées pour faire quatre nichoirs de 15 litres et un seul avec une cavité de 40 litres. Ensuite, l'essaim fut monté sur le support prévu pour le recevoir. Dès la formation de la grappe et l'envol des premières éclaireuses, l'un d'entre nous se mettait à contrôler leurs danses afin d'éliminer toutes celles qui dansaient pour des sites autres que les nôtres. L'autre devait visiter les nichoirs toutes les demi-heures pour compter le nombre d'abeilles présentes. Il y eut cinq essais, chacun avec un essaim différent et chacun avec un emplacement différent pour le nichoir excellent. Il est à noter que le nichoir excellent n'était jamais déplacé physiquement d'un essai à l'autre ; il suffisait de réajuster la paroi amovible pour en modifier le volume (et changer son niveau de qualité). Ainsi, pour chaque essai une boîte différente était ajustée afin d'offrir un volume de 40 litres, le critère d'excellence.

Les résultats complets de cette expérience sont détaillés dans la figure 4.7, et comprennent le compte du nombre d'éclaireuses pour chaque nichoir, ainsi que pour chaque essai, sur toute la durée de l'expérience. Nous pouvons constater que les éclaireuses trouvent toujours les cinq nichoirs (à une exception près), nous montrant qu'elles ont pris connaissance de (presque) tous les sites candidats. Elles ne découvrent pas les nichoirs en même temps mais, néanmoins, le même jour, et *elles ne trouvent jamais le site excellent tout au début.* Par exemple, pour l'essai n° 1 des éclaireuses sont observées auprès des quatre boîtes médiocres le matin, et auprès de la boîte excellente seulement l'après-midi. De surcroît, à deux occasions, un bon nombre d'abeilles se regroupent auprès d'un nichoir médiocre avant même d'avoir trouvé l'option excellente. L'essai n° 2 montre que le nombre d'abeilles autour d'un nichoir médiocre augmente doucement mais régulièrement entre 11 h 30 et 14 h 00, et intéresse plus de cinq abeilles au moment où le nichoir excellent est découvert, juste avant 14 h 00.

Fig. 4.6. Susannah Buhrman en train de contrôler des abeilles « rebelles » qui dansent pour un site non compris dans l'expérience.

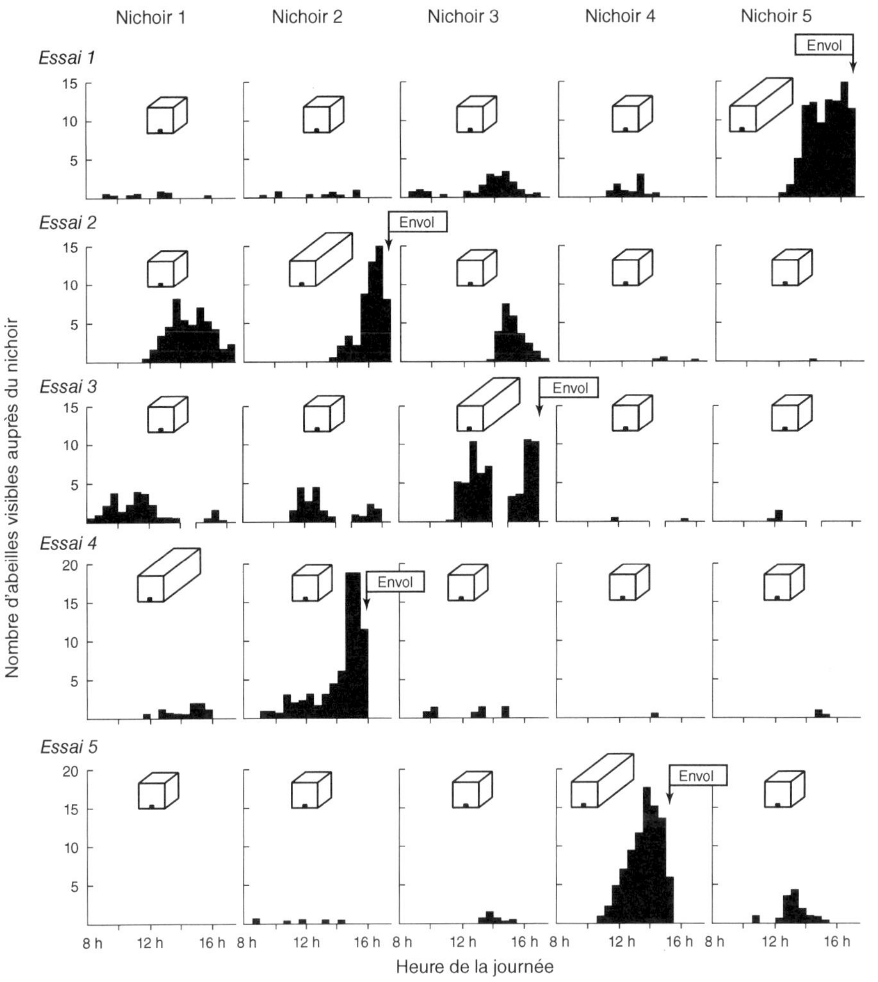

Fig. 4.7. Les résultats de cinq essais pour un test de choix, « le meilleur sur 5 ».

Étant donné que le nichoir excellent n'était jamais le premier découvert – ce qui le mettait en retard par rapport aux autres pour gagner des partisanes à sa cause –, il est remarquable que cette proposition (la meilleure) remporta la plus grande adhésion d'éclaireuses quatre fois sur cinq (essais n°s 1, 2, 3 et 5) et fut, en fin de compte, celle que choisirent ces essaims. Les essaims prouvèrent leur grande compétence de prise de décision, même sans arriver au score parfait de 5 sur 5. Afin de bien apprécier leur réussite, considérons la possibilité d'avoir atteint un tel résultat par hasard. Si les essaims avaient choisi un nichoir sur cinq de manière *aléatoire*, la probabilité d'avoir choisi la meilleure option quatre fois sur cinq est extrêmement mince : une fois sur 156 (0,0064). Autrement dit, la comparaison entre le hasard et la décision démocratique montre bien l'avantage qu'obtient l'essaim en confiant le choix du meilleur site à ses éclaireuses intrépides.

Lorsque les abeilles se comportent de façon inattendue, il m'arrive souvent d'y réfléchir en me disant « Qu'est-ce que cela peut m'apprendre ? ». L'essai n° 4, où les abeilles choisirent un site médiocre, m'ouvrit les yeux quant à la nature de la connaissance qu'avait l'essaim de chaque site, une information qui peut se révéler fragile et facilement perdue. Nous pouvons voir qu'à chaque fois, pour les quatre essaims ayant choisi le meilleur site, le nombre d'éclaireuses montait rapidement tandis qu'il chutait progressivement pour les sites les moins bons. Curieusement, pour l'essai n° 4, il ne se passa ni l'un ni l'autre comportement suite à la découverte du site excellent. Pour une raison ou une autre, aucune des deux éclaireuses ayant trouvé ce site n'effectua de danse frétillante pour l'annoncer. Pourquoi ? Cette omission est d'autant plus curieuse que les éclaireuses des essais n°s 2 et 3 avaient trouvé un nichoir au même endroit (le côté nord de leur disposition en éventail) et signalé leur découverte malgré sa qualité médiocre (15 litres). Donc, l'emplacement n'était pas en cause. Quelle qu'en fût la raison, les abeilles de ce groupe avaient négligé le meilleur site de l'île et, entre-temps, il y eut un gain d'enthousiasme persistant pour l'un des nichoirs médiocres, ce que choisit l'essaim. Cette anomalie montre l'importance de l'affichage d'un site potentiel afin de le mettre au cœur du débat. Au chapitre 5, nous allons voir que les abeilles adoptent une règle astucieuse qui aboutit à ce que toute bonne option soit incluse dans le débat. De bonnes décisions demandent de bonnes informations.

L'essaim a toujours raison

L'on ne peut douter, d'après ces résultats, de l'hypothèse selon laquelle les abeilles savent prendre les *bonnes* décisions. Elle est basée sur la supposition qu'une cavité de 40 litres avec une entrée de 15 cm^2 est un site de grande qualité, et qu'un site équivalent mais d'un volume réduit à 15 litres est de qualité médiocre. Ainsi, le choix de la part de l'essaim de la première option plutôt que de la deuxième, doit augmenter ses chances de survie et de reproduction. Cette supposition me paraît logique, sinon pourquoi la sélection naturelle aurait-elle promu cette préférence ? Des études sur d'autres animaux, dont certains oiseaux, reptiles, insectes et poissons, concordent sur le fait que leurs préférences de niches favorisent la reproduction et la survie de l'espèce[90].

En 2002, j'entrepris de tester la supposition que l'essaim sait bien choisir son nid. Malheureusement, cette expérience devait condamner à mort bon nombre de colonies d'abeilles ; j'avais besoin de comparer les probabilités de survie chez des abeilles dans des ruches afin d'établir leurs préférences de logement. Au printemps, j'installai des essaims artificiels dans des ruches de deux volumes différents. Je les laissai tranquilles pendant l'été et ensuite contrôlai les différences de leur probabilité de survivre à l'hiver suivant. Au chapitre 1 nous avons vu que la plupart des colonies sauvages meurent de faim pendant leur premier hiver. Chaque essaim comprenait environ 10 000 abeilles, une population typique pour un essaim dans la nature. La taille des deux ruches était calculée en fonction du nombre de cadres rectangulaires qui fourniraient la superficie équivalente des rayons de cire dans les cavités de 45 et de 15 litres, c'est-à-dire 15 et cinq cadres respectivement. Je voulais soumettre mes essaims artificiels aux mêmes défis que ceux que subissent les essaims sauvages occupant des cavités vides et se trouvant devant la nécessité de fournir énormément de rayons. (J'avais quand même installé un « départ » de rayons, sur un cadre sur deux, afin d'encourager leur utilisation la plus avantageuse.) Pour chacune des trois années que dura l'expérience, j'installai cinq colonies de chaque type au début juin et les surveillai pendant les 12 mois à venir pour savoir lesquelles auraient survécu jusqu'au printemps suivant.

À ce jour, j'ai effectué ce protocole trois fois (en 2002-03, en 2003-04 et en 2004-05), en suivant ainsi le destin de 30 colonies. Pour les colonies dans des ruches à 15 cadres, la probabilité de survie était de 0,73 (11 colonies sur 15), mais pour les ruches à cinq cadres la probabilité n'était que de 0,27 (quatre colonies sur 15). Le grand écart de réussite entre les deux types de ruches n'a qu'une toute petite probabilité (p = 0,02) de se produire par hasard. Il est presque certain que les colonies dans les plus grandes ruches survécurent parce qu'elles avaient pu emmagasiner davantage de miel pour les sustenter pendant l'hiver. Je pesai chaque essaim en juin (en pleine saison de butinage) et en octobre (lorsque le gel avait mis fin au butinage), et les résultats appuient cette affirmation : un poids moyen – pour la plupart du miel – de 23 kilos (ruches à 15 cadres) contre 10 kilos (ruches à cinq cadres). Également, lorsque j'examinais les rayons des colonies mortes, je les trouvais vides de miel ; sans conteste, un cas de famine. La dure leçon de ces statistiques prouve, non seulement le besoin d'un nid spacieux, mais aussi le fait que les éclaireuses savent bien ce qu'elles font lors du choix de site. Leurs décisions sont les bonnes, et la raison pour laquelle les essaims déploient tant d'efforts pour trouver le bon logement est claire.

5

Vers le consensus

« *We deprecate division in our Meetings and desire unanimity. It is in the unity of common fellowship, we believe, that we shall most surely learn the will of God.* »°

(Society of Friends, *Book of Discipline*, 1934)[91]

Une décision sans désaccord. Tel est le résultat du processus de prise de décision chez les éclaireuses en quête de logis et, franchement, je le trouve remarquable. Nous avons vu dans les deux derniers chapitres comment des individus initient le débat en proposant à l'essaim un grand nombre de sites potentiels, recommandant des sites concurrents avec vigueur, et cherchant à recruter les individus encore indécis dans les différents camps. Toute cette agitation fait ressembler la surface de l'essaim aux remous d'un bal populaire. Et pourtant, petit à petit, il en émerge un ordre, un sens. Finalement, le débat est clos lorsque *toutes* les danseuses vantent les mérites *d'un seul* site, d'habitude le meilleur. Ce chapitre détaille comment les éclaireuses obtiennent l'unanimité au terme d'un long débat.

Le consensus est parfois à la base de la prise de décision démocratique chez les groupes humains – par exemple chez les membres d'un juré, d'une association ou d'un groupe d'amis –, mais ce n'est pas si fréquent. Habituellement, chez nous, les humains, un débat, une élection ou tout autre processus démocratique se terminent avec les membres du groupe fortement divisés quant à leurs préférences. À ce stade, le groupe doit invoquer une règle décisionnelle : celle de la majorité ou d'un système de votes pondérés, afin de traduire son vote divisé en un choix unique. Cette forme de décision de groupe s'appelle « la démocratie d'opposition » à cause du conflit d'intérêts et des préférences différentes chez les personnes concernées. Par contre, la décision de groupe chez les abeilles est qualifiée de « démocratie unitaire » puisqu'elle implique des individus avec des intérêts compatibles (choisir le meilleur site) et des préférences partagées (petite entrée, etc.)[92]. Ainsi, par l'examen attentif du fonctionnement intime de la démocratie participative de l'essaim, nous pouvons suivre un processus démocratique bien différent de la démocratie d'opposition que nous ne connaissons que trop bien. Au chapitre 9 j'examinerai certaines leçons pratiques que nous pouvons apprendre des abeilles afin d'améliorer nos façons de prendre des décisions de groupe.

° « Nous désapprouvons toute division lors de nos réunions et souhaitons l'unanimité. Nous pensons que nous approcherons de la volonté de Dieu de la façon la plus sûre en poursuivant l'unité du partage fraternel. » (NdT : C'est un précepte fondamental de la communauté religieuse Quaker aux États-Unis – the Society of Friends –, ayant des pratiques rigoureusement égalitaires et pacifiques.)

La solidarité de groupe que manifestent les éclaireuses à l'achèvement du débat est un facteur déterminant pour la réussite du projet commun. N'oublions pas qu'un essaim n'a qu'une seule reine, et que l'envol vers un nouveau domicile requiert l'accord total avant le déplacement vers un lieu unique. Une décision partagée mène soit au gaspillage, soit à la perte de la colonie. Comme nous l'avons constaté avec l'essaim du Balcon de Lindauer (voir fig. 3.4), si l'essaim prend son envol tant que des éclaireuses sont encore en train de vanter fortement de multiples sites d'accueil, l'essaim ne réussira pas à se déplacer vers un seul des sites, perdant ainsi du temps et de l'énergie. Et si jamais l'essaim perdait sa reine lors de tiraillements aériens entre les diverses factions d'éclaireuses, il paierait l'échec total au prix fort et signerait son arrêt de mort. Il est d'une importance capitale que, avant de prendre les airs, l'équipe d'éclaireuses arrive à se mettre d'accord sur un seul site parmi ceux proposés.

Une façon simple de comprendre comment les abeilles arrivent à l'unanimité est de réexaminer le tableau synoptique des débats des éclaireuses. Regardons le débat de l'essaim n° 3, résumé dans la figure 3.7. Il y a deux phénomènes qui demandent une explication pour la compréhension du processus consensuel. D'abord, considérons comment le soutien pour le site gagnant (site G au sud-ouest) évolue de façon constante et finit par dominer la discussion. Le 20 juillet, entre 13 h 00 et 15 h 00, seulement quatre abeilles sur 30 (13 %) dansent pour promouvoir ce site. Pourtant, le lendemain matin, entre 9 h 00 et 11 h 00, elles sont 32 sur 52 (62 %) en faveur de celui-ci. Le matin du 22 juillet, peu de temps avant le départ de l'essaim, 73 sur 73 (100 %) des abeilles dansantes recommandent le site G. Apparemment ce site est le meilleur des 11 sites pris en compte puisque l'essaim choisit (presque) toujours le meilleur des sites examinés (chapitre 4). Ainsi, notre première question concernant le système de prise de décision consensuelle sera : Comment se fait-il que le soutien des éclaireuses pour le meilleur site ne cesse d'augmenter durant le débat ?

Un deuxième phénomène étonnant concerne le soutien pour les moins bons sites qui se réduit et finit par disparaître (voir fig. 3.7). Parfois le soutien décroît rapidement (site A à l'est), parfois plus graduellement (site B au sud), mais, tôt ou tard, toutes les abeilles qui dansaient pour ces moins bons sites perdent leur enthousiasme et cessent d'en vanter les mérites. L'érosion du soutien pour les sites rejetés peut également se voir sur les lieux eux-mêmes. La figure 4.7 démontre comment, lors d'une expérience « la meilleure sur N » sur l'île d'Appledore, le nombre d'éclaireuses dans chacun des sites est descendu à zéro à la fin de chaque essai. Notre deuxième question concernant la prise de décision consensuelle sera : Comment se fait-il que le soutien des éclaireuses pour les moins bons sites se réduise durant le débat ?

On se déchaîne ou on traîne la patte ?

Nous savons qu'un essaim est composé d'environ 10 000 ouvrières, dont seulement quelques centaines assument la fonction de chasseuses de logis. Ces éclaireuses trouvent quelques douzaines d'emplacements qu'elles recommandent devant leur assemblée par des danses frétillantes. Chaque site candidat est d'abord repéré par une seule éclaireuse, celle qui tombe dessus en fouillant les arbres creux, les cavités et autres lieux sombres. Cela signifie que seulement quelques douzaines d'abeilles trouvent les sites susceptibles de faire l'objet d'un débat lors de la prise de décision de l'essaim ; la plupart des éclaireuses prennent connaissance d'un site et s'engagent pour celui-ci en étant recrutées.

Chaque recrue suit, pas à pas, une danse annonciatrice, se rend au site et en fait sa propre évaluation. Si le site satisfait à ses critères de sélection, elle dansera elle aussi pour lui dès son retour à l'essaim.

Étant donné ces faits, il est possible d'envisager le choix démocratique d'un nouveau domicile comme une sorte d'élection, un processus qui implique plusieurs candidats (sites potentiels), des campagnes d'affichage pour les candidats différents (danses frétillantes), des partisanes de tel ou tel candidat (éclaireuses recommandant tel ou tel site) et un ensemble d'électrices encore neutres ou indécises (éclaireuses encore sans engagement)[93]. Les éclaireuses recommandant un site particulier peuvent convertir les individus neutres par leurs danses et ainsi transformer des spectatrices en partisanes. Mais, également, les éclaireuses soutenant un site particulier peuvent devenir des électrices apathiques et rejoindre le groupe des indécises. La totalité de ce processus de prise de décision peut être décrite de façon schématique comme une multiplicité de boucles de rétroaction positive, amplifiant le recrutement des éclaireuses neutres en tant que partisanes de tel ou tel site, avec de petites « fuites » d'adhérentes, ces abeilles qui réintègrent la masse non engagée (fig. 5.1).

Il devient évident d'après cette analyse que les supporters du meilleur site doivent réussir le meilleur travail de conversion, afin de dominer le débat en dansant avec la plus grande ferveur publicitaire. Est-ce le cas ? Posons la question plus précisément : Lorsqu'une abeille prosélyte fait l'éloge d'un site potentiel avec sa danse frétillante, est-ce qu'elle ajuste la vigueur de sa danse selon la qualité du site ? Si toutes les éclaireuses s'exécutent ainsi, le meilleur site devrait, effectivement, susciter les annonces les plus convaincantes[94].

Les premières preuves que tel est le cas, proviennent des observations de Martin Lindauer pendant l'été 1953. Il introduisit un essaim artificiel sur une grande étendue de lande à l'est de Munich, là où il avait déjà installé deux ruches vides en bois à une distance de 75 mètres. Le premier jour, des éclaireuses découvrirent rapidement les deux ruches, très exposées au vent ; elles exécutèrent des danses plutôt paresseuses pour avertir leurs consœurs de ces trouvailles. Peu à peu, il se forma une petite foule d'éclaireuses curieuses à chaque ruche. À la fin de ce premier jour, Lindauer étiqueta un total de trente danseuses pour les deux ruches. Le deuxième jour, il remarqua une danseuse extrêmement vigoureuse sur la grappe de l'essaim, une éclaireuse qui se révéla être en train d'annoncer une cavité souterraine particulièrement désirable sous la souche d'un arbre au coin d'un petit bosquet. Ce site, entièrement protégé du vent par un taillis, proposait une entrée large de 3 cm, une cavité de 30 litres de volume et une niche tout à fait sèche, malgré les grosses pluies des jours précédents. C'était le « *home* » parfait ! D'habitude, Lindauer tuait (pour les besoins de l'expérience) toutes

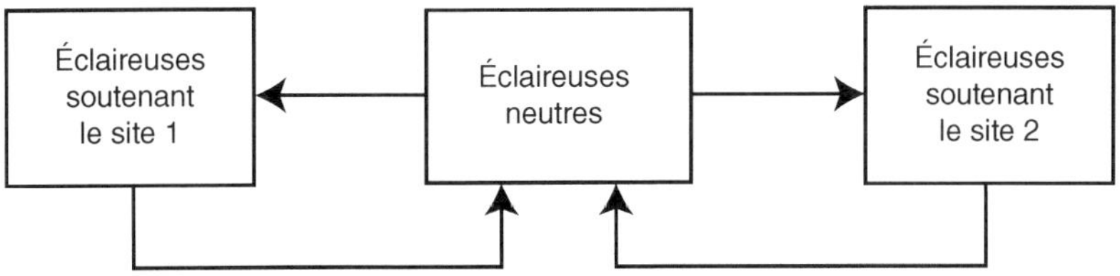

Fig. 5.1. Les transitions possibles entre l'état d'éclaireuse neutre, de supporter d'un site et, de nouveau, d'éclaireuse neutre.

les abeilles vantant des sites hors concours, mais cette fois-ci, il eut la sagesse de laisser celle-ci poursuivre l'annonce de sa trouvaille. En moins d'une heure, il put voir d'autres abeilles dansant au rythme endiablé pour indiquer ce site naturel ; il suffit d'une heure de plus pour constater l'unanimité parmi les éclaireuses en faveur de ce site qui avait clairement gagné le débat.

Le fait que l'éclaireuse ayant découvert un domicile de première classe l'annonçât avec vivacité sans avoir rendu visite aux ruches proposées par Lindauer, l'amena à penser que les éclaireuses sont capables de juger de la qualité absolue d'un site en se référant à une échelle innée concernant la qualité résidentielle. De surcroît, le fait que cette première danseuse et ses consœurs partisanes du site sous la souche aient dansé avec plus de conviction que celles annonçant les deux ruches, lui donna l'indication que cette danse apportait des informations non seulement sur la *localisation* d'un site, mais aussi sur sa *qualité*. Il résuma ainsi ses observations : « Les danses enthousiastes indiquent un site de première classe ; les sites de second ordre sont annoncés avec des danses moins aguichantes. »[95]

La vigueur de la danse exprime la qualité du site

La bonne prise de décision de la part d'un essaim dépend entièrement de la vigueur des danses qui varie selon la qualité du site ; les éclaireuses annonçant des sites de plus grande qualité attirent plus de soutien. Néanmoins, ce n'est qu'une cinquantaine d'années plus tard, en 2007, que je pus examiner de près la façon dont les éclaireuses, par leur danse frétillante, fournissent des informations sur la qualité du site potentiel. Je savais depuis longtemps que Lindauer n'avait fait que lever le voile sur ce sujet important ; tout en étant conscient du besoin de preuves convaincantes, j'avais tardé pourtant à poursuivre les expériences.

Je laissai en suspens cette analyse pendant très longtemps à cause de ma certitude quant à la justesse de ses conclusions : les meilleurs sites sont dansés avec le plus de vigueur. Cette idée était certainement en accord avec ce que j'avais observé ici et là lors de mes autres recherches. Par exemple, j'avais remarqué que certaines éclaireuses exécutaient des danses plus longues et avec plus de vivacité que d'autres[96]. De plus, à partir d'un test de choix de site « le meilleur sur 5 » conduit sur l'île d'Appledore, observant les éclaireuses danser côte à côte pour annoncer des nichoirs de 40 ou de 15 litres (voir chapitre 4), j'avais constaté que celles qui signalaient le meilleur site dansaient, effectivement, avec plus d'entrain. De surcroît, lors d'études antérieures (par moi-même et par d'autres), sur la façon dont une colonie déploie ses butineuses vers les sources de nectar – un processus de prise de décision axé sur des annonces échelonnées –, nous avions trouvé que plus la source de nectar était riche, plus grand était le nombre de danses faites par l'une ou l'autre abeille. Nous avions également compris qu'elles ajustaient le nombre de circuits dansés en fonction de la richesse de la source de nectar communiquée. Elles le font de deux façons : d'après la vitesse d'exécution (V = le nombre de circuits par seconde) et sa durée (D = les secondes par circuit) (fig. 5.2). Le nombre total de circuits (C = le nombre de danses) lors d'une annonce par une éclaireuse est le produit de la vitesse et de la durée (C = V x D). Ainsi, les sources les plus riches en nectar suscitent des danses les plus vigoureuses (V plus grand) et les plus longues (D plus grand). Ces découvertes concernant les butineuses correspondent parfaitement aux

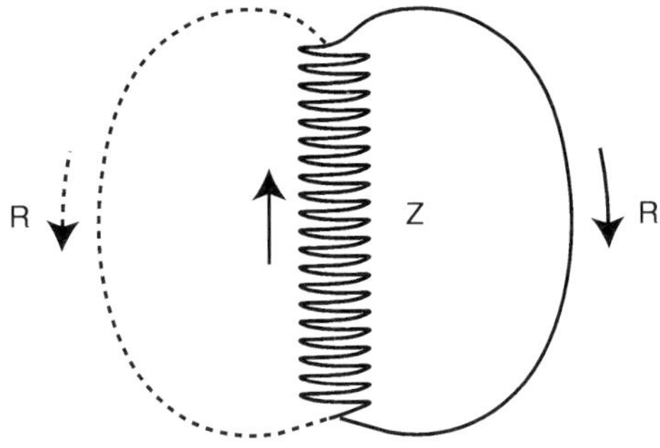

Fig. 5.2. Tracé d'une danse frétillante.
Chaque danse comporte un ensemble de circuits. Chaque circuit englobe une ruée zigzagante (Z) et un retour (R, en alternance droite/gauche). La durée de Z dépend de la distance à laquelle se trouve l'objectif de la danse (nourriture ou site). La durée de R dépend de son attractivité. Plus grande sera l'attractivité, plus petite sera la durée de R, rendant la danse plus vigoureuse.

résultats de Lindauer montrant que les éclaireuses annoncent un site inférieur avec une danse plus timide, et un site supérieur avec une danse plus affirmée et plus durable[97].

Toutefois, en 2007, j'avais atteint un stade de recherche (l'analyse du comportement des abeilles à la recherche d'un nouveau logis) où je devais me munir d'un solide fonds d'information quantitative décrivant les codes de recherche exprimés dans les danses des éclaireuses. Nous aurions donc besoin de travailler dans les conditions facilement contrôlées de l'île d'Appledore. Ce *nous* comprend mes deux collaborateurs, Marielle Newsome, une étudiante de Cornell, et Kirk Visscher, un biologiste du comportement de l'université de Californie. Marielle, ayant fait de l'apiculture avec son père, visait des études supérieures sur le comportement des insectes à l'université du Michigan et se montrait très désireuse d'assister au projet. Kirk est un collaborateur de longue date dans l'étude des abeilles et nous étions compagnons d'études à l'université Harvard. Il a toujours été le meilleur des partenaires : intelligent, habile, avec bon caractère et beaucoup d'enthousiasme.

Notre démarche comprenait la pose d'un essaim artificiel au centre de l'île, avec deux nichoirs à 250 mètres de distance et avec 40 mètres d'écart, afin que les éclaireuses trouvent les deux à peu près en même temps (fig. 5.3). Une de ces boîtes proposait une cavité de grande qualité (une capacité de 40 litres) et l'autre une cavité de qualité moyenne (15 litres). Nous avons noté (avec un enregistreur numérique) la première demi-douzaine d'abeilles se présentant à « leur » nichoir, pour ensuite filmer la danse d'annonce du site visité (avec une caméra vidéo) lorsque chacune rejoignait l'essaim, afin de constater la vigueur de la danse. Le soir, l'analyse du film montrait exactement le moment et le nombre des circuits dansés. Afin d'examiner le schéma de comportement individuel, nous devions identifier chaque éclaireuse dès sa visite à l'une ou l'autre boîte. J'envisageais un travail laborieux, avec chaque abeille dûment étiquetée (fig. 3.5). Nous ne pouvions pas savoir quelles abeilles (parmi plusieurs milliers) allaient se présenter aux nichoirs, ce qui rendait impossible tout étiquetage anticipé de ces éclaireuses pionnières.

Heureusement, Kirk présenta une solution ingénieuse à ce problème d'identification. Lors d'une étude précédente, il avait trouvé comment appliquer une tache de peinture à chaque abeille, sans la perturber, pendant sa visite au nichoir. Il y parvint en plaçant un filet à insectes sur l'entrée de la boîte dès qu'une abeille y pénétra pour faire sa tournée d'inspection. À sa sortie, quelques minutes plus tard, il l'enroula doucement dans le filet et lui appliqua une tache de peinture sur le thorax à travers les mailles, en faisant attention de ne pas lui salir les ailes (fig. 5.4). Finalement, il la relâcha près de l'entrée, à l'endroit où elle avait été prise. Étonnamment, les abeilles ne montraient aucun signe de

Fig. 5.3. Marielle Newsome qui enregistre les visites d'éclaireuses individuelles à un nichoir logé dans un abri.

Dans le fond, à 40 mètres de là, Kirk Visscher en fait autant auprès de l'autre nichoir.

Fig. 5.4. Une éclaireuse étiquetée avec une tache de peinture sur le thorax à travers les mailles d'un filet à insectes.

perturbation suite à cette expérience inédite – l'enlèvement par des monstres – car, dès leur libération, elles résumaient tranquillement leur examen du nichoir[98].

Nous travaillâmes sur l'île d'Appledore pendant presque tout le mois de juillet, en effectuant sept essais expérimentaux pour constater la façon dont 41 et 37 éclaireuses annonçaient respectivement les nichoirs de 40 et de 15 litres. Une première chose nous frappa : les éclaireuses informaient sur leur site pendant quelques heures tout au plus et le compte-rendu individuel était souvent réparti sur plusieurs voyages, une fois de retour à l'essaim. Les données de l'activité des 11 éclaireuses lors de l'essai du 17 juillet 2007 sont détaillées à la figure 5.5. Ici, nous voyons que la première éclaireuse (étiquetée en rouge et donc nommée « Red ») se montre à la boîte de 40 litres à 9 h 33, passant environ 10 minutes à inspecter l'intérieur et l'extérieur. Ensuite, elle retourne à l'essaim et, très excitée, publie sa découverte avec une danse frétillante d'une durée de six minutes et comprenant 162 circuits. Elle s'envole de nouveau vers le nichoir à 10 h 00 et y passe encore 10 minutes avant son retour à 10 h 10. Cette fois-ci, elle passe environ six minutes à marcher à la surface de l'essaim mais sans faire de danse. Curieusement, malgré une troisième visite de 10 h 16 à 10 h 26, sa seule manifestation reste cette première et très vigoureuse danse. Il est à noter également que Red cesse ses visites au nichoir après 10 h 30. Ainsi, dans l'heure suivant l'annonce – dansée avec passion – de sa découverte du nichoir de 40 litres, elle perd son enthousiasme pour des visites ou des performances ultérieures relatives à ce site de première qualité. Par la suite et jusqu'à la fin de la matinée, Red, accrochée à l'essaim, déambule lentement ou, le plus souvent, reste sans bouger sur l'essaim, identifiable seulement à sa jolie tache de couleur rouge vif.

En consultant le rapport des 10 autres éclaireuses, nous pouvons constater que le comportement de Red est typique. Qu'une abeille explore un nichoir de grande ou de moyenne qualité, le schéma reste équivalent. Chaque abeille accomplit une première inspection de cinq à 35 minutes, retourne à l'essaim pendant cinq à 30 minutes, en annonçant souvent le site par une danse, avant une deuxième visite de 10 à 30 minutes. Après son retour à l'essaim, elle fait une pause de cinq à 40 minutes et, parfois, une deuxième danse. Cette navette entre l'essaim et le nichoir dure encore environ une heure, pendant laquelle l'éclaireuse perd d'abord sa motivation pour annoncer le site par la danse, ensuite son désir de le visiter.

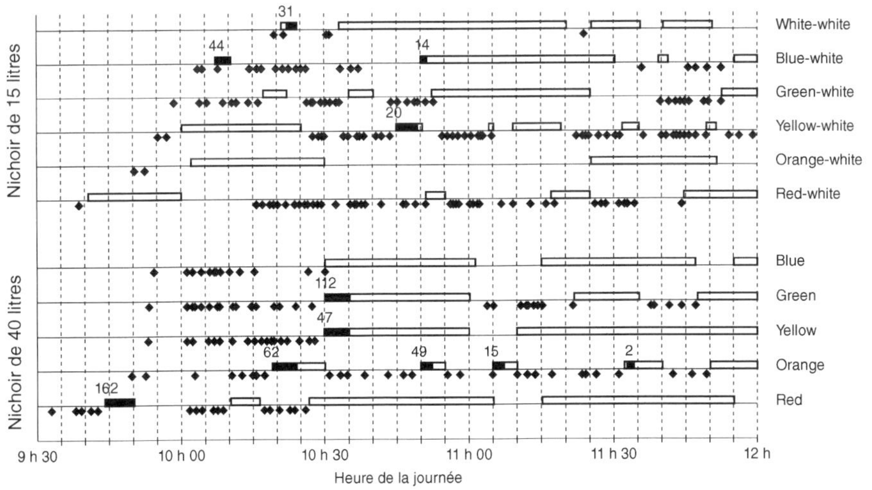

Fig. 5.5. Les activités de 11 éclaireuses qui évaluent deux nichoirs de 40 et de 15 litres.

Pour chaque abeille, des losanges noirs sur la ligne horizontale indiquent une visite de l'abeille au nichoir. Les barres blanches indiquent le temps passé sur l'essaim. Les barres noires à l'intérieur indiquent les périodes de danse. Les nombres au-dessus des barres noires indiquent le nombre de circuits exécutés.

Cette expérience montre principalement qu'il y a une grande différence de vivacité entre les équipes d'abeilles évaluant les deux boîtes – c'est-à-dire le nombre total de danses – avant qu'elles ne se retirent de leur mission de reconnaissance[99]. La figure 5.6 montre les variations entre les abeilles de chaque groupe mais, en moyenne, le nombre total de circuits dansés par chaque abeille est plus élevé pour la boîte de 40 litres que pour celle de 15 litres seulement : 89 contre 29 respectivement. Il est évident que ces éclaireuses savent reconnaître la qualité du site dès la première visite : à leur premier retour à l'essaim, 76 % des abeilles (31 sur 41) s'expriment en faveur du grand nichoir, contre seulement 43 % (16 sur 37) pour le plus petit.

Nous étions d'abord étonnés de constater tant de variation (« bruit ») dans la force avec laquelle les éclaireuses apprécient leurs sites : en effet la grande dispersion des avis pour les sites de moyenne et de haute qualité causa un chevauchement dans la distribution concernant la vigueur de la danse pour ces deux sites. Seule la moyenne permit de déterminer que le grand nichoir avait suscité une danse avec plus de circuits que le plus petit. Toutefois, en prenant l'essaim en tant qu'entité, les avis concernant chaque nichoir s'étalaient sur un grand nombre d'abeilles. Ainsi, malgré un bruit statistique au niveau individuel, il y avait un avis clair au niveau de l'essaim. Autrement dit, au niveau du groupe, il y avait une différence nette de force de conviction – un reflet de la différence de qualité entre les deux options[100]. Cette supériorité du *reporting* au niveau de l'essaim plutôt qu'au niveau individuel s'explique comme suit. À supposer que l'on prenne l'avis d'*une* abeille de façon aléatoire et répétitive parmi chacune des deux distributions de la figure 5.6, quant au nombre de circuits dansés pour l'un et l'autre nichoir, il apparaîtra que les annonces pour la boîte de 40 litres sont plus fortes seulement 80 % du temps. Nous pouvons déduire qu'*une* abeille annonçant le meilleur site ne fait pas toujours un rapport plus enthousiaste qu'une abeille décrivant le moins bon site. Si, par contre, l'on compte l'avis de *six* abeilles prises de façon aléatoire et répétitive parmi les deux distributions, les annonces pour cette boîte seront à 100 % plus vigoureuses. Ainsi, six

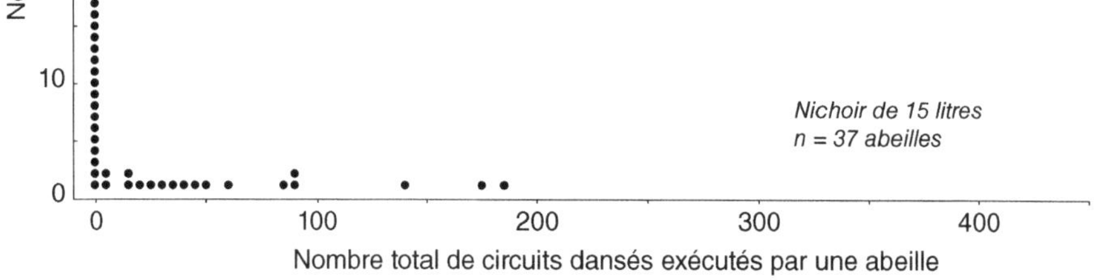

Fig. 5.6. La distribution du nombre de circuits dansés par éclaireuse pour chacun des nichoirs (40 et 15 litres).

La somme des circuits est montrée pour chaque abeille par le point noir. Les flèches indiquent la valeur moyenne de chacune des deux distributions.

abeilles annonçant le meilleur site donneront toujours un avis *collectif* plus fort que six abeilles pour le moins bon site. À savoir que, si l'entité de l'essaim se trouve face à un choix entre deux sites acceptables (40 et 15 litres de capacité), il est presque certain que la force de persuasion – le nombre total de circuits dansés – sera plus grande pour le meilleur des deux[101].

La présentation au niveau du groupe des informations sur la qualité du site résout le problème de bruit que l'on trouve au niveau individuel dès qu'il y a beaucoup d'individus à l'œuvre. Pourtant, au début du processus de prise de décision, lorsque les abeilles commencent à découvrir, inspecter et signaler les sites, il y n'y aura que peu d'abeilles rapportant des informations sur chacun des sites potentiels. Ainsi, le bruit reste un sérieux problème de départ. Le risque d'erreur découlant du bruit au niveau individuel est ainsi plus fort à chaque nouvelle découverte, car si l'éclaireuse omet de signaler le site avec une danse, il ne figurera pas dans le débat au niveau de l'essaim. En effet, il sera perdu, à moins qu'une autre abeille ne le découvre et le signale, ce qui est peu probable. La meilleure façon d'éviter cette éventualité serait que chaque abeille fasse son rapport et s'engage dans le débat. Et, fort heureusement, c'est la méthode qu'ont adoptée les abeilles. Lors de notre expérience, nous avons trouvé que les deux premières abeilles à visiter l'un et l'autre nichoir étaient sûres de danser dès leur retour à l'essaim (avec une probabilité de 0,86), tandis que celles qui les visitaient par la suite le faisaient moins souvent (probabilité de 0,55). Nous ne savons pas ce qui motivait les premières à tant danser : peut-être parce qu'elles étaient chacune celle qui découvrait le site – n'ayant pas suivi la danse d'une autre – ou qu'elles l'avaient trouvé elles-mêmes. Néanmoins, la règle « quand on trouve, on danse » (« *discoverer-should-dance* ») n'est pas infaillible[102]. Ainsi que nous l'avons vu lors du test « le meilleur sur 5 », où les essaims se trouvaient devant un choix de cinq nichoirs (un de 40 litres et quatre de 15 litres), l'un des essaims ne choisit pas la meilleure option, car aucune des deux éclaireuses l'ayant trouvée séparément, ne l'annonça par une danse (voir fig. 4.7). Par conséquent, l'essaim passa à côté de cette excellente alternative et finit par occuper l'un des nichoirs médiocres.

Un autre élément nous frappa en juillet 2007 : chacune des éclaireuses étiquetées ne visita qu'*une seule* boîte, malgré le fait qu'elles n'étaient distantes que de 40 mètres, une distance traversée en vol en 10 secondes seulement par une abeille. Cette fidélité au site mérite réflexion, car elle confirme une intuition de Lindauer : une abeille évalue un site potentiel selon une échelle *innée* (spécifiée génétiquement) concernant la qualité d'un site[103]. Elle ne fait pas de comparaison avec un aperçu des qualités *relatives*, elle le juge de façon *absolue*. Étant donné que nos abeilles avaient été prélevées de colonies n'ayant pas essaimé récemment, nous étions certains qu'elles n'avaient aucune expérience à laquelle se référer avant leur arrivée sur l'île. De surcroît, ne les ayant pas vues visiter plus qu'un seul nichoir sur l'île, nous savions qu'il ne pouvait y avoir de comparaison. Ainsi, il est évident que la vigueur des danses annonçant un site de grande qualité par rapport à un site de moindre qualité démontre qu'une ouvrière sait, de façon innée, ce qui détermine à la fois un bon site et aussi la qualité absolue du site inspecté. Ce n'est pas une revendication exagérée ; de nombreuses études confirment qu'une ouvrière sans expérience des fleurs (*flower-naive*) préfère spontanément des objets avec des formes complexes, certaines couleurs (le violet plutôt que le vert), certains parfums (plutôt floraux). Une telle connaissance innée des indices floraux serait ce qui dirige l'attention de la butineuse novice vers les fleurs.

Enfin, je voudrais souligner le fait qu'une éclaireuse n'évalue pas un site de façon consciente. Elle est amenée à choisir selon un processus inconscient, son système neuronal intégrant des données relatives à la taille d'une cavité, la hauteur de l'entrée et ainsi de suite ; ceci génère un sens de l'adéquation globale d'un site. Il se peut que le fait de trouver une cavité appropriée lui procure un réel plaisir, l'équivalent de ce que nous éprouvons devant un repas délicieux !

On ne prête qu'aux riches

La vigueur des danses est la clé de voûte de la compréhension du phénomène de soutien qui grandit au fur et à mesure du débat. Plus précisément, les éclaireuses annoncent le meilleur site en dansant le plus grand nombre de circuits en moyenne (voir fig. 5.6) ; cela est vrai dans un environnement naturel aussi bien qu'expérimental. Regardons encore la figure 3.7, où le site G (au sud-ouest) eut gain de cause, vraisemblablement parce qu'il était le meilleur. Pendant tout le débat, les abeilles annonçant ce site dansaient le plus grand nombre de circuits par individu. Par exemple, le 20 juillet entre 15 h 00 et 17 h 00, lors d'une compétition acharnée entre les sites A, B, D et G, le nombre de danses par site étaient de 59, 29, 42 et 74, respectivement. De même, le lendemain matin entre 9 h 00 et 11 h 00, les concurrents (réduits à B et à G) obtinrent 16 et 42 danses par abeille. (Il est à noter que les abeilles dansaient moitié moins fort ce matin-là à cause de la détérioration du temps, avec un orage en fin de matinée. Les abeilles ralentissent toujours leur quête de logis par temps froid ou orageux.)

Étant donné que le meilleur site stimule les abeilles à danser davantage, ses supporters remportent le plus grand succès de conversion *per capita* ; ces recrues exerceront également un plus grand effet d'attraction et le nombre de danses pour ce site grandira de façon exponentielle par rapport au nombre de danses pour les autres sites. En principe, l'un des groupes finira par dominer le débat, ce qui confirme le modèle des débats déjà constaté (voir fig. 3.6 et 3.7).

La figure 5.7 illustre le protocole pour le choix entre deux sites de qualité différente. Le site de droite, de plus grande qualité en vertu de sa plus petite entrée, incite ses supporters à l'annoncer avec une moyenne de 90 circuits dansés (ainsi que pour la boîte de 40 litres, voir fig. 5.6). Le site de qualité moyenne, avec une plus grande entrée, suscite 30 danses (comme pour la boîte de 15 litres). Ces deux sites sont découverts simultanément à 10 h 00, chacun par une seule abeille. Pendant les trois premières heures, ces deux éclaireuses effectuent entre 90 et 30 circuits, respectivement, ce qui donne un rapport de force entre les deux sites de 3/1. En supposant qu'un total de huit éclaireuses neutres soient recrutées proportionnellement à ce rapport, pour l'un et l'autre site, à 13 h 00 il y aura six abeilles dansant pour le site de grande qualité et deux seulement pour le celui de qualité moyenne (car, à 13 h 00, les deux éclaireuses d'origine auront cessé d'annoncer et de visiter les sites et sont exclues du compte). Les six danseuses pour le meilleur site produiront un total de 540 circuits (six abeilles x 90), tandis que les deux pour le moins bon site produiront seulement 60 danses (deux abeilles x 30), et la force de persuasion deviendra ainsi 9/1 pendant cette deuxième tranche de trois heures. Avec 20 nouvelles adhérentes recrutées proportionnellement aux annonces (davantage d'annonces donc davantage d'abeilles), à 16 h 00 il y aura respectivement 18 et deux supporters. Nous voyons ainsi que le rapport de départ de 1/1 devient 3/1 trois heures plus tard et 9/1 six heures après le premier compte. Nous pouvons envisager que, si le débat continue ainsi, le site de grande qualité dominera rapidement complètement le débat. C'est ainsi que cela se passe dans la nature[104].

Il est remarquable de constater que, lors du processus consensuel, le débat est entièrement décidé en fonction des différences de force de persuasion *per capita* entre les sites. Il serait aisé de croire que le consensus parmi les danseuses requiert que les nouvelles recrues prêtent attention aux différents types d'annonces et ignorent les plus faibles. Pourtant, les éclaireuses neutres n'ont pas besoin d'exercer un pouvoir de sélection.

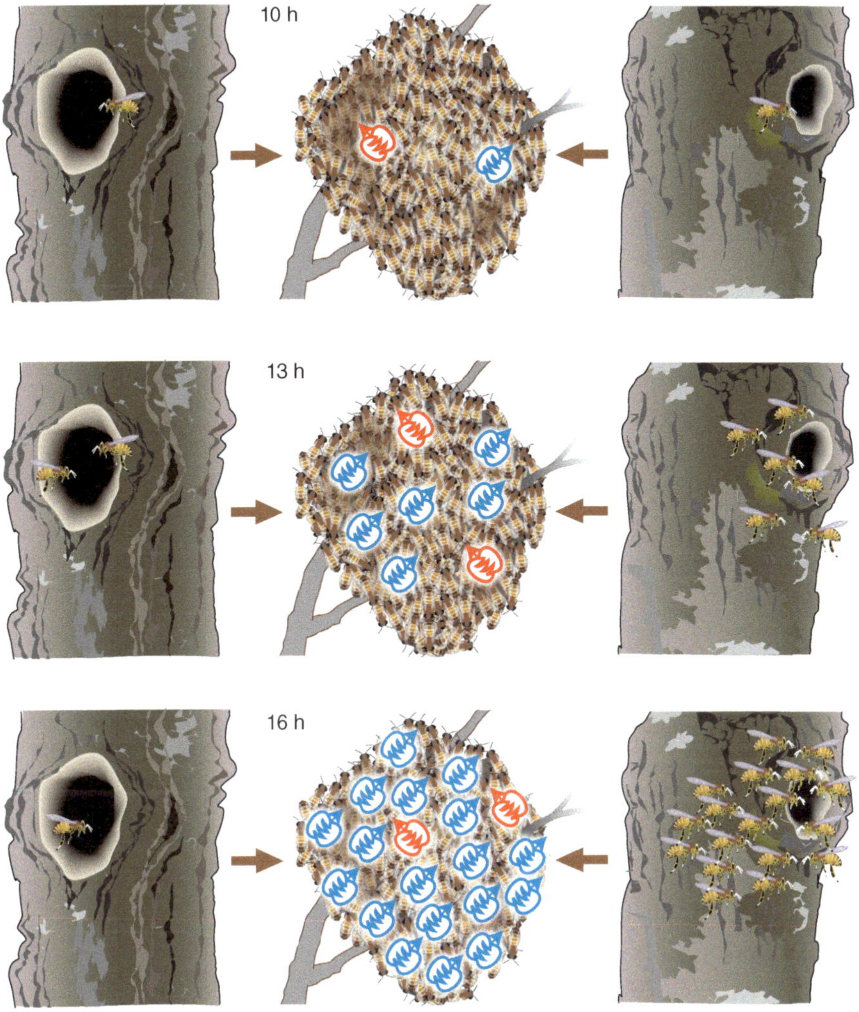

Fig. 5.7. Les éclaireuses ajustent la vigueur de leur danse frétillante selon la qualité du site, allant vers un accord consensuel parmi les danseuses pour le meilleur site.

Ici, deux éclaireuses découvrent deux sites simultanément, dont l'un avec une grande entrée (à gauche) et l'autre avec une entrée plus petite, donc plus conforme (à droite). Chaque éclaireuse retourne à l'essaim et danse pour son site, mais celle de droite effectue trois fois plus de danses (en bleu) que celle de gauche (en rouge). Par conséquent, trois heures plus tard, le nombre d'abeilles dansant en faveur de l'arbre de droite a été multiplié par six tandis qu'à gauche il n'y en a que deux fois plus. Encore trois heures plus tard, le nombre d'abeilles dansant pour le site de droite a pris de l'essor, le site de gauche se trouvant presque exclu du débat.

Dans l'exemple qui vient d'être donné les abeilles s'enrôlent pour les deux sites de façon strictement proportionnelle au nombre de danses pour les deux sites. C'est comme si, en arpentant la surface de l'essaim, chaque éclaireuse était influencée par la première danseuse rencontrée et devenait *illico* une partisane. Quoique l'on ne sache pas si ce schéma est exact, il y a de fortes chances que les recrues ne suivent pas leurs consœurs de façon sélective mais seulement aléatoire.

Ces indications viennent d'une expérience menée par Kirk Visscher en duo avec l'un de nos amis communs, Scott Camazine, physicien et photographe talentueux, amoureux des abeilles. En décembre 1995, à l'est d'Indio en Californie, en plein désert, où les arbres, étant rares, n'offraient que peu de niches naturelles, Kirk et Scott installèrent des essaims artificiels (l'un après l'autre), ainsi que deux nichoirs. Ces boîtes attiraient des éclaireuses ; les danseuses avaient été étiquetées en vue d'une identification individuelle ; ensuite toutes ces danseuses et leurs recrues (celles qui contribuaient à la prise de décision pour chaque essaim) furent filmées. Les enregistrements vidéo permirent de déterminer lesquelles des danseuses étiquetées devenaient des partisanes. Parmi celles-ci, Kirk et Scott cherchaient à voir si chaque abeille suivait sélectivement des danses annonçant un site qu'elle n'avait pas encore visité et annoncé. Les abeilles faisaient-elles des comparaisons ? Étonnamment, ils constatèrent que les nouvelles danseuses ne faisaient que suivre les danseuses avec lesquelles elles étaient en contact ; ainsi, plus il y avait de danses (en nombre et en durée) pour l'une ou l'autre boîte, plus il y avait d'adeptes. Le recrutement ne semblait pas dépendre d'un choix sophistiqué mais d'une adhésion aléatoire[105].

Les abeilles se mettent d'accord d'une façon très simple : plus le site potentiel est intéressant, plus les éclaireuses lui feront de la publicité en dansant et plus il y aura d'adhérentes qui, à leur tour, iront le visiter, l'évaluer et en rendre compte. Ainsi s'établit une forme de contrôle des avis précédents qui évite la diffusion d'informations non vérifiées. Petit à petit, par l'effet d'une rétroaction positive pour le meilleur site, l'accord se ferait par contagion. Néanmoins, le consensus total demanderait, non seulement l'accroissement du nombre de votantes pour le meilleur site, mais également la diminution du nombre de votantes pour les moins bons sites. Nous allons examiner comment les sites perdants se retrouvent sans supporters.

L'effacement de la concurrence

Afin de faire émerger un consensus au sein d'un groupe penché sur des options multiples, tous les membres soutenant des options perdantes doivent retirer leur soutien – soit en changeant de camp, soit en quittant le débat – pour que la concurrence disparaisse. Nous avons constaté, lors des débats parmi les éclaireuses sur les essaims (voir fig. 3.6 et 3.7), que les abeilles partisanes au départ d'un site rejeté par la suite finissent par arrêter leur danse, mais nous n'avons pas encore pu regarder le processus. Au début des années 1950, Lindauer était aux prises avec cette énigme, mais il ne réussit pas à la résoudre. Il pensait qu'une abeille retirait son soutien (ses danses) pour un site seulement en découvrant un meilleur site pour lequel elle danserait par la suite. Il s'exprima comme suit :

> *« Les éclaireuses ne trouvant que de moins bons sites changent d'avis et votent pour un autre site. Même si elles dansent pour "leur" site au début, elles diminuent leurs danses peu*

à peu, s'intéressant de plus en plus aux danses vigoureuses des autres éclaireuses et finissant par s'envoler à la recherche d'un autre site. Après inspection, elles peuvent comparer l'ancien site au nouveau et, si ce dernier se révèle vraiment plus adapté, désormais elles le danseront sur l'essaim. De cette manière, l'intérêt des éclaireuses se concentre petit à petit sur le meilleur de tous les sites. »[106]

Il y aurait deux facteurs critiques concernant cette hypothèse : la *comparaison* et la *conversion*. Une éclaireuse comparerait son ancien site (pour lequel elle fut recrutée grâce aux danses vigoureuses de ses consœurs) à son nouveau site et, si elle le trouvait mieux, elle s'y convertirait et le soutiendrait en dansant. Voilà le postulat « comparaison-conversion » pour expliquer l'érosion puis l'effacement de la concurrence, ce qui paraît tout à fait plausible. Car cela est, après tout, calqué sur notre manière à nous de résoudre des désaccords entre les membres d'un groupe. Je soupçonne Lindauer d'avoir raisonné par analogie avec l'accord consensuel chez un groupe d'hommes et de femmes, car il décrivit les abeilles qui « ne s'entêtaient pas pour leur première décision » mais pouvaient « changer d'avis »[107].

Même si Lindauer s'appuya sur cette première hypothèse, comparaison-conversion, pour expliquer l'effacement de la concurrence parmi les éclaireuses, il rapporta néanmoins quelques observations qui n'allaient pas dans le même sens. Par exemple, il constata que : « il était impossible de comprendre pourquoi les éclaireuses ayant trouvé un site inférieur abandonnaient la danse au fil du temps, malgré le fait que le site n'avait aucunement changé et qu'elles n'avaient pas encore inspecté de nouvelles possibilités de logement. »[108] De toute évidence, il avait vu des cas où une éclaireuse avait arrêté de danser pour un site avant d'avoir eu connaissance d'un nouveau site, et donc ne pouvait en faire la comparaison. Effectivement, dans son *magnum opus* de 1955, Lindauer inclut l'observation extrêmement détaillée d'une éclaireuse qui abandonne sa danse pour un site donné et s'installe tranquillement sur l'essaim pendant deux heures avant de suivre des danses qui la dirigent sur un second site (fig. 5.8). Clairement, une éclaireuse peut arrêter parfois de danser pour un site sans l'avoir comparé au préalable avec un autre site.

De ces observations nous pouvons déduire deux éléments clés pour une hypothèse alternative sur comment les éclaireuses cessent de danser pour les sites perdants : une abeille *ne compare pas* son ancien site avec un nouveau et elle *ne se convertit pas* à un nouveau site pour lequel elle dansera ; elle perd tout simplement sa motivation, s'arrête de danser, puis reste tranquille. Nous pouvons nommer « retrait-repos » cette deuxième hypothèse pour expliquer l'effacement de la concurrence.

Devant deux théories opposées qui s'excluent mutuellement, il est possible de déterminer celle qui est fausse en identifiant un phénomène quelconque pour lequel ces théories avancent des prédictions différentes. Il suffit d'observer ledit phénomène et de noter laquelle des deux théories ne prédit pas correctement l'évènement ; ce sera l'hypothèse fausse. Cette procédure de « forte supposition » peut sembler insolite, mais nous l'employons tout le temps dans la vie ordinaire[109]. Par exemple, si une lumière ne s'allume pas en appuyant sur l'interrupteur, l'on peut se demander si (postulat 1) l'ampoule a grillé ou si (postulat 2) il y a une panne d'électricité. L'on peut prédire que les lumières dans une pièce voisine s'allumeront s'il s'agit du premier postulat et qu'elles ne s'allumeront pas s'il s'agit du deuxième. Si, dans la pièce voisine les lumières fonctionnent, on peut définitivement écarter le postulat de la panne.

Afin de faire la distinction entre les deux hypothèses, comparaison-conversion ou retrait-repos[110], pour voir comment l'effacement de concurrence s'opère, je m'appuyais

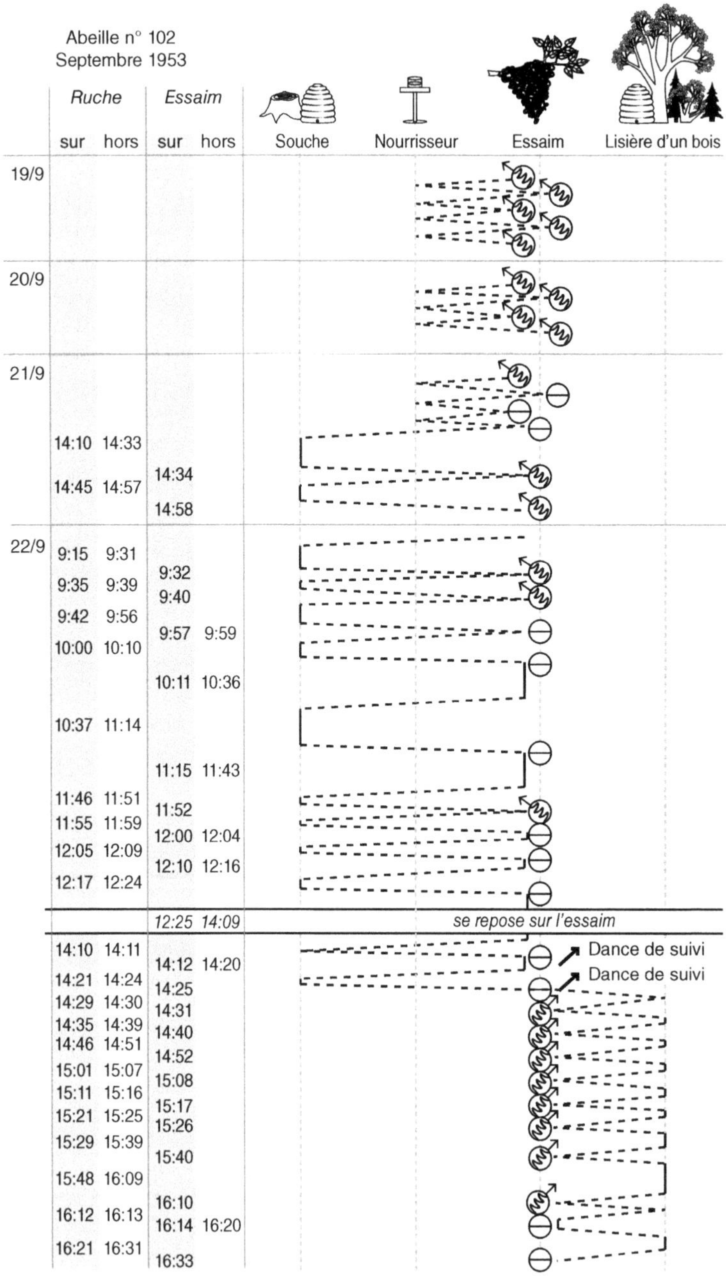

Fig. 5.8. Schéma de la vie de l'abeille n° 102, qui servit d'abord en tant que butineuse avant de devenir une éclaireuse qui désigna un site (ruche vide) près d'une souche, avant de changer et d'annoncer un autre site (ruche vide) au bord d'un bois.

Les lignes en pointillé montrent un vol vers ou en provenance de l'essaim ou de l'un des sites. Un cercle avec une ligne ondulée indique une danse et la flèche indique à quel nourrisseur ou quel site la danse se référait. L'essaim n'était pas bien nourri lors de son installation et quelques abeilles (comme la n° 102) butinaient au nourrisseur au début. Ensuite, elles devinrent des butineuses paresseuses lorsque l'essaim fut bien nourri ; finalement, elles se mirent à la recherche d'un site.

sur le fait que les deux hypothèses donnent des prédictions différentes concernant le moment auquel une éclaireuse cessera de danser pour un site perdant, comparé au moment où elle suivra une danse pour un autre site. Prenons d'abord le critère de prédiction pour la première hypothèse : l'éclaireuse cessera de danser pour un site perdant *après seulement* avoir suivi une danse pour un autre site (et l'avoir comparé à son site actuel). Il faut le comparer au critère de prédiction de la deuxième hypothèse : l'éclaireuse cessera de danser *avant même* d'avoir suivi une danse annonçant un autre site. Afin de tester les deux prédictions, il suffisait d'installer les essaims un par un, en étiquetant avec des couleurs vives les premières abeilles à danser sur chaque essaim, pour ensuite noter à quel moment elles dansaient ou s'arrêtaient de danser et quand, éventuellement, elles suivaient les danses des autres abeilles. Je me concentrai sur les toutes premières abeilles, car je savais d'expérience que les danseuses précoces ont tendance à annoncer des sites perdants.

Puisque je devais pouvoir observer toutes les occasions où mes abeilles expérimentales produiraient ou suivraient des danses, je me limitai à n'en étiqueter que très peu (entre quatre et huit) par essaim. Ceci m'obligea à répéter ce protocole expérimental sur plusieurs essaims afin de glaner suffisamment de données, et donc me condamna à progresser très lentement. J'avais la patience de la passion, sachant que ce serait plaisant et instructif d'observer ma petite bande d'abeilles colorées se déployer sur l'essaim – notant tous les allers-retours, les danses initiées et les danses suivies pour chacune – jusqu'à ce que l'essaim fît son choix de logis. Le temps passé dehors en observation rapprochée apporte toujours un frisson de plaisir à l'idée de la découverte.

J'observai 37 abeilles sur six essaims, ce qui me demanda 66 heures d'observation soutenue. Comme je m'y attendais, la plupart (31 individus ou 84 %) des éclaireuses annoncèrent un site qui fut rejeté par la suite, et seulement six (16 %) dansèrent d'abord pour le site finalement sélectionné comme futur domicile. Des 31 abeilles qui commençaient par soutenir un site perdant, 27 cessèrent de danser pour leur site avant la fin du processus décisionnel, et les quatre restantes faillirent en faire autant, leurs danses étant devenues si faibles au moment où l'essaim arrêta son choix. La question clé serait de savoir comment ces 27 abeilles avaient quitté un site perdant. Se sont-elles arrêtées de danser seulement après avoir suivi une danse pour un autre site ou même avant ? La figure 5.9 détaille le comportement de trois abeilles d'un essaim qui choisit comme nouveau domicile un site au sud. Nous voyons que la première abeille, Red, s'arrêta de danser sur l'essaim pour un site perdant à l'ouest lors de son deuxième retour à l'essaim, et qu'elle le fit sans avoir d'abord suivi de danse pour un autre site. De la même manière, la deuxième abeille, Pink, cessa de danser pour un site perdant au sud-ouest lors de son troisième retour à l'essaim, le faisant également sans avoir suivi de danse pour un autre site. Ce ne fut qu'à son quatrième retour à l'essaim qu'elle suivit cinq circuits d'une danse qui faisait la promotion d'un site à l'ouest, prenant ainsi connaissance peut-être d'un autre site possible. Finalement, la troisième abeille, Orange, s'arrêta de danser pour un site perdant à l'est lors de son cinquième retour à l'essaim et, ainsi que Red et Pink, elle le fit sans avoir d'abord suivi de danse pour un autre site. Ainsi, les trois abeilles cessèrent de danser pour leur site perdant *avant* d'avoir suivi une danse pour un autre site. Ce fut un comportement typique. Des 27 abeilles qui nous intéressent, 26 (97 %) cessèrent de danser pour leur site perdant *avant* de suivre une danse pour un autre site. Ce résultat – seule une abeille (4 %) cessa ses danses pour un site perdant *après* avoir suivi une danse pour un autre site – indique bien que l'hypothèse comparaison-conversion est fausse,

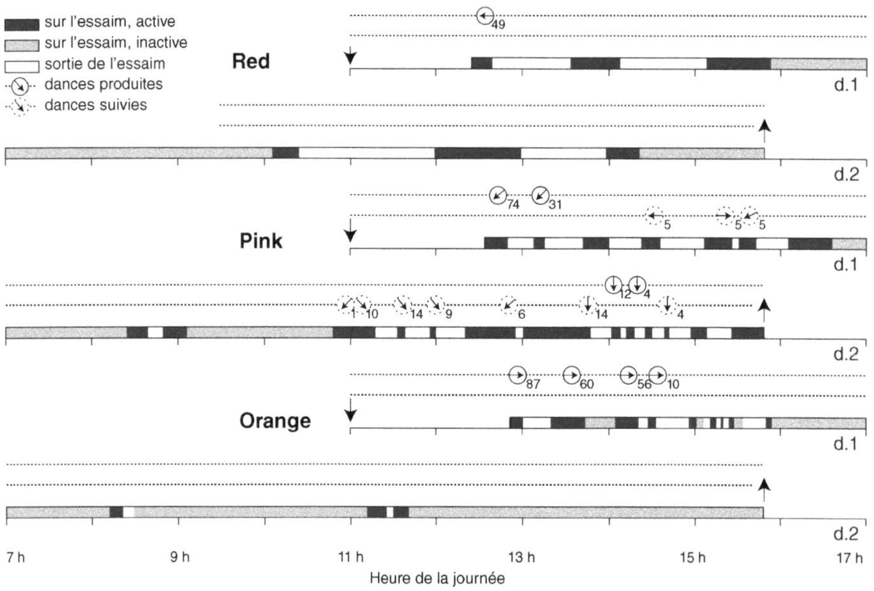

Fig. 5.9. Tracé des activités de trois éclaireuses sur ou hors de l'essaim et le nombre de danses qu'elles ont produites ou suivies chaque fois qu'elles étaient sur l'essaim.

au moins pour la grande majorité des éclaireuses. Ces résultats nous confirment dans l'idée que l'hypothèse retrait-repos est la bonne.

L'historique de chaque abeille est montré sur les deux jours consacrés au choix d'un nouveau logis. Les grandes flèches au début et à la fin de chaque rapport indiquent à quel moment l'essaim s'est installé et s'est envolé. Chaque cercle contenant une petite flèche indique une danse produite ou suivie ; la direction de la flèche en montre l'orientation (une flèche debout indique le nord, etc.). Le chiffre à côté de chaque cercle fléché montre le nombre de circuits dansés ou suivis.

Quel phénomène poussa les danseuses des sites perdants à se retirer de leur travail de communication ? Manifestement, ce ne fut pas la rencontre avec une abeille se démenant pour un autre site, car la plupart avaient cessé de danser avant de suivre quiconque. Nous pouvons imaginer qu'elles furent poussées à se retirer de la danse exécutée pour un site inférieur, par un processus neurophysiologique qui ferait en sorte que chaque éclaireuse, graduellement et automatiquement, perde sa motivation à danser pour n'importe quel site, même un site de grande qualité. Cette approche favoriserait l'accord consensuel parmi les éclaireuses, car l'érosion automatique des danses de chaque abeille éviterait que le processus de prise de décision ne tarisse, avec des groupes de concurrentes acharnées qui resteraient coincées dans une impasse décisionnelle. Une tendance automatique à se désintéresser d'un site donné rendrait chaque abeille plus influençable et il se peut que ce comportement aide l'essaim à trouver l'unanimité plus rapidement.

J'ai pu remarquer cette tendance chez les 37 abeilles observées afin de tester nos deux hypothèses, comparaison-conversion et retrait-repos : chaque abeille réduisait la vigueur (nombre de circuits) de sa danse au fur et à mesure de ses allers-retours consécutifs. Par exemple, dans la fig. 5.9 nous voyons que l'abeille Red montre un déclin abrupte : 49 puis 0. Par contre, pour les abeilles Pink et Orange, le déclin est plus graduel :

respectivement, 74, 31, puis 0 et 87, 60, 56, 10, puis 0. (Notons bien que la fig. 5.5 montre un déclin similaire chez les éclaireuses individuelles.) En faisant la tabulation (pour mes 37 abeilles) de toutes les danses comprenant une série de retours à l'essaim avec une danse pour un site donné, suivie d'un retour non dansé, je trouvai 51 séries. Elles comprenaient entre un et six voyages consécutifs et je répartis ces séries en six groupes, selon le nombre de danses, en calculant la moyenne du nombre de danses pour le voyage n° 1, n° 2, et ainsi de suite ; les résultats des six groupes sont alignés par rapport au voyage de retour non dansé (fig. 5.10). Indépendamment de la longueur de la série, un déclin régulier du nombre de danses se profilait au fur et à mesure des voyages ; le déclin du nombre de danses par voyage ne variait que peu entre les abeilles dansant des séries longues ou courtes. La moyenne du déclin du nombre de danses à chaque retour est remarquablement régulière, approximativement 15 de moins à chaque retour.

N'oublions pas que ce même profil de déclin de vigueur se voit chez toutes les éclaireuses, à la fois chez celles annonçant un site de grande qualité et chez celles annonçant un site rejeté par la suite. La seule différence réside dans le nombre de circuits dansés au début de l'annonce, ce qui varie (en augmentant) selon la qualité (supérieure) du site. La rapidité du déclin étant pareil pour toutes les éclaireuses : une abeille annonçant un site de grande qualité aurait tendance à donner un message fort sur beaucoup de voyages consécutifs (par exemple Orange, fig. 5.5) avec beaucoup de circuits dansés, tandis qu'une abeille venant d'un site de qualité moyenne aurait tendance à l'annoncer sur peu de voyages (par exemple, Blue-white, fig. 5.5) en produisant une annonce plus faible (avec moins de circuits). Par conséquent, comme le montre la figure 5.11, une

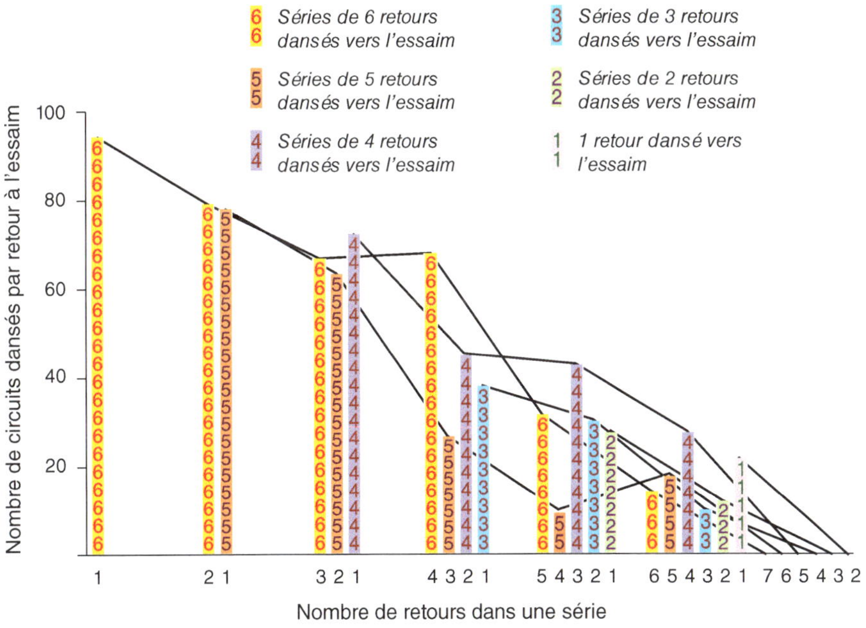

Fig. 5.10. Les éclaireuses diminuent le nombre de circuits dansés pour un site lors des retours successifs vers l'essaim.

Une telle suite d'allers-retours s'appelle une « série » et compte entre un et six voyages. Le déclin des danses par voyage (environ 15 en moins) semble être une constante, peu importe la durée de la série.

éclaireuse qui afficherait un site superbe, comparée à une autre affichant un site de moindre intérêt, exécutera plus de danses et sur une plus longue durée. Nous savons bien que, chez nous, l'équipe sportive ayant les supporters les plus persistants et les plus zélés est souvent celle qui remporte la victoire.

Une différence nette se précise entre le comportement des abeilles et celui des humains quant à la manière de se mettre parfaitement d'accord lors d'un débat. Les deux cherchent à ce que les membres du groupe ne s'obstinent pas à maintenir le premier point de vue. Là où nous, les humains, cédons, en faisant appel à la raison, mais seulement devant une meilleure option, les abeilles cessent leur opposition de façon automatique. Comme nous pouvons le constater (fig. 5.5 et 5.9), au bout d'un temps plus ou moins long, chaque abeille devient silencieuse et laisse une nouvelle série d'abeilles continuer le débat. Ce turnover régulier de danseuses favorise une conclusion rapide (fig. 5.7) : toutes celles qui dansaient activement à 10 h 00 se retirèrent avant 13 h 00 et celles qui dansaient alors, se retirèrent à 16 h 00.

Néanmoins, il y a un cas où un groupe humain peut prendre une décision d'une manière similaire. Parfois, les bonnes idées au niveau du débat scientifique percent par un phénomène d'usure, c'est-à-dire le départ d'une génération de scientifiques qui laisse la place à la suivante avant de disparaître, par la force des choses. Pourtant, avant de quitter la scène, leurs successeurs auront eu l'occasion de prendre connaissance de leurs argumentations, de se laisser convaincre par les plus aptes à interpréter la réalité du moment, d'adopter de nouvelles théories – une sorte de « passation de savoirs ». Prenons l'exemple de la place de la Terre et du Soleil dans l'univers ; le soutien pour la théorie innovante avancée par Copernic et Galilée (le Soleil au centre) grandit et finit par remplacer celle de Ptolémée (la Terre au centre), dont le soutien s'efface. Max

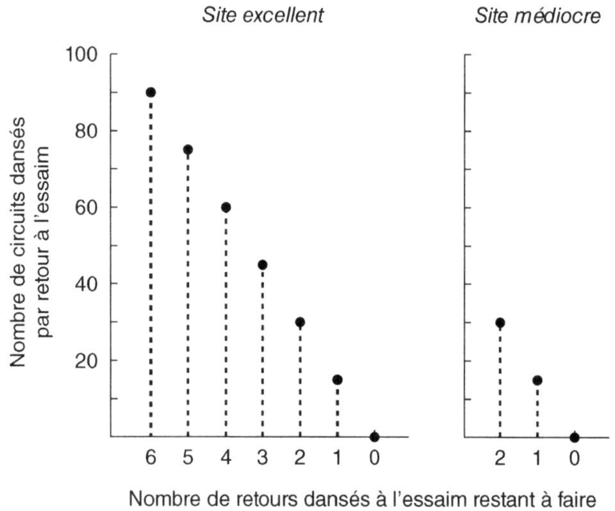

Fig. 5.11. La comparaison entre les deux profils de circuits dansés par les éclaireuses annonçant un site excellent et un site médiocre.

Les deux abeilles réduisent leurs danses au même rythme (15 circuits dansés en moins par retour à l'essaim), mais l'abeille du site excellent commence avec une plus grande motivation et danse plus longtemps (six retours contre deux) et « plus fort » (90+75+60+45+30+15 = 315 contre 30+15=45 circuits dansés).

Planck est souvent cité pour avoir décrit ce processus social : « Une nouvelle vérité scientifique ne triomphe point en convaincant ses adversaires, mais plutôt parce qu'ils finissent par mourir ; la nouvelle génération arrive avec le bénéfice de cette connaissance »[111]. À l'opposé des éclaireuses, les vieux scientifiques sont récalcitrants à se retirer du débat, parfois jusqu'à leur mort, tandis que les abeilles le font automatiquement[112]. Je me demande parfois si la science ne progresserait pas plus rapidement si, en ce cas, les hommes se comportaient un peu plus comme des abeilles.

6

Le déménagement

« And so doth this soft shivering passe
as a watch-worde from one to an other,
untill it come to the inmost Bees:
wherby is caused a great hollownes
in the pomgranat.
When you see them do thus,
then may you bid them farewel:
for presentlie they begin to unknit,
and to be gone. »[P]

(Charles Butler, *The Feminine Monarchie*, 1609)[113]

Celui qui a la chance de voir essaimer une colonie d'abeilles sera le témoin ravi d'une variété de comportements. D'abord, l'on voit la ruée intempestive de milliers d'abeilles qui quittent la ruche et se lancent dans le ciel ; ensuite cette nuée se condense en une masse compacte suspendue à une branche, où elle restera quelques heures ou quelques jours. La plupart des abeilles se tiennent pratiquement immobiles ; seules les éclaireuses entrent en action, à faire des allers-retours et des danses accrocheuses, pour annoncer leurs trouvailles – une variété de sites potentiels. Enfin, après l'accord unanime des danseuses, voilà l'évènement le plus merveilleux et le plus mystérieux : la désintégration instantanée de la grappe d'abeilles et le vrombissement dû à l'envol de dizaines de milliers d'abeilles dans les airs vers leur futur logis (fig. 6.1). Cette disparition subite nous invite à leur faire nos adieux – *« bid them farewel »* – comme dit Charles Butler, cet amoureux des abeilles.

Nous allons examiner comment la totalité de l'essaim réussit à quitter son bivouac d'un commun accord et au bon moment. À quelques exceptions près, la synchronisation de son envol ne se produit qu'à la fin de l'enquête menée par les éclaireuses, avec le choix pleinement consenti du nouveau domicile. Il s'agit de passer en revue les mécanismes de la coordination sociale qui opèrent pendant le départ, et de voir comment un essaim maintient sa cohérence lors de la bascule d'un comportement de prise de décision vers celui de sa mise en œuvre effective. Il n'est pas surprenant que ce soit les éclaireuses qui se chargent d'ameuter les abeilles et de démarrer le voyage ; elles ne cessent, à chaque étape, de jouer un rôle de premier plan. Leurs astuces pour réveiller leurs compagnes

---

[P] « Ainsi court le doux frisson, / Ce mot qui passe des unes aux autres, / Au cœur de l'intimité des abeilles, / Pour creuser le centre de la grenade. / Alors, en voyant ceci, / Il est temps de leur dire adieu : / Présentement, elles s'apprêtent à se défaire / Et à partir. »

Fig. 6.1. L'auteur, sur l'île d'Appledore, en train de regarder l'envol à partir de la planche verticale utilisée comme support. Les deux nourrisseurs apportent un sirop de sucre pour bien nourrir l'essaim.

somnolentes et saisir le moment opportun pour initier le voyage ne peuvent que nous étonner. Ce n'est que tout récemment que les voies mystérieuses de l'essaimage ont commencé à être comprises.

Le réchauffement

Au printemps 1980, Bernd Heinrich, entomologiste et physiologiste de l'université de Californie à Berkeley (actuellement de l'université du Vermont), commença à porter son attention sur les mécanismes de thermorégulation chez les essaims d'abeilles[114]. Pendant les 20 années précédentes, Heinrich, ayant mené des recherches de pointe concernant le contrôle de la température chez les insectes, apporta des connaissances approfondies à cette étude des abeilles. Il savait que deux études antérieures avaient démontré que la température à l'intérieur de la grappe d'abeilles, de même que dans la ruche, se maintient à environ 35 °C, soit une température un peu inférieure à la température interne d'un être humain. Il savait que les ouvrières, individuellement, produisent de la chaleur en frissonnant (par la contraction isométrique de deux séries de muscles alaires sur leur thorax) et que les muscles alaires doivent être chauffés à au moins 35 °C pour produire des battements d'aile d'une assez grande fréquence (presque 250 par seconde !) pour générer la force suffisante qui les emportera dans les airs. De surcroît, il savait qu'avant de quitter l'essaim souche, les populations essaimantes se gavent de miel afin de disposer d'amples réserves, mais forcément limitées ; il faut qu'elles puissent disposer de suffisamment d'énergie pour accomplir le vol et construire tout de suite les premiers pains de cire au cœur du futur nid. Cependant, Heinrich ne connaissait ni la distribution exacte des températures à l'intérieur de l'essaim, ni la façon dont les abeilles contrôlent ces températures et gèrent leurs ressources énergétiques. Apiculteur amateur et curieux de nature, Heinrich avait travaillé avec la police et les pompiers à Walnut Creek, en Californie, afin de récolter 14 essaims sauvages dans la région de la baie de San Francisco, entre mai et juin 1980. De retour à son laboratoire au campus de Berkeley, il se mit à étudier ces essaims à l'aide d'une panoplie d'outils scientifiques, y compris de minuscules thermomètres (sondes thermocouples) et une chambre cylindrique en Plexiglas (tube respirométrique) faite sur mesure, dans laquelle il pouvait placer un essaim et mesurer son rythme métabolique à des températures ambiantes différentes.

Il découvrit des choses merveilleuses sur la thermorégulation d'un essaim – de véritables clés de compréhension concernant la préparation à l'envol. D'abord, un essaim contrôle sa température de façon très précise afin de la maintenir entre 34 °C et 36 °C, indépendamment de la température ambiante. L'essaim permet à la température du manteau (la couche externe) de varier selon la température extérieure, mais ne la laisse pas descendre en dessous de 17 °C, même en cas de gel (0 °C)[115]. Ainsi, les abeilles à la surface de l'essaim (celles qui ont le plus froid) restent assez chaudes pour demeurer actives. Si leur température descend en dessous de 15 °C, elles s'engourdissent et tombent de l'essaim. À cette température elles auraient trop froid pour pouvoir se réchauffer en frissonnant.

En regardant comment les abeilles s'organisaient dans l'essaim suivant un schéma caractéristique de températures, Heinrich comprit qu'elles y arrivaient avec une dépense minimale de carburant – le miel emmagasiné dans leur jabot (estomac). À une température de l'air légèrement au-dessus de 10 °C, le métabolisme de base de l'essaim *au repos* (sans activation des muscles alaires) fournit largement assez de chaleur pour maintenir le centre à 35 °C, et son manteau au-dessus de 17 °C. En effet, lors d'une forte température ambiante (au-dessus de 20 °C), leur métabolisme de base produit tellement de chaleur que les abeilles au centre (ainsi que celles du manteau) s'écartent les unes des autres et créent des canaux de ventilation permettant de libérer la trop forte chaleur intérieure. En revanche, lorsque la température ambiante tombe en dessous de 17 °C, les abeilles du manteau commencent à avoir trop froid et se resserrent, rétrécissant l'essaim et réduisant sa porosité ; elles diminuent ainsi la perte de chaleur (fig. 6.2 et 6.3). C'est de cette manière que les abeilles du manteau enferment la chaleur métabolique produite par leurs milliers de sœurs au repos, tout en ayant assez chaud elles-mêmes. Ce n'est que lorsque la température de l'air chute en dessous de 10 °C que les abeilles du manteau doivent élever leur rythme métabolique en frissonnant.

Ainsi, Heinrich découvrit que les abeilles disposent d'un moyen efficace pour conserver leurs réserves d'énergie. Celles du manteau (les plus exposées aux basses températures) réduisent leurs besoins métaboliques de deux façons lors du refroidissement de l'air : (1) en laissant leur température corporelle descendre à un niveau juste au-dessus de celle provoquant l'engourdissement, et (2) en maintenant leur température corporelle juste au-dessus de ce niveau en se resserrant plutôt qu'en frissonnant. Bien entendu, ces mesures impliquent que les abeilles formant la couche extérieure aient trop froid pour pouvoir voler, un fait facilement démontré en raclant et en secouant l'essaim pour les en détacher. Les abeilles tombent lourdement par terre au lieu de s'envoler. Nous comprenons qu'avant de s'envoler vers leur nouveau logis, les abeilles du manteau doivent réchauffer leurs muscles alaires jusqu'au niveau opérationnel de 35 °C. La théorie est confirmée par les enregistrements ; lorsque Heinrich prend la température à des endroits et à des moments différents entre l'installation en grappe et le départ, il constate qu'une heure avant l'envol la température du manteau aura atteint les 35 °C du centre.

En juin 2002, plus de 20 ans après la publication du rapport perspicace de Bernd Heinrich, *The Mechanisms and Energetics of Honeybee Swarm Temperature Regulation* (La thermorégulation des abeilles dans l'essaim : ses mécanismes et son système

Fig. 6.2. En haut : le manteau d'abeilles lorsque la température est de 28 °C. En bas : les mêmes abeilles à 13 °C.

Quand il fait froid, les abeilles se resserrent et réduisent la porosité du manteau.

énergétique), je suis parti en Allemagne afin d'examiner de plus près le réchauffement des abeilles avant l'envol[116]. Peu de temps auparavant, j'eus la chance de recevoir un prix de recherche de la part de l'Alexander von Humboldt Foundation me donnant les moyens de poursuivre ces projets en Allemagne. Je fus accueilli par Bert Hölldobler,

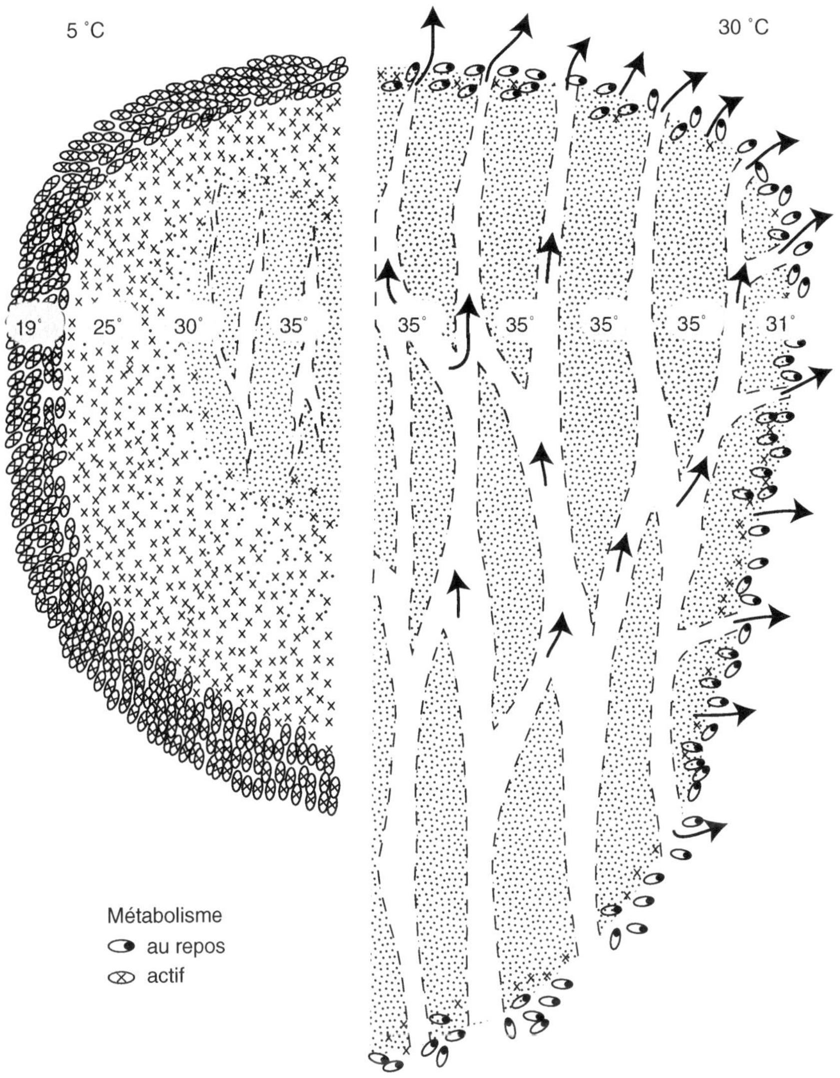

Fig. 6.3. Schéma illustrant comment les abeilles effectuent leur thermorégulation quand la température ambiante est basse (à gauche) et élevée (à droite).

Nous y voyons la position des abeilles, les canaux de ventilation, la perte de chaleur (les flèches) et des zones de métabolisme actif (les croix) et au repos (les points).

maintenant directeur de l'institut de Biologie comportementale et de Sociobiologie de l'université de Würzburg. L'institut comprend un laboratoire consacré à la recherche sur les abeilles (créé par Martin Lindauer, lorsqu'il était professeur de zoologie à Würzburg de 1973 à 1987), dont un autre ami, Jürgen Tautz, a actuellement la charge. Jürgen a des compétences dans le domaine des capacités sensorielles des abeilles ; son laboratoire est rempli de toutes sortes d'équipements de pointe pour explorer le fonctionnement de la nature. Ce séjour m'offrit l'occasion tant souhaitée de travailler avec Jürgen et d'utiliser un instrument particulièrement puissant : la caméra vidéo infrarouge. Cet appareil permet de mesurer la température de nombreux objets (comme les abeilles) simultanément et sans les déranger. En bonus, je pus collaborer avec Marco Kleinhenz et Brigitte Bujock, deux étudiants formidables de deuxième cycle, spécialistes en vidéo et en logiciels conçus pour convertir l'image filmée en valeurs de mesure précises. Notre petite équipe avait un seul objectif : découvrir comment font les abeilles du manteau de l'essaim pour préchauffer leurs muscles en vue de l'envol.

L'utilisation de la thermographie, couplée avec le balayage vidéo pour surveiller les abeilles du manteau, fut une parfaite réussite. Les enregistrements réguliers des températures (pris sur une superficie de 10 cm x 10 cm dans deux essaims) se succédèrent sur une période de deux semaines, commençant au moment de la formation de la grappe et allant jusqu'à l'envol. Les deux essaims montrèrent un comportement classique : l'unanimité de choix chez les danseuses déclenchait une excitation chez les autres abeilles. L'imagerie infrarouge des deux essaims nous révéla quelque chose de nouveau : juste avant le départ en trombe, le thorax de *toutes* les abeilles se mettait à luire et à émettre une chaleur inhabituelle (fig. 6.4).

Plus intéressant encore pour nous fut l'essor du pourcentage d'abeilles avec une température thoracique de 35 °C durant les 30 minutes précédant le départ. Pendant les premières 20 minutes, le pourcentage d'abeilles des couches superficielles ayant un thorax suffisamment chauffé pour le vol montait doucement pour plafonner à moins de 20 % (fig. 6.5). Ensuite, environ 10 minutes avant l'envol, le pourcentage d'abeilles réchauffées augmentait de plus en plus vite. Peu après, 100 % des abeilles à la surface montrèrent une température thoracique de 35 °C – et décollèrent tout de suite. Nous sommes certains qu'au moment de l'envol, toutes les abeilles étaient à même de voler rapidement. Le travail précédent de Heinrich avait bien montré que les abeilles au centre de l'essaim sont prêtes à s'envoler (c'est-à-dire qu'elles sont suffisamment réchauffées) à tout moment. Par ailleurs, les images montraient qu'au moment de l'envol les abeilles situées à l'intérieur se mettaient à briller comme des charbons ardents avant celles situées à l'extérieur. Tout de suite après le démarrage de l'envol des deux essaims, c'est-à-dire après l'envol des abeilles extérieures, les abeilles intérieures

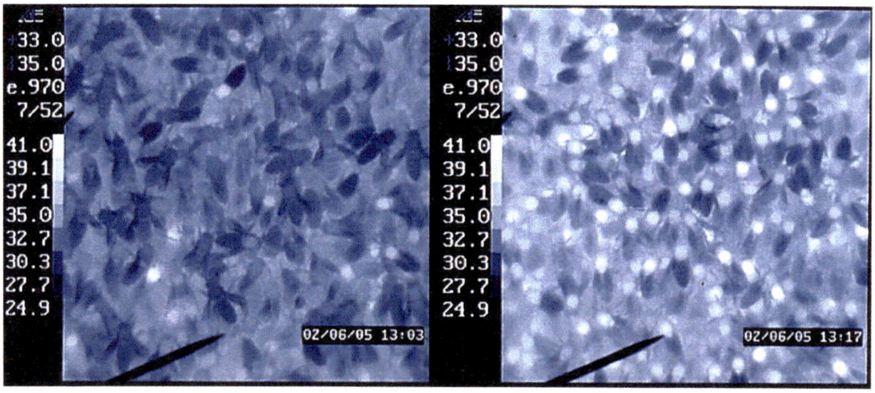

Fig. 6.4. Images d'abeilles à la surface de l'essaim, prises avec une caméra infrarouge.

À gauche : une image 15 minutes avant l'envol (13 h 03). À droite : une image une minute avant l'envol (13 h 17). À la gauche de chaque image se trouve une échelle de température (en °C) représentée par divers tons de gris.

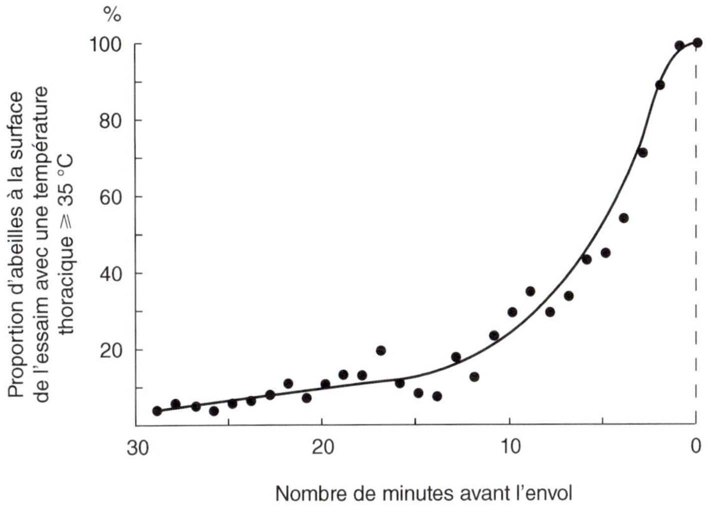

Fig. 6.5. Augmentation de minute en minute du pourcentage d'abeilles à la surface de l'essaim avec leurs muscles alaires à la température requise pour l'envol (thorax à 35 °C minimum).

La température thoracique de chaque abeille visible dans l'image infrarouge est prise chaque minute entre zéro et 30 minutes avant l'envol (voir fig. 6.4).

décollèrent. Effectivement, ce peu d'écart entre les deux couches d'abeilles montra que l'essaim n'a besoin que d'une minute pour se désintégrer totalement.

Quelle stimulation provoque le réchauffement (à 35 °C) et donc la préparation à l'envol des abeilles du manteau ? Quel facteur déclenche l'envol de l'essaim juste après ce réchauffement des abeilles du manteau ? Affaire à suivre !

Ça chauffe et ça chante !

En y prêtant bien l'oreille, une heure avant l'envol, vous entendrez des pulsations, des stridulations (*piping*) dans les aigus émanant de l'essaim. Chaque son dure environ une seconde, monte dans les aigus et rappelle l'accélération puissante d'une voiture de Formule 1 au démarrage. Ces sons stridents commencent lentement, produits par une abeille à la fois mais, pendant la dernière demi-heure avant l'envol, de plus en plus d'abeilles se mettent à striduler, et le vrombissement puissant émis par l'essaim va croissant. Alors, d'un seul coup, la grappe se disloque et les abeilles s'en vont à tire-d'aile. Seraient-ce les pulsations aiguës venant des éclaireuses qui lancent l'appel, « Allons Mesdames, il est temps de vous réchauffer ! » ?

Afin d'explorer cette possibilité, je voulais d'abord identifier quelles abeilles produisaient ces sons stridents. En fait, je m'intéressais depuis longtemps à cette question, ayant déjà été témoin de ces sons étranges en 1970, lorsque j'étais étudiant de premier cycle. Je n'arrivais jamais à savoir précisément quelles abeilles, parmi les milliers de l'essaim, les émettaient. Le vrombissement semblait provenir de l'intérieur de l'essaim, donc d'abeilles hors de vue. Martin Lindauer se heurta à cette même énigme pendant les années 1950. Il écrivit, « Maintenant ce vrombissement s'entendait au centuple près de la grappe, mais je n'arrivais pas à savoir s'il venait des *buzz-runners* ou d'autres abeilles. »[117] (*Les « buzz-runners »* dont parle Lindauer apparaîtront plus tard dans ce chapitre.)

La découverte de la source des stridulations survint par bonheur pendant l'été 1999, commençant par une observation faite au hasard quand je campais près d'Ox Cove, un endroit merveilleusement isolé sur la côte est de l'État du Maine. Je m'y étais réfugié afin de réfléchir au dilemme de l'effacement de l'opposition chez les éclaireuses (voir chapitre 5). Je me souviens comme si c'était hier avoir été témoin, pour la toute première fois, d'une ouvrière sur l'essaim en train de striduler. J'installai l'essaim devant ma cabane et étiquetai les premières danseuses (éclaireuses) avec des taches de peinture avant de me mettre à observer ma petite bande d'abeilles colorées, tout en enregistrant leur comportement. Le 2 août, à 10 h 48, pas plus de cinq minutes avant l'envol, je remarquai une éclaireuse, Blue, qui faisait quelque chose d'inattendu à la surface de l'essaim : elle courut en grande excitation pendant quelques secondes, s'arrêta pendant une seconde et poussa son thorax contre une abeille immobile avant de repartir en courant. Elle répéta la séquence – course, pause, poussée – six fois avant de s'enfoncer dans la grappe et de disparaître (fig. 6.6). Je remarquai qu'à chaque pause, avant de saisir une abeille, elle serrait ses ailes si fortement sur son abdomen qu'elles semblaient entrer en légère vibration. Était-elle en train de striduler ? J'entendais bien le son mais, « appareillé » seulement de mes deux oreilles, je n'étais pas sûr qu'elle en fût vraiment l'origine. L'après-midi même, je partis en ville acheter un tuyau en caoutchouc (un mètre de long et six millimètres de large), dont j'enfilerais l'une des extrémités dans mon oreille et l'autre au cœur de l'essaim. Ainsi relié, ce tube allait m'aider à localiser les sons émanant des essaims, comme une sorte de stéthoscope. Quelques jours plus

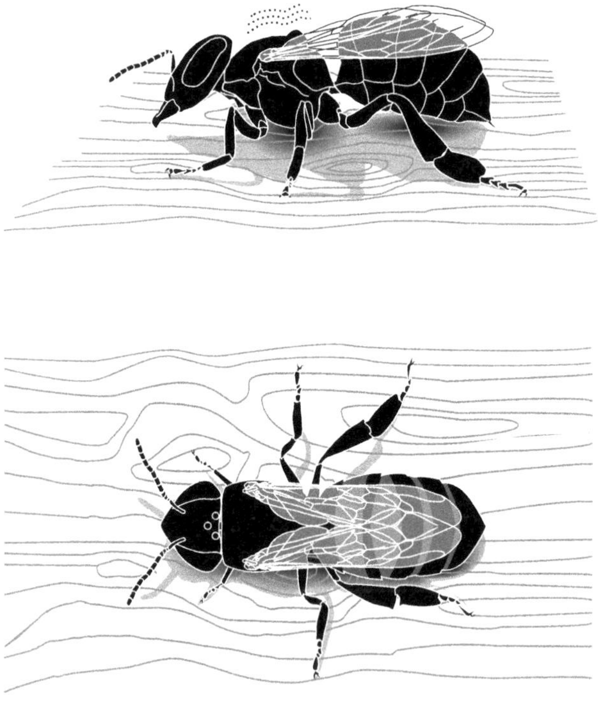

Fig. 6.6. Une ouvrière produisant une stridulation.
Elle fait une pause pendant sa course sur l'essaim, presse son thorax contre le substrat, serre les ailes au dessus de l'abdomen et active ses muscles de vol afin d'y produire une vibration. Ici le substrat est une planche en bois, mais d'habitude c'est une autre abeille.

tard, lors de l'observation d'un deuxième essaim, j'utilisai ce dispositif de fortune afin de me brancher sur une autre abeille colorée en train d'effectuer la manœuvre « course-pause-poussée ». Quelle ne fut pas mon excitation en entendant ses appels insistants !

J'étais fasciné par le chant des ouvrières et empressé de décrire le signal afin de tester l'hypothèse qu'elles étaient réellement en train d'alerter les membres de l'essaim encore au repos et de les stimuler à réchauffer leurs muscles en prévision de l'envol. Cela demandait une analyse de son extrêmement sophistiquée, associée à des observations et à des expérimentations très poussées. Heureusement, Jürgen Tautz fut facilement persuadé de collaborer à cette aventure et, en août 2000 – armé de ses microphones miniatures, d'un système audio numérique, ainsi que de tout son équipement vidéo –, il me rejoignit à Cornell[118]. Dans un coin tranquille de mon laboratoire, nous installâmes un essaim sur l'un des côtés d'une planche verticale afin d'enregistrer tout ce qui se passerait à la surface. Deux micros furent montés à l'intérieur de l'essaim ainsi que plusieurs sondes thermiques. Placée devant cette installation, la caméra vidéo enregistrait à la fois des sons provenant de l'intérieur de l'essaim et les actions se déroulant à la surface. Nous formions un tableau étonnant, avec quantité de fils allant dans tous les sens, tout un équipement technologique et nous deux, scientifiques examinant de près l'essaim ; on aurait cru assister à une scène dans une unité de soins intensifs.

Maintenant que j'avais une idée claire du comportement que je cherchais (une abeille menant une course folle mais s'arrêtant par-ci par-là pour se saisir d'une compagne immobile), je savais reconnaître les « chanteuses » (*pipers*) dès que j'entendais leurs cris stridents. L'enregistrement vidéo, ainsi que l'alternance entre danse et chant parmi les abeilles qui rampaient à la surface de l'essaim, confirma mes observations précédentes, à savoir que les éclaireuses qui chantent sont aussi extrêmement excitées (fig. 6.7). Ces signaux entrecroisés se remarquaient surtout pendant la dernière demi-heure avant l'envol, quand les stridulations étaient au plus fort. D'habitude, suite à une séquence dansée, l'éclaireuse se mettait à produire une séquence chantée.

Nos enregistrements audio, pris tout près de leur lieu d'émission dans l'essaim, montrent que chaque son représente une impulsion sonore unique, d'une durée d'une seconde et d'une fréquence entre 200 et 250 hertz (cycles par seconde), assortie à une gamme d'harmoniques (les multiples de la fréquence de base) entre 400 et 2 000 hertz (fig. 6.8). Ce sont les harmoniques à haute fréquence qui rendent les sons si stridents. La fréquence fondamentale des sons correspond à la fréquence des battements d'ailes d'une abeille en plein vol, ce qui semble prouver que les stridulations sont produites par l'activation des muscles alaires du thorax en créant de fortes vibrations dans tout le corps. Il se peut que la plupart de cette énergie vibratoire passe comme une sorte de détonation dans le corps de l'abeille empoignée par sa compagne, et qu'une petite partie échappe dans l'air environnant, permettant ainsi aux humains qui « écoutent à la porte » d'entendre et de comprendre ce qui est en train de se passer. D'après les enregistrements, la montée du son dans les aigus vient à la fois d'un changement de la fréquence de base (qui passe de 200 à 250 hertz) et de l'augmentation de l'énergie sonique dans les harmoniques à haute fréquence. Il est fort probable qu'une abeille crée ces modulations en rapprochant et en serrant ses ailes, raidissant ainsi son thorax et augmentant la fréquence résonante.

À cette étape, nous souhaitions tester l'hypothèse selon laquelle la fonction des ouvrières qui stridulent est de stimuler la préparation à l'envol. D'abord, nous voulions nous assurer que ces sons ne se produisaient que pendant la dernière heure avant l'envol, et donc lors de la période des préparatifs. Le premier pas de notre procédure fut

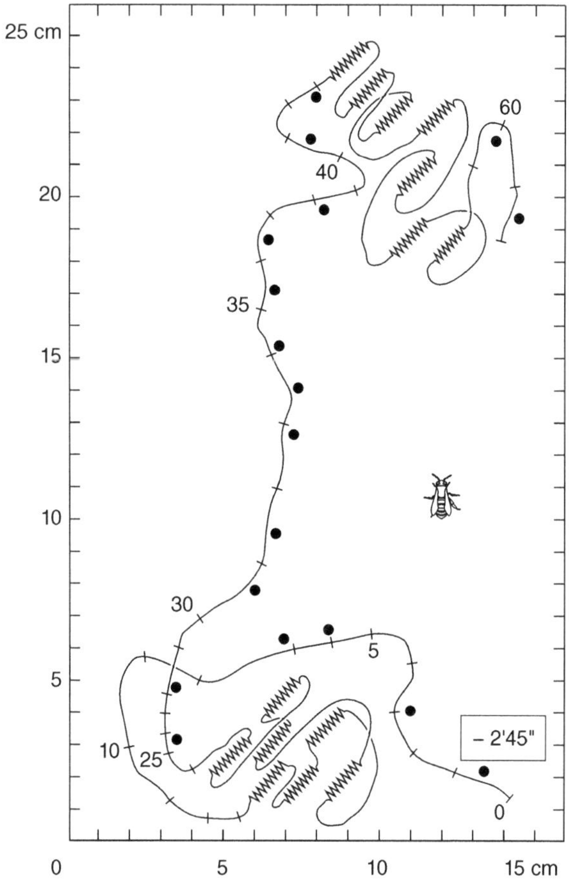

Fig. 6.7. Le tracé d'une abeille qui alterne ses stridulations et ses danses frétillantes pendant sa traversée de l'essaim.

Le temps est marqué à intervalles d'une minute par de petits traits. Les stridulations sont indiquées par des points et les danses frétillantes par des zigzags. L'enregistrement commença deux minutes et 45 secondes avant l'envol et dura 62 secondes.

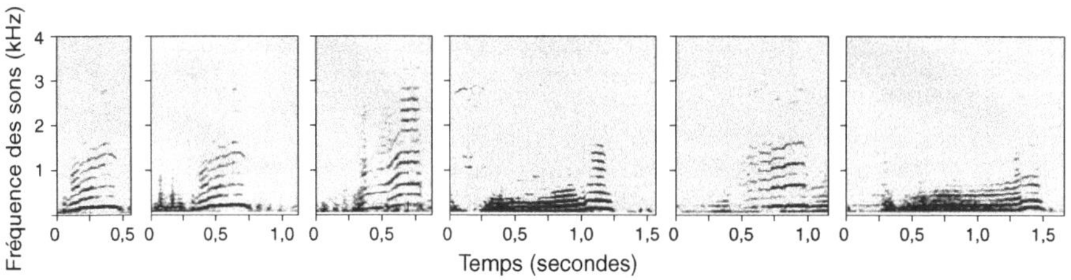

Fig. 6.8. Des sonogrammes de six signaux enregistrés sur des ouvrières dans l'essaim juste avant l'envol. Les unités sur l'axe vertical représentent des kilohertz (milliers de cycles à la seconde).

de mesurer simultanément, pendant un certain nombre d'heures avant l'envol, le niveau de production de sons comparé à la température au centre de l'essaim. Trois heures avant l'envol (11 h 30), avec une température ambiante de 23 °C et la température du centre et du manteau de 34 °C et 31 °C, respectivement, aucune stridulation ne se fit entendre. À 12 h 00 (90 minutes avant l'envol), on entendait des sons de façon intermittente. Ensuite, pendant les 30 dernières minutes, les stridulations furent émises haut et fort et de façon continue (beaucoup d'abeilles y participant) et la température du manteau s'éleva. Au moment même où la température partout dans l'essaim atteignit 37 °C, celui-ci s'éleva dans les airs (fig. 6.9).

Cette simultanéité parfaite entre les stridulations des ouvrières et le réchauffement de l'essaim, ces deux phénomènes culminant à l'envol, apportait de la matière à l'hypothèse selon laquelle les stridulations correspondent bel et bien à un signal pour déclencher les préparatifs de l'envol. Cependant, ayant démontré uniquement la corrélation entre les sons et le réchauffement, nous ne pouvons pas conclure définitivement que ce réchauffement soit une réponse aux sons. Il se peut, étant donné la simultanéité des deux phénomènes, qu'il y ait un troisième facteur capable de stimuler l'une et l'autre activité. Il a été suggéré, par exemple, que ce qui informe les abeilles (encore fraîches et calmes) qu'il est temps de se remuer serait un autre comportement, nommé le signal de secousse ou de vibration (*shaking* ou *vibration signal*)[119]. Ce signal est produit par une abeille qui en saisit une autre avec ses deux pattes de devant et agite son propre corps avec un mouvement répétitif de haut en bas pendant quelques secondes (fig. 6.10). Comme quelqu'un qui réveillerait un ami endormi en lui secouant les épaules, l'abeille inciterait ses compagnes à s'activer en vue de l'envol. Néanmoins, étant donné que ces secousses sont produites pendant tout le processus de recherche de logis et pas seulement (ni même principalement) pendant la dernière heure avant l'envol, il paraît évident que ceci n'est point le signal critique qu'utilisent les éclaireuses pour préparer l'envol. De toute évidence, ce signal servirait plutôt à augmenter le niveau d'activité générale des autres ouvrières afin qu'elles soient plus attentives et réceptives aux danses frétillantes,

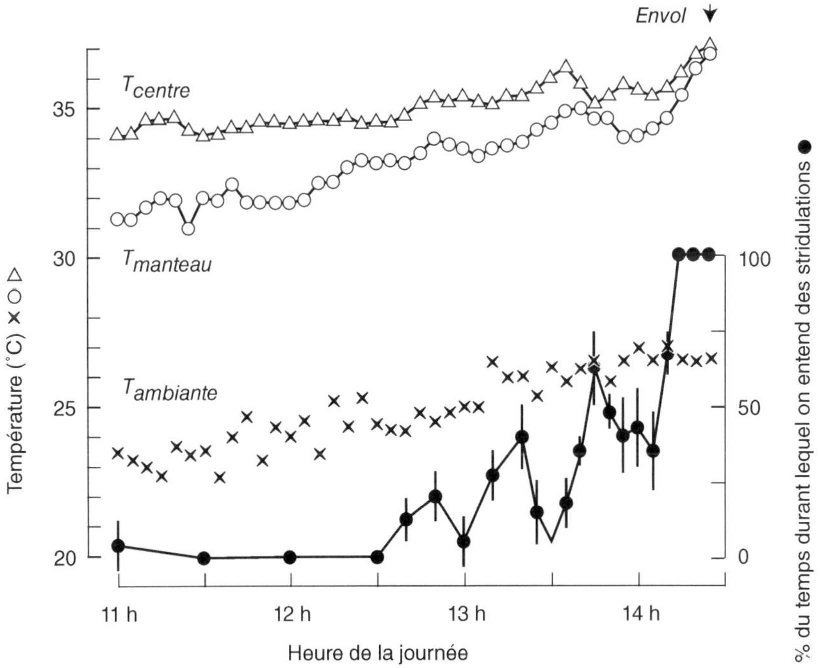

Fig. 6.9. Schéma d'une superposition de stridulations (ronds noirs), de la température de l'essaim (cercles et triangles) et de la température ambiante (croix) pendant une période de trois heures avant l'envol de l'essaim.

Fig. 6.10. Le signal d'une abeille (en noir) qui secoue une autre.
La flèche indique le mouvement de vibration dorso-ventrale de son corps.

à l'émission de stridulations et aux éventuelles autres stimulations supplémentaires. De nuit, de même que pendant des périodes de mauvais temps, toutes les abeilles cessent leur activité, certainement pour moins dépenser d'énergie. Le bons sens nous mènerait à croire que les éclaireuses emploient la secousse comme signal de réactivation générale – principalement destinée aux autres éclaireuses – lorsque les conditions météo redeviennent favorables aux missions de reconnaissance.

Afin de tester notre hypothèse de façon concluante – que les stridulations sont réellement le signal de préparation à l'envol –, nous avions besoin de concevoir une expérience nous permettant de manipuler les sons dans l'essaim et de chercher leur effet sur son réchauffement éventuel. Nous avons imaginé deux artifices : soit de propulser des séquences de stridulations sur les abeilles dans l'essaim, soit de les empêcher de recevoir ces signaux. Nous avons choisi de mettre en pratique la deuxième option. Un écran vertical (20 cm x 25 cm) installé sur la surface de l'essaim devait empêcher les ouvrières en train de striduler d'influencer le groupe d'abeilles composant le manteau de l'essaim. Les abeilles des couches extérieures de l'essaim devaient être ainsi à l'extérieur de l'écran, là où se trouvaient deux petites cages, chacune équipée d'une sonde thermique (fig. 6.11). Les deux cages se remplirent rapidement d'abeilles. En fermant le couvercle de la première cage, les éclaireuses ne pouvaient pas contacter (par des sons) les abeilles à l'intérieur. En même temps, les abeilles dans la cage ouverte subissaient un traitement égal, sauf que le couvercle portait des trous assez grands pour permettre le passage des éclaireuses. Notre prédiction était la suivante : puisque des abeilles qui stridulent stimulent les autres afin d'augmenter leur température jusqu'au niveau requis pour l'envol, il s'ensuivrait que les abeilles dans la cage fermée ne se réchaufferaient pas et que, au contraire, celles dans la cage ouverte se réchaufferaient. Les résultats nous donnèrent raison. Dans la cage ouverte, les abeilles montrèrent le schéma habituel de montée rapide de température à 35 °C pendant les dernières minutes avant l'envol, et pas dans la cage fermée (fig. 6.11). À chaque essai, en ouvrant la cage fermée (dès l'envol des autres), on trouva des abeilles endormies et pas réactives au toucher. Elles étaient toutes tombées au sol, trop froides pour pouvoir voler. Sans aucun doute, les abeilles dans la cage fermée, à l'inverse des abeilles envolées, n'avaient pas reçu les avertissements persistants.

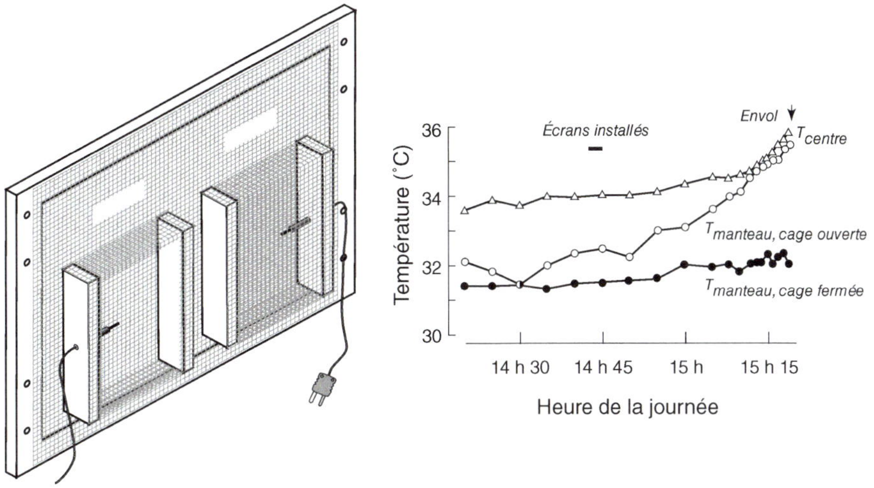

Fig. 6.11. À gauche : le dispositif de l'écran utilisé pour tester si les abeilles du manteau se réchauffaient en préparation de l'envol lorsqu'elles sont empêchées de recevoir des signaux (stridulations) des éclaireuses. À droite : les résultats de l'expérience effectuée avec ce dispositif.

À gauche : l'écran porte deux cages, chacune équipée d'une sonde thermocouple. Les deux cages sont fermées avec un couvercle, mais l'un des couvercles porte une grande ouverture. À droite : les abeilles du manteau dans la cage ouverte (contactées par les stridulations des éclaireuses) augmentèrent leur température à 35 °C, mais pas celles dans la cage fermée.

Un comportement tapageur, le « *buzz-run* »

La question de la fonction des stridulations étant maintenant résolue, il nous restait encore à résoudre une question qui nous laissait perplexes : l'origine du déclenchement de l'envol instantané et synchronisé de milliers d'abeilles, cette véritable explosion. Martin Lindauer avait remarqué et décrit un comportement accrocheur, peut-être la clé de l'énigme, qu'il nomma le « *Schwirrlauf* » en allemand, traduit en anglais par le « *buzz-run* ». Ces deux langues rendent bien compte de ce comportement particulier, car l'abeille, une fois ses ailes déployées, effectue une course effrénée en émettant un bourdonnement ou bruissement sonore (*Schwirr* ou *buzz*). Parfois elle court sur le dos de ses voisines, parfois elle fonce dans le tas (fig. 6.12). Lindauer nota que ces *buzz-runners* étaient facilement repérables pendant les dernières minutes avant l'envol ; il suggéra que ce comportement de rouleau compresseur aidait à disperser les abeilles et ainsi à initier un envol concerté – une idée tentante qu'il restait à prouver. Et encore, même confirmée, cette hypothèse provoque d'autres questions concernant ces épisodes d'hyperactivité. Quelle est l'interaction entre l'ouvrière qui stridule et celle qui court pendant la période de préparation[120] ? Quelles abeilles effectuent le *buzz-run* ? Comment savent-elles quel est le bon moment pour rudoyer ainsi leurs voisines ?

Pour répondre à ces questions, je bénéficiai de la collaboration de Clare Rittschof, étudiante brillante de Cornell et chercheuse-née. Notre recherche débuta en mai 2005. Il fallait surveiller les *buzz-runners* sur les essaims afin de constater le déroulement dans le temps de cette activité. Un essaim fut installé sur un côté d'une planche montée à la verticale, la caméra vidéo focalisée sur une zone mesurant 10 cm sur 15 cm. Nous

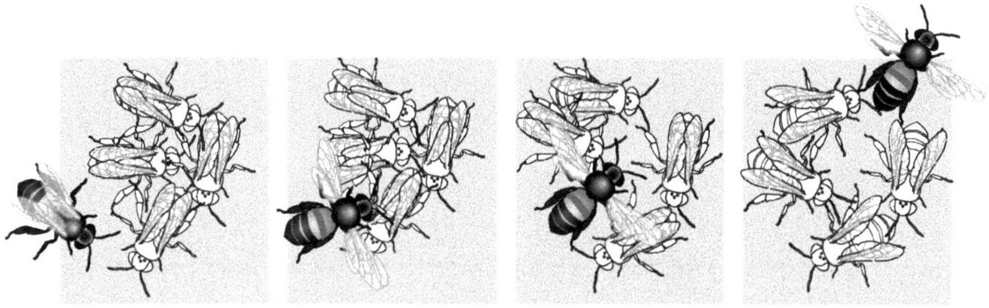

Fig. 6.12. Une ouvrière qui effectue le *buzz-run* en traversant un petit groupe d'abeilles léthargiques. Image 1 : le *buzz-runner* court vers un groupe d'abeilles. Image 2 : une seconde plus tard, le *buzz-runner* a ouvert ses ailes et fait un *buzz* au groupe. Image 3 : une seconde après ce contact, le *buzz-runner* se fraye un chemin à travers le groupe. Image 4 : le *buzz-runner* a rompu le contact avec le groupe mais s'en va en maintenant les vibrations du *buzz*. (Les images sont basées sur un enregistrement vidéo.)

commencions nos tours de surveillance dès que les abeilles commençaient à striduler ; et nous les arrêtions au moment du décollage de l'essaim vers le nouveau domicile. Ensuite, Clare passait les images au ralenti, scrutant l'essaim pour déceler les abeilles courant de manière erratique à sa surface. Mes études précédentes nous avaient amenés à penser que celles qui couraient seraient celles émettant des sons, tandis que le rapport de Lindauer postulait que ce serait plutôt d'autres abeilles. Pour en finir avec ce dilemme, les stridulations de chaque abeille furent enregistrées pendant plusieurs secondes avec un microphone miniature ; les renseignements audio furent superposés aux enregistrements vidéo pour bien cibler l'activité des unes et des autres. Les *buzz-runners* étaient facilement repérables parmi les coureuses (*runners*) à cause du fort bourdonnement de leurs ailes déployées.

L'examen fastidieux des enregistrements de surveillance effectué par Clare apporta deux découvertes importantes. D'abord, elle constata que de plus en plus de coureuses commençaient à s'activer pendant la dernière heure précédant l'envol, transformant l'essaim en une masse grouillante d'abeilles courant sur et dans la grappe. Deuxièmement, et encore plus important, elle remarqua que *toutes* les coureuses produisaient des signaux sonores, qui des stridulations, qui des *buzz*, ou les deux. Peu à peu, celles-ci commençaient à combiner la course et la production de sons, à buter dans d'autres abeilles et à accélérer les battements d'ailes. Pendant les dernières cinq minutes, 80 % des coureuses émettaient des *buzz* (fig. 6.13). Ainsi, les abeilles qui faisaient des *buzz-runs* étaient les mêmes que celles qui stridulaient, et donc les mêmes que nous savions déjà être des éclaireuses. Nous pouvons conclure que les éclaireuses font des stridulations pour inciter au réchauffement et ensuite des *buzz-runs* pour déclencher l'envol.

Quelles sont les preuves que le signal *buzz-run* stimule les abeilles à l'envol ? D'abord, le fait qu'il soit éphémère et produit dans un seul et unique contexte – lorsque les abeilles au repos se trouvent incitées à s'envoler. Effectivement, nous remarquons habituellement la présence de *buzz-runners* juste avant que l'essaim ne se déverse de la ruche (voir chapitre 1), et encore lorsqu'il s'envole de l'emplacement du bivouac. Le crescendo des *buzz-runs* juste avant l'envol confirme que ce dernier évènement est causé par le premier. La preuve la plus convaincante serait la scène dont Clare fut souvent témoin : les occasions où les *buzz-runners* bousculaient un attroupement d'abeilles léthargiques, qui se mettaient à se disperser et à se montrer plus actives après ces interventions.

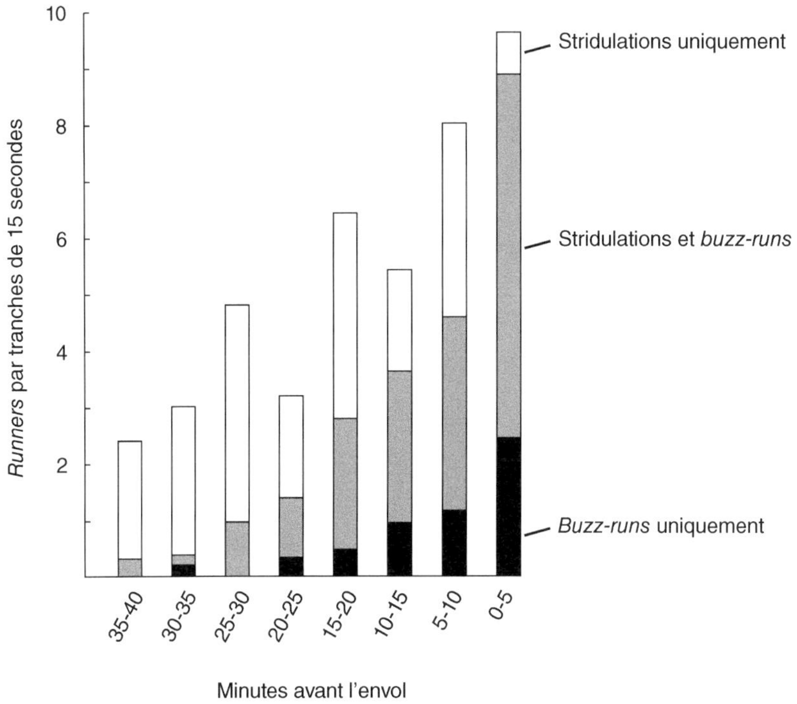

Fig. 6.13. Un graphique montrant l'augmentation du nombre d'éclaireuses courant sur une partie (10 cm x 15 cm) de la surface de l'essaim sur des périodes de 15 secondes pendant les 40 minutes avant l'envol.

Nous voyons également les changements dans la production de signaux par les abeilles en déplacement ; elles produisent toutes des stridulations ou des *buzz*, ou les deux.

Une observation singulière chez les *buzz-runners* mérite d'être signalée. De temps en temps les abeilles décollaient et faisaient un petit tour autour de l'essaim avant de s'y introduire de nouveau et de reprendre leurs bousculades. Ce dernier phénomène est important car il indique les origines de ce comportement au regard de l'évolution, qui représenterait une forme ritualisée de ce qui se passe au moment de l'envol : l'abeille déploie ses ailes, les fait vibrer, s'écarte des autres abeilles si nécessaire, et s'envole.

Le terme « ritualisation », tel qu'employé par les biologistes, comprend le processus par lequel une action fortuite se trouve modifiée au cours de l'évolution et graduellement inscrite dans le comportement de l'animal pour devenir un signal intentionnel[121]. Habituellement, l'action fortuite est un effet secondaire d'une action effectuée dans un contexte particulier ; ainsi, cette action serait une bonne indication du contexte d'origine. Le *buzz-run* en est une illustration convaincante ; au moment de l'envol, l'abeille fait frétiller ses ailes et donc ce *buzz* indique qu'elle est prête à s'envoler. L'étape suivante s'amorce quand les réceptrices de ce signal sont à même d'utiliser cette information pour améliorer leur façon de prendre des décisions. Si ce processus apporte également un bénéfice aux émettrices, il sera renforcé, donc plus facilement détecté par les réceptrices et plus opérationnel.

Pendant les stades précoces de l'évolution du signal *buzz-run*, il est probable que les abeilles quiescentes dans l'essaim amélioraient leur prise de décision concernant le moment de l'envol en répondant aux vibrations alaires des abeilles qui s'envolaient. Ce processus décisionnel amélioré pouvait ainsi instaurer un envol mieux coordonné, ce qui profiterait également aux abeilles actives ; ainsi la sélection naturelle favoriserait des modifications de vibrations par les abeilles actives afin qu'elles soient plus facilement perçues par les abeilles plus calmes. Étant donné la forme actuelle de *buzz-run*, il paraîtrait que ces modifications incluent une exagération des vibrations alaires (démarrant bien avant que le *buzz-runner* ne s'envole) et en y ajoutant la course et la bousculade. Ce processus est un merveilleux exemple des origines et de l'évolution des signaux reliant les abeilles les unes aux autres au cœur de l'essaim.

Une dernière question sur le *buzz-run* serait pourquoi ce système de signalisation aurait évolué au cœur des essaims d'abeilles. Autrement dit, pourquoi les éclaireuses enverraient-elles des signaux à toutes dans l'essaim pour indiquer le moment pour lancer l'envol ? Je suggère que ce système évolua parce que seules des abeilles itinérantes peuvent sentir le moment où toutes les abeilles dans le groupe sont prêtes à partir et que le signal du *buzz-run* permettrait aux éclaireuses de partager ces informations critiques avec leurs consœurs. Comme nous l'avons déjà constaté, chaque abeille doit avoir le thorax chauffé à au moins 35 °C afin que toutes les abeilles s'envolent. Mais comment est-ce que toutes les abeilles d'un essaim savent quand elles auront *toutes* assez chaud ? Une manière serait de faire traverser la grappe par certaines abeilles, dont chacune prendrait la température de ses consœurs au fur et à mesure afin de sonner le départ lorsque son enquête l'informera que la chaleur requise aura été atteinte par toutes. Je devine que c'est la façon de faire des essaims, car nous savons maintenant que les éclaireuses se déplacent rapidement à travers la grappe, chaque éclaireuse marquant une pause toutes les deux ou trois secondes afin de presser son thorax contre une autre abeille et de produire des stridulations. Il se peut que chaque fois qu'une éclaireuse se presse contre une autre abeille elle sente également sa température. Nous savons maintenant que ce sont les éclaireuses qui produisent le signal *buzz-run* pendant les dernières minutes avant l'envol, lorsque toutes les abeilles auront la forte température corporelle requise pour le départ.

Effectivement, si l'éclaireuse s'acquitte de cette triple fonction de capteur thermique ambulant, enregistreur d'information et animateur de groupe, alors les mécanismes de médiation entre les abeilles pour l'initiation de l'envol représentent un système inédit de contrôle comportemental collectif à grande échelle. Il s'agirait d'un groupe minoritaire qui interroge l'ensemble, à l'affût d'informations concernant son état général, et relaie des signaux au moment d'un seuil critique afin de déclencher une action appropriée et globale. Le système de gouvernance chez les abeilles se montre de plus en plus extraordinaire[122].

Consensus ou quorum ?

Au niveau de l'essaim, il y a une *prise* de décision quant au choix du logis et ensuite la *mise en œuvre* de cette décision au moment où les éclaireuses stridulent pour informer les non-éclaireuses qu'il serait temps de réchauffer leurs muscles de vol. Tout va bien ! Mais comment les éclaireuses savent-elles quand il est temps d'émettre des stridulations ?

Vu leur façon remarquable de danser sur l'essaim pour « argumenter » par rapport au site, suivie du déplacement vers ce site, l'on pourrait penser que les éclaireuses utilisent un semblant de consensus parmi leurs danseuses afin de démarrer le chant. Ce serait comme si les membres d'un groupe discutaient pour trouver un accord et, ensuite, savaient à quel moment il fallait passer à l'action. Selon cette idée, l'éclaireuse « voterait » en faveur d'un site en le dansant et ensuite les actions et les réactions feraient en sorte que les votantes se mettent d'accord en faveur d'un site de grande qualité (voir chapitre 5). Le contrôle continu de cette façon de voter assure que, dès le consensus des éclaireuses (quelques centaines), tout l'essaim (des dizaines de milliers) s'envole.

Cependant, deux faits mettent en question cette hypothèse séduisante. D'abord, ni Lindauer ni moi-même, ni qui que ce soit, n'a vu des éclaireuses en train de surveiller leurs compagnes de danse. Deuxièmement, Lindauer avait vu deux essaims sur 19 prendre l'envol sans consensus, c'est-à-dire avec deux fortes coalitions annonçant deux sites différents (par exemple, l'essaim du Balcon, voir fig. 3.4). Est-il possible que des désaccords de ce type soient des anomalies à ignorer ou fournissent-ils plutôt des indices de valeur à prendre en considération pour mettre à l'épreuve cette hypothèse ?

Je fis le choix d'en tenir compte et de mettre en route une série d'expériences avec mon ami Kirk Visscher (de l'université de Californie), qui partage la même passion pour les colonies d'abeilles et leurs façons de faire. Je l'avais rencontré à l'automne 1976, lors de son inscription au cours que je donnais à Harvard sur la biologie des insectes vivant en société. Très intelligent, il avait de bonnes connaissances sur les abeilles (transmises par son père apiculteur) et aussi en statistiques ; il savait également bricoler des gadgets de toutes sortes – un grand atout.

Le continent de l'Amérique du Nord (entre la côte est de New York et la côte ouest de la Californie) nous sépare actuellement, mais nous avons fait équipe à l'époque pour essayer de savoir si les éclaireuses d'un essaim seraient en mesure de pressentir un *quorum* (assez d'éclaireuses à l'un des sites) plutôt qu'un *consensus* (l'accord des danseuses sur l'essaim), avant de commencer à émettre leurs stridulations. L'hypothèse du quorum – d'une majorité – suppose qu'une éclaireuse « voterait » pour un site en y passant du temps et que le nombre d'éclaireuses augmenterait plus vite sur les meilleurs sites ; une forme de contrôle serait nécessaire pour estimer le nombre d'abeilles et ainsi reconnaître le seuil requis (*quorum*) afin d'initier le départ[123]. Ce postulat expliquerait les cas de désaccord au moment du départ : le quorum serait atteint pour l'un des sites avant que la compétition entre les danseuses pour des sites différents n'élimine tous les sites autres que le gagnant.

Nous avons testé les deux hypothèses avec des expériences sur l'île d'Appledore. Lors de la première, nous présentâmes une paire de nichoirs identiques offrant des sites superbes à quatre essaims (l'un après l'autre) afin de provoquer de forts débats et de voir s'ils décolleraient avant que les danseuses aient atteint le consensus. Chaque essaim fut placé au centre de l'île, sur le porche d'un bâtiment de la Garde côtière ; chaque nichoir fut placé près de la côte, à 250 mètres de distance de l'essaim, l'un au sud-est et l'autre au nord-ouest. Il s'agissait de recenser les éclaireuses à l'intérieur autant qu'à l'extérieur, et nous avions donc installé chaque nichoir contre une fenêtre occupant l'un des côtés d'une cabane totalement opaque (voir fig. 2.11). Ça a marché ! Nos quatre essaims découvrirent les nichoirs à peu près en même temps, pour ensuite engager un débat équilibré pour l'un et l'autre de ces sites attractifs, et puis décoller pendant que leurs éclaireuses étaient encore en train de danser vigoureusement pour les deux sites.

Le spectacle le plus significatif eut lieu le 7 juillet 2002. À 12 h 04, lorsque des douzaines d'abeilles annonçaient énergiquement par leurs danses les deux nichoirs, notre essaim s'envola et le grand nuage d'abeilles se divisa en deux ! Les deux groupes d'abeilles se rassemblèrent au nord et au sud du bâtiment et à 12 h 09 chaque groupe se mit à se diriger lentement vers « son » nichoir. Les deux groupes ne se déplacèrent que de 40 mètres (chacun vers son nichoir) avant de s'arrêter et, à 12 h 15 (le moment auquel la reine se retrouvait de nouveau sur le bâtiment), les deux groupes esquissèrent un mouvement de retour pour la rejoindre et l'entourer de nouveau.

Cette première expérience nous montre que le consensus parmi les danseuses n'est pas une condition *sine qua non* pour qu'un essaim engage le déplacement vers un nouveau domicile ; elle semble être en contradiction avec l'hypothèse du consensus pour informer les éclaireuses du bon moment pour striduler. En revanche, elle semble soutenir l'hypothèse du quorum. Effectivement, les essaims commençaient toujours leurs préparatifs à l'envol (leurs éclaireuses stridulaient) dès que 20 ou 30 abeilles se regroupaient à l'un des nichoirs ; d'habitude, il y avait entre 10 et 15 abeilles à l'intérieur et autant à l'extérieur. Ceci nous laisse penser que le système de prise de décision chez les essaims n'exige la présence que de 20 à 30 abeilles en même temps à l'un des sites potentiels ; ce serait donc le quorum. Il faut tenir compte du fait que les éclaireuses passent beaucoup de temps sur l'essaim et qu'un rassemblement de 25 abeilles auprès d'un site potentiel indique que le nombre total d'abeilles en visite et donc en soutien pour ce site serait entre 50 et 100.

Notre deuxième expérience sur l'île d'Appledore en juin et juillet 2003 portait sur l'hypothèse du quorum pour apprendre comment les éclaireuses savent quand il faut se mettre à striduler. Notre stratagème était d'en chercher la preuve en utilisant une prédiction critique : retarder la formation d'un quorum d'éclaireuses à un site choisi (sans perturber autrement le processus de prise de décision) devait retarder le début des stridulations. Si la prédiction se révélait erronée, l'hypothèse concernant le ressenti du quorum se trouverait invalidée.

Avec Kirk, nous avons mis au point une façon simple et efficace pour retarder la formation du quorum : une rangée de cinq nichoirs de qualité furent placés à proximité afin de disperser les visites des éclaireuses des deux essaims sur cinq emplacements plutôt que de les laisser se concentrer sur un seul (fig. 6.14). Un essai de contrôle, avec un seul nichoir, fut effectué pour chacun de ces deux essaims. Nous observâmes, alors, le temps qu'il fallait à l'essaim, dès qu'il avait découvert le site des nichoirs, pour se mettre à striduler et finalement à s'envoler vers le site. Les deux essais pour chaque essaim furent effectués en utilisant deux sites différents sur l'île. Chaque essai démarra de la même façon avec la découverte du nichoir attractif sur un nouveau site par une éclaireuse. Pour les quatre essaims que nous avons contrôlés, les éclaireuses concentraient leur attention sur le nichoir unique lors des essais à un nichoir et une foule d'abeilles s'y retrouvèrent rapidement mais elles se distribuèrent de façon égale parmi les boîtes multiples pendant les essais à cinq nichoirs et, par conséquent, les abeilles s'assemblèrent plus lentement à ces nichoirs. Le retard des stridulations et de l'envol des essaims vers l'ensemble des cinq nichoirs fut net par rapport à l'envol vers le nichoir unique au même site. Il fallut 162 et 196 minutes en moyenne entre la découverte du nichoir et l'envol pour les essais à un nichoir, contre 416 et 442 minutes pour les essais à nichoirs multiples. Nous avons noté que ne différèrent entre les deux groupes ni le temps consacré aux danses frétillantes ni le niveau du consensus : les abeilles furent toujours unanimes à danser pour un seul nichoir. Nous pouvons en conclure que la présentation

Fig. 6.14. L'ensemble des cinq nichoirs sur un site sur la côte est de l'île d'Appledore.
L'essaim est à 250 mètres de cet emplacement, au centre de l'île. L'assistant, Adrian Reich, est en train de compter les éclaireuses à l'extérieur de chaque nichoir.

de cinq nichoirs ne dérangea en rien le processus de prise de décision au niveau de la grappe, tout en ayant un effet de retard sur la production de stridulations et l'envol. L'hypothèse du quorum se trouve ainsi clairement soutenue.

Sur la base de nos expériences sur l'île d'Appledore en 2002 et 2003, Kirk et moi avons conclu que le quorum d'éclaireuses à l'un des sites proposés, et non le consensus, devait être la clé comportementale du déclenchement des sons et donc des préparatifs de l'envol. Mais comment concilier cette conclusion avec le fait que, au moment de l'envol, l'essaim doit disposer d'un consensus parmi ses éclaireuses afin de s'envoler, en tant qu'entité, vers le site choisi ? Une possibilité serait que la préparation à l'envol, qui prend d'habitude une heure environ, laisserait suffisamment de temps pour que l'effet de rétroaction positive (au niveau du recrutement pour le meilleur site) produise l'accord préalable nécessaire parmi les éclaireuses. Cependant, un autre élément pouvait jouer un rôle déterminant ; serait-ce possible que les stridulations – produites uniquement par les éclaireuses de retour à la grappe après leur inspection du site – informent les éclaireuses pour des sites perdants (sans quorum) que le débat est fini et qu'elles doivent cesser d'annoncer leurs sites[124] ? Cela aiderait certainement les éclaireuses à arriver au consensus, mais nous n'avons pas le moyen de savoir si tel est le cas.

Inconnue également reste leur manière de percevoir (peut-être visuellement) le quorum. Pour les êtres humains – et pourquoi pas pour les abeilles – le remue-ménage des éclaireuses à l'intérieur et à l'extérieur de la cavité (au moins autour de l'entrée) est facile à voir. Le contact entre les abeilles pourrait également fournir une indication quant à leur nombre à un site donné. L'on peut constater que, dès qu'il y a beaucoup d'éclaireuses sur un site, elles se mettent à se toucher, parfois même à esquisser des *buzz-runs* à l'intérieur et à l'extérieur du site potentiel, et à se bousculer. Il est théoriquement possible que le nombre et la vitesse de ces collisions, entre les éclaireuses (*buzz-runners* ou non) et les autres abeilles, renseignent sur le nombre d'éclaireuses présentes. Les éclaireuses qui se tiennent devant l'entrée d'un site potentiel s'éventent souvent avec leurs ailes et exposent leurs organes émetteurs d'odeurs ; ainsi elles relâcheraient les phéromones d'attraction (à l'odeur citronnée) dont le message est « Venez ! ». Vraisemblablement, cette diffusion de messages peut aider d'autres éclaireuses à trouver le coin recommandé ; il est possible que le niveau de ces phéromones d'attraction augmente selon le nombre d'abeilles présentes. Encore des sujets pour de futures études !

Pourquoi le quorum ?

Au premier abord, il semble étrange que les éclaireuses utilisent leur perception du quorum, plutôt que du consensus, pour savoir à quel moment il faut préparer l'essaim à l'envol vers sa nouvelle demeure. À bien y regarder, le consensus parmi les éclaireuses est indispensable pour assurer un envol réussi. Nous avons déjà vu ce qui se passe lorsqu'un essaim se divise en deux. Pour Lindauer, il s'agissait des essaims de Balcon et de Moosach et, pour Kirk et moi-même, de nos essaims d'Appledore en 2002. À chaque fois, la nuée d'abeilles se sépare en deux et ensuite chaque moitié « cale » en chemin avant de se rejoindre là où s'installe la reine éprouvée. C'est un cas de beaucoup de bruit pour rien.

Comment se fait-il que les essaims n'utilisent pas le système du consensus, évitant ainsi ce risque de division qui n'aboutit à rien ? Il est facile d'imaginer que la perception du consensus chez les éclaireuses puisse poser problème aux autres abeilles. Ce système demanderait que chaque éclaireuse, pour sonder les annonces de ses consœurs, traverse l'essaim en « lisant » les autres danses et en les comptabilisant. Par ailleurs, plus l'essaim serait grand et plus il y aurait de danses à compter. En revanche, la perception du quorum ne serait pas plus difficile avec un plus grand essaim parce que le quorum pourrait s'établir indépendamment de la taille de l'essaim.

Concernant la préférence donnée au quorum, il s'agirait peut-être d'une question de vitesse et de précision. Regardons d'abord la vitesse. Le quorum comme élément déclencheur pour les préparatifs à l'envol permettrait sa mise en œuvre dès l'expression du nombre requis de recommandations pour un site donné. Autrement dit, il n'y aurait pas besoin d'attendre un accord complet si la décision pouvait se prévoir avant. Au cas où le consensus serait l'élément déclencheur, l'envol serait d'autant plus retardé et les abeilles dépenseraient plus d'énergie (miel) dans l'attente. L'épuisement des réserves d'énergie serait considérable si l'attente du consensus obligeait l'essaim à ne décoller que le lendemain de la décision – rappelons-nous qu'un essaim ne décolle pas après 17 h 00 – et à passer une nuit (de plus) au froid.

Regardons maintenant la précision de cette méthode[125]. Il semblerait que le nombre requis pour le quorum soit de 20 à 30 abeilles présentes en même temps au site (une moitié dedans, une moitié dehors), ce qui implique un soutien actif d'environ 75 éclaireuses, puisque chacune ne passe qu'une partie de son temps sur place. Un quorum de 20 à 30 abeilles peut assurer une prise de décision juste et éviter la production de stridulations avant l'expression d'un nombre suffisant de recommandations pour le site en question. Le choix d'un mauvais site est peu vraisemblable en présence d'un meilleur site, car il n'attirerait pas un nombre suffisant d'éclaireuses. Afin de poursuivre ce raisonnement, imaginons qu'une éclaireuse commette l'erreur d'afficher un mauvais site en tant que bon site. Ses suivantes corrigeront l'erreur lors de leur examen individuel en s'abstenant de l'afficher ; ainsi cette mauvaise information se trouverait rapidement rectifiée, le nombre d'éclaireuses diminuerait rapidement et l'essaim rejetterait ce site de mauvaise qualité.

J'ai l'impression que la grandeur du quorum est une qualité qui, au cours de l'évolution, s'est affinée sans cesse vers l'équilibre entre des critères de vitesse (favorisée par un petit quorum) et de précision (favorisée par un grand quorum). La nécessité d'un équilibre entre les deux, permettant de déterminer le bon moment d'acter le choix, est bien illustrée par une histoire racontée par une de mes voisines. Il se trouve qu'elle est membre (*Friend*) de la communauté Quaker, *The American Friends Society*, un groupe religieux à la recherche d'une sagesse partagée, qui prend très au sérieux des décisions longuement et équitablement discutées par tous[126]. Il y a quelques années, lors d'un débat concernant un changement de lieu pour leurs rencontres, la décision se trouvait reportée de séance en séance par manque d'unanimité. Pourquoi ? Il s'agissait d'une seule dame âgée qui refusait de voter pour le lieu proposé et bloquait constamment la décision consensuelle. Si les membres avait adopté un quorum (décidé au préalable selon une majorité suffisante de l'assemblée) la décision aurait été prise en l'espace de quelques semaines, le temps d'examiner et de décider des mérites de toute éventuelle proposition. Seul le décès de l'amie en question a permis à l'assemblée de trouver un accord, quatre ans plus tard ! Cette façon de faire, qui demande une patience infinie – et donc un temps infini –, serait très risquée pour un essaim suspendu et sans protection dans l'attente d'un futur domicile.

7

Piloter le vol

« Much have I marvelled at the faultless skill
With which thou trackest out thy dwelling-cave,
Winging thy way with seeming careless will
From mount to plain, o'er lake and winding wave. »[9]

(Thomas Smibert, *The Wild Earth-Bee*, 1851)[127]

L'Écossais Thomas Smibert célèbre le vol de l'abeille et l'instinct sûr qui la guide à demeure après avoir visité des fleurs lointaines. Ses louanges sont bien méritées. Nous savons maintenant qu'une ouvrière sait naviguer de fleur en fleur à plus de 10 kilomètres de la ruche, une distance honorable pour une créature ne mesurant que 14 millimètres de long. Nous savons également que les bourdons et les abeilles retrouvent leur logis en utilisant des techniques de navigation semblables à celles utilisées depuis très longtemps par les marins au large des côtes afin de retrouver leur port d'attache : piloter dans la bonne direction avec un compas (pour les abeilles ce sera le Soleil), mesurer la distance couverte et, à l'approche du but, chercher des repères mémorisés[128]. Cette façon de s'éloigner sans se perdre est l'un des mystères qu'avaient sondés Karl von Frisch et Martin Lindauer dans les années 1950 ; d'autres biologistes ont depuis exposé la manière dont une abeille est guidée d'abord vers des fleurs, et ensuite – une fois la mission accomplie – vers son nid.

Entre-temps, l'énigme annexe concernant le pilotage d'un essaim entier vers son nouveau domicile n'a pas été examinée, négligée peut-être à cause de sa complexité époustouflante. D'une manière ou d'une autre, un nuage de la taille d'un bus, contenant quelque 10 000 insectes volants, arrive à se transporter d'un site intermédiaire vers une nouvelle demeure. Le parcours est habituellement de quelques centaines voire milliers de mètres, et traverse champs, forêts, collines, vallées, marais et lacs. Plus étonnant encore, l'essaim se guide vers un point spécifique dans le paysage, souvent un nœud d'arbre au cœur des bois. À l'approche de sa destination, il ralentit afin de se poser précisément et élégamment sur le seuil de son nouveau nid. Quel tour de force d'orientation collective ! Ces dernières années, l'introduction de la technologie vidéo digitale a permis de réaliser la collecte et le traitement de données afin de pister des abeilles individuelles au sein de l'essaim, et ainsi de démêler les mécanismes guidant leur vol. Dans ce chapitre, nous allons examiner ces mécanismes ; nous verrons que ce sont encore les éclaireuses qui jouent le premier rôle dans l'histoire.

---

[9] « Je trouve si merveilleux le talent impeccable / Avec lequel tu retrouves ta demeure, / Partant à tire-d'aile avec une insouciance apparente / Par monts et par vaux, par toutes les ondes. »

Chasseurs d'essaim

De retour dans ma famille à Ithaca, New York, l'été 1979, j'ai pu rejoindre mon mentor et ami Roger « Doc » Morse, professeur d'apiculture de l'université Cornell. Quelques années auparavant, aidé de l'un de ses étudiants, Alphonse Avitabile (actuellement professeur émérite à l'université du Connecticut), il avait constaté le rôle de la « substance royale » qui émane du corps de la reine[129]. Les ouvrières, lors de l'envol, continuent à contrôler la présence de la reine dans la nuée par l'entremise de cette phéromone (acide gras essentiel : *(E)-9-oxo-2-decenoic acid* ou 9-ODA), une composante importante des sécrétions des glandes mandibulaires. Tant que les abeilles de l'essaim peuvent sentir cette substance, elles continueront à encercler leur reine et à gagner le nouveau logis. Si la reine s'égare, ses sujets seront ainsi informés de sa défection et, cessant leur vol, se mettront à tournoyer jusqu'à la retrouver et l'entourer à l'endroit où elle a pu se poser. Tôt ou tard, l'essaim s'élèvera de nouveau dans les airs pour se diriger vers sa destination. Il est clair que les suivantes de la reine font très attention de ne point perdre sa trace.

Afin de vérifier que la phéromone 9-ODA est l'indicateur déterminant de la présence de la reine, Doc Morse et Al Avatabile conduisirent une expérience quelque peu cruelle. Ils installèrent des essaims artificiels en emprisonnant chaque reine dans une petite cage et déposèrent, juste avant l'envol, une petite pointe de 9-ODA sur le dos de cinq ouvrières ; les essaims s'envolèrent pour ne point revenir... ! L'expérience fut répétée avec, pour seule différence, le fait qu'aucune ouvrière ne reçut de phéromone ; les essaims s'envolèrent sur une cinquantaine de mètres avant de faire demi-tour et de se réinstaller autour de la cage de la reine. Voici la preuve que l'odeur particulière de la 9-ODA suffit à convaincre l'essaim que la reine est bel et bien « à bord ». Je ressens encore une certaine tristesse à l'idée de ces essaims orphelins dont la fidélité absolue à leur reine fut déjouée – au nom de la science – par cette élégante expérience.

À force d'observer la disparition des essaims traités avec de la 9-ODA, Doc finit par s'intéresser à leur façon de conduire le vol et, en 1979, il invita Kirk Visscher et moi-même à nous atteler au problème. L'île d'Appledore se présenta comme le lieu parfait pour suivre le parcours d'un essaim, notre objectif premier étant l'observation du vol du début à la fin[130]. L'emplacement du nichoir d'un essaim moyen (11 000 abeilles, apportées dans nos bagages) devait nous permettre de courir en dessous jusqu'au bout de son parcours. De véritables jungles de sumac vénéneux nous empêchaient de courir en dehors des pistes et des routes, toujours sinueuses, mais le parcours choisi (sur 350 mètres) fut suffisamment droit pour nous permettre de rester près de l'essaim pendant tout son voyage. Des piquets avec un drapeau balisaient le parcours (tous les 30 mètres) entre le nichoir et l'essaim, et l'heure de son passage devant chaque piquet fut notée afin de calculer la vitesse du vol à des moments précis.

Comme prévu, une éclaireuse trouva le nichoir et l'annonça avec ses danses ; rapidement les danseuses recrutées pour ce site dominèrent le débat. En attendant la fin de leurs délibérations nous appliquions une tache de peinture sur chaque danseuse pour pouvoir noter, toutes les cinq minutes, le pourcentage d'abeilles bleues visibles au site proposé. Ayant compté le nombre d'abeilles ainsi marquées (143, donc 29 %), il devint possible d'estimer qu'elles étaient 495 à avoir visité le nichoir (143 = 0,29 x 495). Nous constatâmes ainsi que moins de 5 % des 11 000 abeilles de l'essaim eurent connaissance du site avant l'envol.

Par la même occasion, nous avons appris des détails importants sur la vitesse du vol de l'essaim. La nuée d'abeilles resta pendant 30 secondes au-dessus du site provisoire avant de se déplacer lentement en direction du nichoir. Elle vola sur les premiers 30 mètres à moins d'un kilomètre par heure (0,8 km/h), accéléra régulièrement sur les 150 mètres suivants pour atteindre sa vitesse maximale (8 km/h) et ensuite « freiner » avant d'arriver au but. À 90 mètres du nichoir, l'essaim amorça une réduction de vitesse et finit par « piler » devant le nichoir, son centre se trouvant à moins de cinq mètres de l'entrée. Pendant deux minutes, de plus en plus d'éclaireuses apparurent à l'entrée (cinq après 20 secondes, 40 après 50 secondes, et plus de 100 après 90 secondes), et lâchèrent une phéromone (provenant de la glande de Nasonov) pour guider les abeilles moins informées vers leur nouvelle résidence. Encore trois minutes de plus et les abeilles se mirent à atterrir si vite qu'elles formèrent une couche épaisse sur le devant du nichoir ; aussitôt, cette masse se mit à tourbillonner autour de l'entrée avant d'y pénétrer en rangs serrés (fig. 7.1). Six minutes plus tard, la reine se faufila à l'intérieur, sans cérémonie, et 10 minutes à peine après leur arrivée, pratiquement toutes les abeilles avaient emménagé.

Je pris goût, ce jour, à chasser des essaims, mais ne poursuivis ces observations qu'un quart de siècle plus tard, l'été 2004, lorsque j'eus la chance de collaborer avec Madeleine Beekman, une comportementaliste néerlandaise. Madeleine venait de terminer des études postdoctorales en Angleterre aux côtés de mon ami Francis Ratnieks, un expert apicole reconnu, et s'était piquée de curiosité pour les mystères du guidage en vol. Nous avons passé l'été à étudier les essaims à Cornell ; son intelligence, sa diligence et sa gentillesse en faisaient la meilleure des collaboratrices. Elle travaille actuellement à l'université de Sydney, en Australie.

Fig. 7.1. Kirk Visscher (à gauche) et l'auteur (à droite) en 2006, qui regardent un essaim en train d'investir un nichoir sur l'île d'Appledore.

Nos installations précédentes sur l'île d'Appledore, avaient été quelque peu rudimentaires et nous cherchions le moyen de les améliorer. Nous voulions décrire le comportement de pilotage de façon plus précise et mener des expériences contrôlées[131]. Il nous semblait qu'un bon départ serait de faire voler des essaims dans le pré à côté de mon laboratoire à Liddell Field Station, tout près du campus de Cornell. Un très grand frêne (*Fraxinus americana*) déployait sa ramure au milieu de ce grand herbage (26 hectares), offrant un site idéal pour suspendre le nichoir censé attirer les essaims. Bien sûr, il ne manquait pas de sites attractifs au cœur des bois environnants, mais je savais que j'allais pouvoir prélever toutes les éclaireuses rebelles qui danseraient pour un site autre que mon nichoir, et ainsi maintenir l'attention de l'essaim. Tout marcha comme prévu. Nous avons fait voler un bon nombre d'essaims le long d'une trajectoire de vol (270 mètres) allant d'un site à proximité de mon laboratoire jusqu'au frêne. En balisant le parcours par des segments de 30 mètres, nous allions pouvoir calculer les variations de vitesse de chaque essaim. Les dimensions de l'essaim à l'envol furent mesurées à l'aide d'une sorte de « base de lancement » (20 m x 20 m) d'herbe tondue de près, et quadrillée de piquets distants de quatre mètres les uns des autres afin de mesurer l'envergure (la largeur et la longueur) de l'essaim à l'envol. Au milieu, un poteau de six mètres de haut portait des traits espacés d'un mètre afin de mesurer la hauteur de l'essaim pendant le vol (entre le niveau du bas et celui du haut). Des photos furent prises de chaque côté en vue d'une analyse ultérieure des schémas de déplacement des abeilles individuelles.

D'abord, trois essaims (chacun de 11 500 abeilles environ, la taille moyenne d'un essaim sauvage) furent observés. Lors du lancement, chaque essaim explosa en un nuage bourdonnant mesurant environ 10 mètres de long, huit mètres de large et trois mètres de haut, avec le bas à deux mètres au-dessus de l'herbe (non coupée) et juste au-dessus (heureusement) de nos têtes. En fonction de ces dimensions, les calculs montrèrent que les abeilles volaient à une distance de seulement 27 cm les unes des autres, c'est-à-dire avec une densité de 50 individus par mètre cube (fig. 7.2). Incroyable mais vrai – les abeilles n'entraient pas en collision.

Le schéma de vol des trois essaims correspondait aux résultats obtenus avec Doc et Kirk sur l'île d'Appledore. Chaque essaim démarra très lentement, accéléra de façon régulière vers sa vitesse de pointe à 6 km/h avant de freiner graduellement et de s'arrêter devant le nouveau domicile (fig. 7.3). Nous remarquâmes également un bref délai entre l'arrivée à destination et l'investissement, par un lâcher de phéromone, du trou d'entrée ; ce signal chimique accompli, le reste de l'essaim se condensa rapidement sur le nichoir. Il n'y eut aucune hésitation avant le mouvement vers l'intérieur ; 10 minutes plus tard, pratiquement toutes les abeilles avaient disparu. Chaque essaim n'a mis que 15 minutes pour exécuter sa migration – envol, vol, atterrissage et entrée –, le tout accompli avec précision et efficacité.

Celles qui mènent et celles qui suivent

Pour moi, le côté merveilleux de l'envol de l'essaim vers sa nouvelle demeure réside dans le fait que seul un tout petit nombre de ses membres connaît la route et la destination finale. L'expérience précédente (sur l'île d'Appledore) avait montré qu'avant l'envol moins de 5 % de l'essaim avait connaissance du nichoir et de son emplacement exact. Ce petit pourcentage fut confirmé ultérieurement par les résultats obtenus avec Susannah Buhrman lors des expériences – menées avec des abeilles étiquetées individuellement et

Fig. 7.2. Madeleine Beekman sous l'essaim qui se déplace vers la droite.

La barre orange qu'elle tient permet de mesurer une distance de 45 cm. Notez que les traits les plus longs en haut de l'essaim représentent les abeilles volant à grande vitesse.

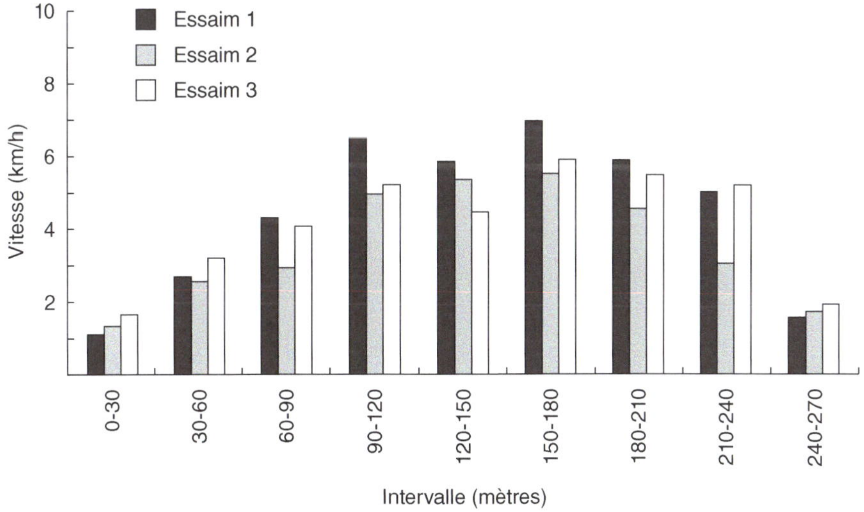

Fig. 7.3. Les vitesses de vol de trois essaims sur un parcours de 270 mètres vers un nichoir.

La vitesse maximale pour chaque essaim était entre 5 et 7 km/h. Lors de vols plus longs, les abeilles peuvent atteindre une vitesse de presque 12 km/h.

des enregistrements vidéo – afin de déterminer lequel des sites annoncés était recommandé par les danses de chaque éclaireuse. Pour les trois essaims étudiés, le pourcentage d'abeilles qui dansaient pour le site choisi ne fut que de 1,5 à 1,7 %. Sachant déjà que seulement 50 % des éclaireuses ayant visité un site l'affichent avec une danse (voir l'étude menée avec Kirk sur l'encodage de la qualité du site au chapitre 5), l'on peut conclure que seulement 3 ou 4 % des abeilles ayant visité le site savaient comment y aller. De toute évidence, lorsqu'un essaim va vers sa nouvelle résidence, il ne compte que sur un très petit nombre d'« experts » (400 individus sur 10 000 pour un essaim standard) qui jouent le rôle de guides ou meneurs. Quelles sont les modalités du système déterminant les abeilles qui mènent l'essaim et celles qui suivent ?

Trois hypothèses tentent d'expliquer comment une minorité informée arrive à guider une majorité ignorante[132]. La première hypothèse avance l'idée que ce transfert d'information est régi par un signal chimique. En 1975, un trio de scientifiques (Al Avitabile, Roger Morse et Rolf Boch) est en train de vérifier si la perception de la présence de la reine par les ouvrières dépend de l'émission de la phéromone 9-ODA. Ils proposent que la phéromone secrétée dans la glande de Nasonov, située au bout de l'abdomen de toute ouvrière (fig. 7.4), est ce qui guide les ouvrières vers leur reine ; elle serait ainsi lâchée par les éclaireuses devançant la nuée afin d'attirer et de diriger les non-éclaireuses dans la direction voulue[133].

Les deux autres hypothèses suggèrent que le transfert d'information s'opère par la vue, non par l'olfaction. L'hypothèse du « guide subtil », proposée en 2005 par une équipe de plusieurs scientifiques (des chercheurs de l'université de Princeton aux États-Unis et des universités de Leeds et de Bristol au Royaume-Uni : Iain Couzin, Jens Krause, Nigel Franks et Simon Levin), avance la théorie que les abeilles ne signalent pas la direction à

Fig. 7.4. Une ouvrière en train d'exposer sa glande odorifère afin de répandre sa phéromone d'attraction en baissant le dernier segment abdominal.

prendre mais pilotent l'essaim en prenant, elles-mêmes, la bonne direction[134]. La simulation informatique d'essaims en vol démontre que, si chaque abeille (1) tente d'éviter une collision en se détournant de ses voisines en deçà d'une distance critique, (2) a tendance à se rapprocher de ses voisines et s'y aligner au-delà de la distance critique, (3) vole soit selon une direction choisie (abeilles informées), soit sans avoir de direction de préférence (abeilles ignorantes), il s'ensuit que l'essaim sera dirigé vers son nouveau nid malgré une très petite proportion d'abeilles informées. Il est remarquable que chez les grands groupes d'abeilles, la proportion d'abeilles informées est parfois en dessous de 5 %. Cette théorie mérite réflexion, car elle indique que les abeilles n'auraient peut-être pas besoin de savoir qui, dans l'essaim, connaît la route.

Une deuxième théorie basée sur la vue, nommée l'hypothèse du « *streaker bee* »[r] (des abeilles volant à très grande vitesse) fut esquissée en 1955 par Martin Lindauer. Dans la toute dernière partie de son *magnum opus* sur les abeilles chasseuses de logis, il souligne avoir vu que : « il y a toujours plusieurs centaines d'abeilles en vol rapide qui se ruent vers l'avant de la nuée, c'est-à-dire vers le site choisi. Tandis que la nuée suit la même direction, ces guides volent lentement sur les bords et vers l'arrière de l'essaim avant de repartir vers l'avant à toute vitesse. »[135] Cette hypothèse postule que les abeilles informées donnent un signal visible, indiquant le bon chemin en répétant des « sprints » vers l'avant. Selon l'hypothèse du guide subtil, les abeilles, qu'elles soient informées ou ignorantes, volent toutes à la même vitesse. L'hypothèse du *streaker bee* est différente en ce que les abeilles préfèrent s'aligner avec les abeilles rapides plutôt qu'avec leurs voisines indifférenciées[136]. Ainsi, les différences clés entre ces deux dernières hypothèses reposent sur : (1) le fait que les abeilles informées (meneuses) indiquent le chemin avec leur sprints – ou non ; et (2) le fait que les abeilles ignorantes (menées) préfèrent s'aligner avec les rapides – ou non.

Difficile de se mettre au parfum...

Suite à notre travail descriptif des essaims de Liddell Field Station, Madeleine et moi-même avons voulu tester l'hypothèse concernant l'émission d'une phéromone d'attraction comme moyen de guider l'essaim. Il fallait donc préparer des essaims dans lesquels la glande odorifère de chaque ouvrière serait scellée, afin de voir si ces essaims étaient encore en mesure d'accomplir un vol réussi à la bonne vitesse, le long d'une piste appropriée, près de mon laboratoire[137].

La glande de Nasonov (constituée de plusieurs centaines de cellules) est nommée d'après un scientifique russe, le premier à la décrire en 1883 ; elle se trouve sous la surface dorsale de l'abdomen, sur le bord avant du dernier segment. Son canal s'ouvre sur la membrane qui relie les deux dernières plaquettes (tergites) couvrant le dessus de l'abdomen (fig. 7.5). La sécrétion – composée de citral, de géraniol et d'acide nérolique – émet un agréable arôme citronné. D'habitude, cette région est cachée par les tergites qui se chevauchent, mais si l'abeille bascule le segment apical (terminal), elle découvre la membrane et répand l'odeur. Il est possible, avec un pinceau très fin, d'appliquer un peu de peinture sur l'articulation entre les segments qui, en séchant, va les coller ensemble et empêcher l'abeille d'exposer la glande[138].

[r] NdT : « *Streak of lightening* » en anglais signifie « un éclair » et comporte la notion de rapidité.

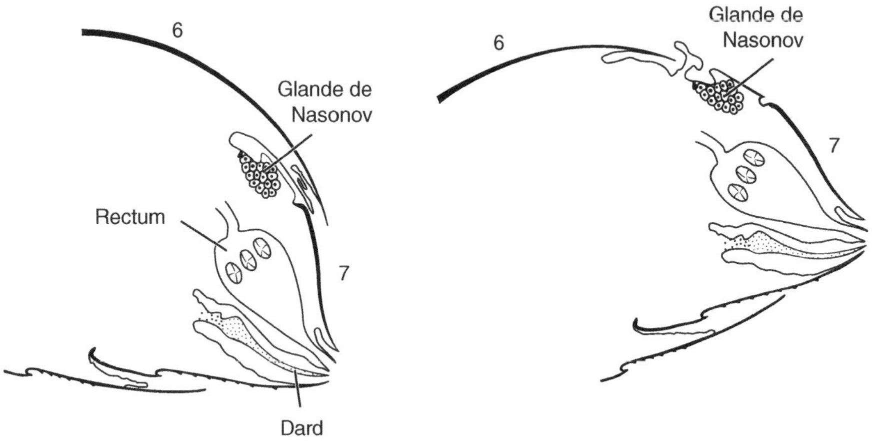

Fig. 7.5. Deux sections transversales de l'abdomen d'une ouvrière, montrant (à gauche) la glande odorifère en position de repos et (à droite) la glande exposée en levant l'abdomen et basculant le dernier segment.

Six et sept sont les téguments durs des 6e et 7e segments abdominaux (tergites).

Nous essayâmes plusieurs sortes de peinture. Les premières se craquelèrent en séchant, laissant se répandre les phéromones mais, finalement, une laque nous donna l'effet escompté en scellant définitivement les deux derniers segments. À partir de ce moment décisif les abeilles furent préparées selon une procédure standard. Des groupes de 10 à 20 abeilles furent immobilisées, ensachées et mises au réfrigérateur dans un premier temps, puis mises sur glace pour bien les engourdir avant l'application de la laque sur la glande de Nasonov. Ensuite les abeilles (encore immobiles) furent versées dans une cage à partition (avec leur reine) afin de les réchauffer suffisamment avant de les intégrer dans l'essaim artificiel que nous étions en train de créer ; 4 000 abeilles furent peintes de la sorte pour constituer un petit essaim expérimental. Afin de contrôler les possibles effets du froid, de la peinture et de la manipulation, d'autres essaims identiques furent créés, à la seule différence que la laque fut appliquée sur le thorax et non sur l'abdomen.

Au final, nous avons fait voler six essaims, dont trois expérimentaux et trois de contrôle. Les deux types d'essaims formèrent des nuées équivalentes (huit mètres de long et de large, trois mètres de haut). Plus important, tous les essaims volèrent directement et rapidement au nichoir ! Nos petits essaims reproduisirent la performance des grands essaims précédents : accélération sur 90 mètres ; vitesse maximale atteinte à une distance de 90 à 120 mètres du départ ; décélération entre 210 et 240 mètres du départ ; vol ralenti sur 30 mètres ; arrêt final au nichoir. Les vitesses maximales des essaims expérimentaux furent de 6,7 km/h, 3,6 km/h et 6,8 km/h, tandis que celles des essaims de contrôle furent de 6,7 km/h, 6,4 km/h et 7,2 km/h. Le vol du deuxième essaim expérimental fut ralenti par un fort vent contraire, tandis que les autres essaims ne rencontrèrent qu'une légère brise. En revanche, il y eut une différence notable entre les deux types d'essaims au niveau du temps qu'il fallait pour entrer dans le nichoir. Les essaims expérimentaux mirent beaucoup plus longtemps à y entrer (20 minutes par rapport aux neuf minutes requises, en moyenne, pour les essaims de contrôle). Pourquoi ? Certainement parce que les éclaireuses ne pouvaient pas guider leurs compagnes de vol vers l'entrée. Elles étaient incapables de la marquer avec la phéromone de la glande de Nasonov, mais non pour ne point avoir essayé. Elles se postaient devant l'entrée

Fig. 7.6. Des abeilles devant le nichoir, la glande odorifère fermée, qui tentent de lâcher les phéromones de Nasonov.

– l'abdomen en l'air et les ailes vibrantes – mais elles n'arrivaient pas à plier leur dernier segment abdominal pour exposer la glande et laisser répandre la phéromone (fig. 7.6). Afin de nous assurer de la véracité de cette déduction, 250 abeilles de chaque essaim expérimental furent examinées dès leur entrée dans le nichoir, dont seulement 1 % montrait des fissures dans la laque. Vu que les essaims expérimentaux avaient exécuté leur plan de vol de façon aussi impeccable que les essaims de contrôle (l'atterrissage mis à part, clairement influencé par le rôle de la glande), nous avons pu conclure que pendant le vol les éclaireuses informées n'utilisent pas la phéromone secrétée par la glande de Nasonov pour guider leurs sœurs.

Les abeilles TGV

Maintenant, nous voulions tester l'hypothèse de l'abeille ultra-rapide (*streaker bee*). Nous étions certains d'avoir vu chez nos essaims exactement le même comportement que celui rapporté par Lindauer. La plupart des abeilles se déplaçaient assez lentement à l'intérieur de la nuée en faisant de petits « loopings », mais quelques-unes filaient droit vers l'avant, en direction du site réquisitionné. Il nous semblait que les abeilles ultra-rapides passaient plutôt en haut de l'essaim, mais sans en avoir la certitude et sans disposer de données pour le démontrer[139]. Pour vérifier nos observations oculaires, nous avons utilisé une caméra 35 mm qui pouvait prendre des images fixes en filmant au ralenti (vitesse DIN 64), avec un temps d'exposition long (un trentième de seconde). Toute la nuée fut capturée en photo, les abeilles individuelles apparaissant comme de petits traits sombres sur fond clair (voir fig. 7.2). La longueur de chaque trait permit de calculer la vitesse de vol, et son angle donna l'orientation par rapport à l'horizontale. Ces images montrent, sans aucun doute, qu'une petite minorité d'abeilles traversent l'essaim à leur vitesse maximale (34 km/h), disséminées parmi la grande majorité qui prend son temps. Les traits horizontaux indiquent le vol des abeilles rapides qui filent à toute vitesse et vers le haut de la nuée ; il semble logique que celles qui donnent des informations volent au-dessus de leurs sœurs afin de se rendre visibles, profilées contre la clarté du ciel.

Pister les abeilles à l'aide d'algorithmes

L'étude photographique effectuée avec Madeleine en 2004 soutient fortement l'hypothèse de l'abeille ultra-rapide, mais sans examiner rigoureusement ce qui la diffère de l'hypothèse du guide subtil. Les photos prises de profil ne nous renseignent pas sur le sens du vol des abeilles rapides, que cela soit en direction du nouveau site ou le contraire, ou à un angle quelconque entre les deux. La clé de voûte de l'hypothèse exige de savoir si les abeilles à grande vitesse volent principalement vers le nouveau logis, ou non. Il y a une prédiction différente pour chaque hypothèse ; celle du guide subtil prédit que les abeilles ultra-rapides n'iront pas dans le sens de la marche, selon le postulat que les vols rapides ne signalent pas la direction à prendre. La prédiction de l'abeille *streaker,* par contre, prédit que le vol rapide signalera la direction du site recherché comme étant l'indication donnée par les abeilles informées aux abeilles ignorantes. Nous pouvons supposer que certaines abeilles rapides seront informées et indiqueront le chemin et que d'autres seront leurs sœurs ignorantes réagissant à leur message.

En 2006, la technologie du moment nous donnait la possibilité de mesurer la position de chaque abeille volante, sa direction et sa vitesse, et de confirmer notre hypothèse : les rapides savent où elles vont et entraînent les autres. Les deux experts qui développèrent les outils ingénieux pour pister les abeilles en vol sont Kevin Passino, professeur en génie électrique et informatique de l'université de l'Ohio et un étudiant brillant de deuxième cycle, Kevin Schultz.

La vie académique offre des avantages tels que l'occasion de visiter d'autres facultés et de rencontrer des gens remarquables avec lesquels il est possible de partager une passion, une quête intellectuelle, une découverte. J'ai rencontré Kevin Passino lors d'un séjour en tant que conférencier à l'université de l'Ohio au printemps 2001. Le hasard a fait que je croise Kevin et que je détecte ses dons et ses dispositions pour qu'il embarque avec moi dans un « joint-venture » scientifique. J'avais trouvé quelqu'un qui dessinait des systèmes de contrôle automatique pour des applications technologiques et aimait s'inspirer des systèmes biologiques. Je devais découvrir que le biomimétisme est un domaine de recherche très « tendance » parmi des ingénieurs automaticiens. Les dispositifs de contrôle automatique chez des organismes vivants sont exceptionnellement puissants et robustes pour avoir été testés et réajustés par la sélection naturelle pendant des millions d'années. Je me souviens que le résultat de notre première entrevue fut la décision de faire équipe. Déjà nous étions tous les deux branchés sur les dilemmes de la répartition des forces à l'œuvre au niveau du butinage et du système de guidage du vol chez les abeilles. Parlant des abeilles, Kevin admettait volontiers qu'elles avaient élaboré « un stratagème de contrôle collectif pour des véhicules autonomes »[140] et se disait partant pour en explorer les possibilités.

Maintenant que Madeleine Beekman et moi avions réfuté l'hypothèse d'une phéromone qui guiderait le vol, et publié les résultats de notre analyse photographique confirmant l'existence d'abeilles ultra-rapides dans l'essaim, Kevin se rendit compte qu'il fallait un enregistrement vidéo de l'essaim pris en contre-plongée par une caméra à haute définition. Il avait l'intuition qu'avec la toute nouvelle technologie d'algorithmes de recherche de point de puissance (*point tracking*) – inventée par des ingénieurs travaillant en imagerie numérique – il serait possible de tracer le vol d'abeilles individuelles en fonction de la position, la vitesse et la direction. Sur ces entrefaites, Kevin achète la caméra requise et nous rejoint, Kirk Visscher et moi-même, pendant l'été 2006 à l'île d'Appledore. Nous installons un essaim près de la station du garde-côte au centre de l'île, plaçons un nichoir attractif sur la côte est, distant de 250 mètres, et rechargeons les piles de la caméra. Nous voulons obtenir un enregistrement digital de l'essaim à deux endroits précis lors de son vol directement au-dessus de la caméra : d'abord à 15 mètres du bivouac (juste après l'envol et avant la prise de vitesse), puis à 60 mètres (bien après le démarrage, avec une bonne vitesse de vol). La camera est équipée d'un objectif à grand angle capable d'inclure la quasi totalité de la largeur de la nuée, mais pas tout à fait de sa longueur. La vitesse d'obturation élevée (un dix millième de seconde) nous fournit des images où chaque abeille est représentée par une petite tache et non un long trait. Notre plus grand handicap est le vent, qui balaye l'île et empêche les essaims de voler tout à fait au-dessus de la caméra, les faisant dévier de la ligne directe empruntée sans problème par temps calme. L'île d'Appledore, à 10 kilomètres de la côte du Maine, est totalement exposée au vent, à tel point qu'en 2007, le Shoals Marine Laboratory érigea une éolienne de 27,5 mètres de haut afin d'emmagasiner un peu de cette énergie. Aujourd'hui, le laboratoire puise l'essentiel de son énergie à cette source illimitée. Le 29 juin et le 2 juillet 2006 le temps est merveilleusement calme ; nos deux essaims volent directement au-dessus de la caméra aux deux points choisis (à 15 et à 60 mètres du point de départ) sur le trajet du nouveau site de nidification.

Ces deux séries d'enregistrements fournissent des données pour le doctorat de Kevin Schultz ; pendant les deux années suivantes il travaille sur un algorithme digital pour la saisie semi-automatique des données[141]. Pour une image donnée, il s'agit d'examiner chaque petite tache ovale (abeille) et de noter son orientation (l'angle entre l'axe principal et le bas de l'image), et de l'identifier dans la deuxième image, dans la troisième, et ainsi de suite. Pour identifier les abeilles individuellement, il faut comparer la position et l'orientation de chaque tache, image par image, afin de constituer la trajectoire détaillée lorsque leur vol passe dans le champ de la caméra. La taille de chaque tache (la longueur de l'axe principal) fournit des indications sur la distance de l'abeille au-dessus de la caméra. Ainsi, les abeilles en haut et en bas sont distinctes ; il est même possible de restituer le vol individuel d'une abeille en trois dimensions. Quel tour de force!

Il est difficile de mettre en mots le saut quantique opéré entre le fait de regarder des milliers d'abeilles virevoltant dans les airs au-dessus de nos têtes de façon apparemment aléatoire, et le fait d'étudier les graphiques qui montrent l'ordonnancement précis de leurs parcours. Avant que Kevin P. et Kevin S. ne dessinent leur système de pistage vidéo numérique, personne n'y avait accès. La capacité visuelle de l'être humain est un monument d'informatisation au niveau biologique nous permettant de reconnaître, par exemple, un visage que nous n'avons pas vu depuis des années, mais le mouvement de tant de choses à de telles vitesses dépasse même ces possibilités de traitement et d'intégration.

L'analyse des enregistrements montre clairement l'image du vol où, effectivement, les abeilles rapides font leurs sprints en direction du site connu d'elles seules. En regardant la figure 7.7 qui montre la vitesse de vol des individus par rapport à la direction, nous pouvons voir que les abeilles les plus rapides filent directement « à la maison », tandis que les plus lentes volent en sens contraire. En comparant les tracés pour le haut et le bas de l'essaim, l'on peut voir que les rapides volent principalement en haut, confirmant ainsi ce que montrent les photos de profil que nous avons prises avec Madeleine. Il est intéressant de constater que les pics de vitesse sont plus grands pour la partie avant de cette longue nuée que pour la partie arrière ; les abeilles les plus rapides ont donc tendance à devancer les autres. L'analyse fastidieuse des vitesses individuelles faite par

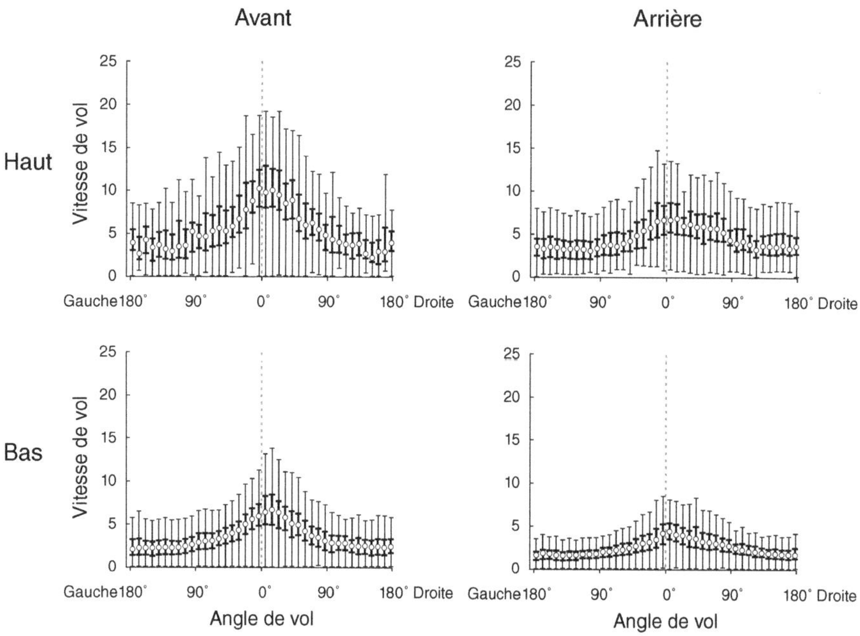

Fig. 7.7. La vitesse de vol par rapport à l'angle de vol pour des abeilles dans un essaim en plein vol à 15 mètres du bivouac.

Les abeilles avec un angle de vol de 0° volent droit vers le nouvel habitat ; toutes les autres volent à des angles différents, à droite ou à gauche de la direction en ligne droite du nouveau site. Les mesures sont groupées selon quatre régions de l'essaim : l'avant et l'arrière de la couche supérieure et de la couche inférieure de la nuée. La partie en gras de chaque ligne verticale indique la fourchette des 50 % des mesures les plus proches de la valeur médiane (indiquée par le cercle sur chaque ligne) ; la portion fine indique la fourchette de 50 % des mesures les plus éloignées de la ligne médiane. L'unité de vitesse est une longueur d'abeille par image vidéo.

Kevin S. indique que les abeilles qui volent vers le site, non seulement volent à de plus grandes vitesses, mais aussi accélèrent en passant de l'arrière vers l'avant de l'essaim. Vraisemblablement, une partie de cette augmentation de vitesse est le résultat des abeilles ignorantes qui réagissent par rapport aux abeilles informées (et plus rapides) et se mettent à les suivre. Si cela est le cas, les informations concernant le sens du vol (exprimé par la direction du vol des abeilles rapides) et la vitesse « boostée » doivent passer aux abeilles ignorantes qui, à leur tour, entrainent d'autres abeilles ignorantes dans la bonne direction, et ainsi de suite. Il serait donc question d'une réaction en chaîne qui expliquerait cette augmentation globale de vitesse (voir fig. 7.3) que peut constater tout apiculteur qui tente de courir après un essaim fugitif.

Forts de ces preuves, que les abeilles qui mènent l'essaim vers le nouveau site volent plus vite que les autres, Kevin Passino, Kevin Schultz et moi-même arrivâmes à la conclusion que ce sont les *streaker bees* et non les guides subtils qui pilotent le vol de l'essaim (fig 7.8). Néanmoins, nous souhaitions tester cette hypothèse plus rigoureusement, en mettant en place une expérience semblable à celle de l'obturation de la glande odorifère pour voir le rôle de la phéromone d'attraction. Il s'agirait de bloquer la source supposée de guidage pour voir si l'essaim serait ainsi incapable d'accomplir un vol bien orienté et à pleine vitesse vers sa destination. Malheureusement, personne n'a encore réussi à empêcher les abeilles informées de faire un vol rapide. Madeleine Beekman a déjà essayé de couper un millimètre du bout des ailes des éclaireuses – une procédure déjà connue pour réduire la vitesse du vol – mais elle a vu que cet acte de chirurgie empêchait les abeilles de poursuivre leur travail d'éclaireuse. Il se peut qu'une autre ruse fasse l'affaire : par exemple, coller de minuscules pales ou cordelettes pour réduire le profil aérodynamique et ainsi la vitesse de vol ; ou encore trouver des abeilles mutantes qui volent lentement... Quiconque trouverait un moyen d'empêcher les éclaireuses de faire de la vitesse aura préparé la voie à une belle expérience.

Entre-temps, Madeleine Beekman et deux étudiants, Tanya Latty et Michael Duncan, ont réussi à tester l'hypothèse de l'abeille ultra-rapide d'une autre manière[142]. Lors de leur expérience astucieuse, ils firent traverser la nuée par de nombreuses éclaireuses à un

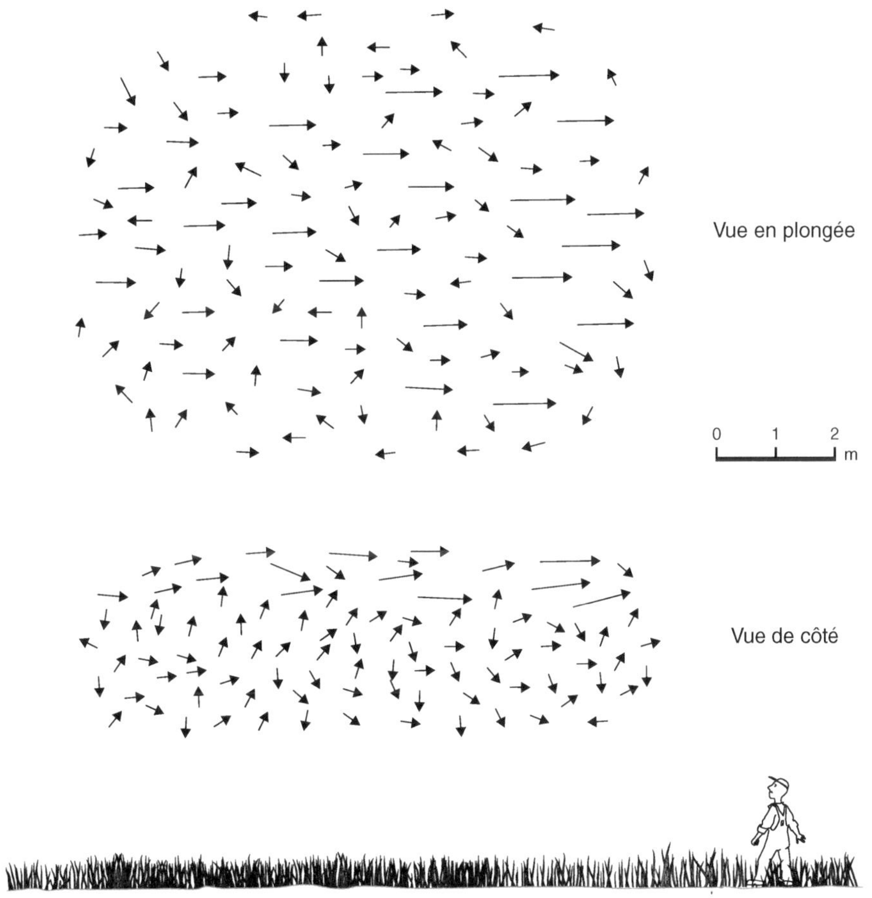

Fig. 7.8. Schéma des vecteurs de vélocité des abeilles dans un essaim qui vole vers la droite.

Les abeilles à très grande vitesse (*streakers*) se trouvent surtout en haut de l'essaim. Les vecteurs de vélocité ne sont montrés que pour une petite proportion des abeilles.

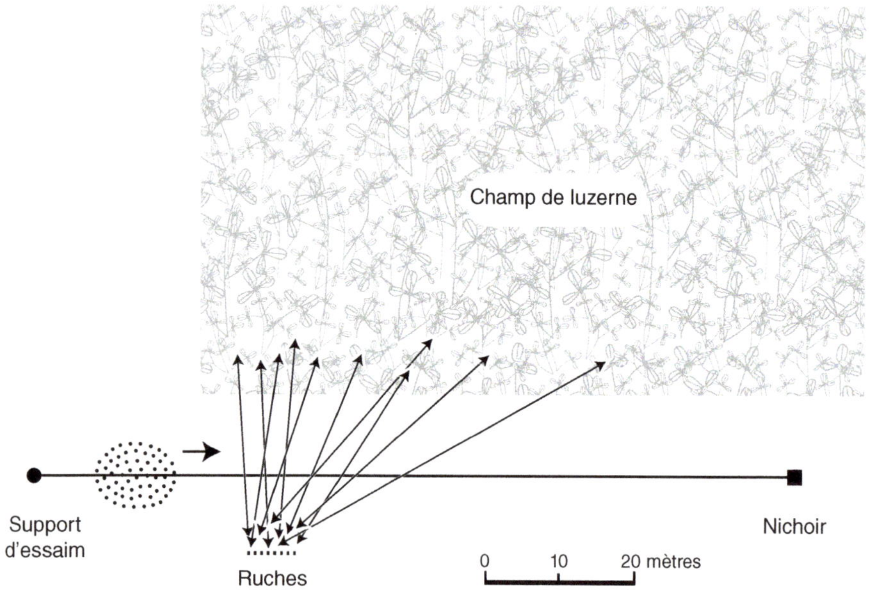

Fig. 7.9. Plan d'une expérience pour tester l'hypothèse de l'abeille *streaker* en obligeant les abeilles à rapidement traverser, à angle droit, un essaim en plein vol afin de voir si la direction de celui-ci en serait perturbée.

Les abeilles qui traversent la nuée sont des butineuses sorties d'une batterie de huit ruches pour aller récolter du nectar dans un champ de luzerne à proximité.

angle perpendiculaire à la trajectoire prévue (fig. 7.9). Si leur hypothèse était correcte, les éclaireuses arrivant latéralement devaient perturber l'essaim en apportant des informations contradictoires quant au sens du vol. C'est ce qui se passa. Six essaims tentaient de rejoindre un nichoir à 100 mètres malgré l'incursion de butineuses qui les traversaient (à tout va et dans les deux sens) ; un seul essaim arriva intact au nichoir, mais après avoir été dévié de sa trajectoire. Les cinq autres essaims se mirent en route comme d'habitude, se dirigèrent vers le nichoir mais, en étant traversés par la ruée des éclaireuses, soit ils se disloquèrent, soit ils dévièrent complètement. En revanche, les quatre essaims de contrôle (identiques aux essaims expérimentaux), qui ne rencontrèrent pas de circulation croisée, volèrent sans incident jusqu'au nichoir. Clairement, la perturbation du pilotage des essaims expérimentaux fut due à l'information visuelle trompeuse causée par l'incursion de butineuses dans les nuées tourbillonnantes.

Rassembler les copilotes

Beaucoup de questions restent sans réponse concernant les étonnants voyages des abeilles. Comment le groupe met-il le frein quand il arrive à 100 mètres de la nouvelle résidence ? Comment les éclaireuses informées effectuent-elles leurs vols répétés et rapides à travers la nuée ? Les éclaireuses s'arrêtent-elles lorsqu'elles arrivent à l'avant de la nuée pour laisser passer les autres, où passent-elles discrètement à l'arrière en volant au ras de la végétation où elles sont peut-être partiellement invisibles ? Sans parler du mystère que représente le moment critique où l'essaim s'assure qu'il détient son quota d'abeilles connaissant le chemin avant de se lancer vers sa nouvelle vie.

Il est frappant que, dans les faits, toutes les abeilles ayant visité le site choisi – étant donc en capacité d'y conduire l'essaim – abandonnent la demeure future pour se rassembler sur la grappe peu de temps avant son envol. Je vis ce phénomène pour la première fois en août 1974, en regardant un essaim accomplir tout le processus de recherche de site. J'avais installé un essaim artificiel et un nichoir derrière la maison de mes parents, au milieu d'un champ de verges d'Aaron (*Solidago* spp.) et de pins blancs (*Pinus strobus*), dont un sujet fut le support du nichoir. J'eus de la chance ; les abeilles choisirent l'humble demeure que je leur proposais. Bientôt, je courais sans arrêt sur les 150 mètres séparant le nichoir de l'essaim afin de surveiller le groupe de danseuses enthousiastes sur la grappe sans négliger l'attroupement grandissant d'abeilles qui scrutaient le nichoir. Au milieu de l'après-midi, j'eus un choc : le nombre d'abeilles autour du nichoir avait chuté de 25 (15 minutes plus tôt) à deux ou trois, et puis rien ! Cet effondrement de l'intérêt manifesté pour le nichoir me déconcerta ; mais en jetant un coup d'œil au bivouac, j'aperçus une boule d'abeilles, étincelantes et tourbillonnantes, qui « roulait » en ma direction à travers le champ ensoleillé. Évidemment, les éclaireuses avaient abandonné le nichoir pour prendre place dans la grappe en prévision du départ.

Désormais, je me suis toujours fié à la baisse du nombre d'éclaireuses sur le site comme signe que l'essaim est arrivé au bout de son processus de prise de décision et s'apprête à s'envoler (voir fig. 4.5 et 4.7). Il semble logique que les éclaireuses retrouvent l'essaim avant le départ, étant donné que seulement entre 3 à 4 % de ses membres peuvent connaître son plan de vol ; il est nécessaire d'avoir cette petite minorité de navigateurs « à bord ». Toujours est-il que le mécanisme de ce regroupement demeure inconnu. Est-ce l'effet d'un simple retour à l'essaim où les éclaireuses recevraient des signaux invitant à l'envol – des *buzz-runs* ou des stridulations, ou les deux – ou est-ce l'effet d'un signal inconnu d'un départ imminent donné auprès du nichoir ? Je suis persuadé que l'essaim détient un dispositif secret, une astuce, afin d'assurer le nombre requis d'abeilles informées et donc capables de le piloter, sain et sauf, jusqu'à sa nouvelle demeure.

8

Une entité cognitive

« I'm a systems neurobiologist who studies how the three pounds of goo we call a human brain makes decisions. »[s]

(William Newsome, 2008)[143]

Les six chapitres précédents décrivent ce que nous savons sur cette masse d'abeilles – qui pèse trois livres et que nous appelons un essaim – quant à sa façon de décider où sera construit son nouveau logis. D'abord, il y a le mystère d'une grappe d'abeilles au cerveau minuscule, suspendue à sa branche et qui sait faire le bon choix de la future habitation et agir en temps voulu pour exécuter sa décision. Ensuite, les observations et les preuves démontrent chaque mécanisme relatif à la recherche de logis – un enchevêtrement ingénieux et sophistiqué de comportements, de systèmes de communication et de boucles de rétroaction. Tout au long de ce livre, nous avons pu constater que l'essaim est un corps décisionnel démocratique qui se prête facilement à l'analyse parce qu'il est possible de voir ce que font les individus pendant que l'ensemble conduit le processus de prise de décision. C'est une chance incroyable que toutes les actions importantes au niveau individuel se passent au vu et au su de tous – soit à la surface de l'essaim, soit sur les sites potentiels – et non au cœur obscur de la masse d'abeilles. Il est important d'avoir compris tous les tenants et les aboutissants de ce processus de recherche ; maintenant il est temps de prendre du recul et d'en faire la synthèse en passant en revue les caractéristiques principales de l'essaim en tant que système de prise de décision.

À cet effet, il nous sera utile de comparer les connaissances actuelles sur les mécanismes décisionnels au niveau à la fois des abeilles et du cerveau des primates. La comparaison peut sembler étrange, car l'essaim et le cerveau représentent des systèmes biologiques dont les sous-unités – les abeilles et les neurones – diffèrent énormément les unes des autres. Ces systèmes, cependant, sont fondamentalement similaires : les deux représentent des entités cognitives façonnées par la sélection naturelle et disposant des compétences requises pour l'acquisition et le traitement d'informations afférentes à une prise de décision. Par ailleurs, les deux sont des systèmes démocratiques, c'est-à-dire sans décideur attitré muni de connaissances synoptiques ou d'intelligence exceptionnelle qui dirigerait le groupe vers le plan d'action optimal. Au lieu de cela, chez l'essaim et aussi dans le cerveau, le processus de prise de décision se trouve largement diffusé parmi un ensemble d'unités de traitement de données, chacune ne disposant que d'une toute petite fraction du corpus d'informations nécessaire pour porter un jugement collectif[144]. Nous verrons que la sélection naturelle a modelé l'essaim et le cerveau des primates d'une manière étonnamment similaire, avec une instance de prise de décision de

[s] « Je suis un neurobiologiste systémicien qui regarde comment ces trois livres de gelée, que nous appelons le cerveau humain, peuvent prendre des décisions. »

première qualité constituée d'un ensemble d'individus peu informés et d'une capacité cognitive limitée. Ces ressemblances dessinent des lignes directrices pour la construction d'une unité cognitive complexe à partir d'éléments beaucoup plus simples.

La prise de décision – un cadre conceptuel

En substance, la prise de décision est un processus par lequel des informations sont acquises et traitées avant d'opérer un choix entre au moins deux possibilités. Un essaim d'abeilles réalise ce processus lorsqu'il obtient des informations sur les qualités respectives d'une douzaine (ou plus) de sites potentiels, les traite et finit par sélectionner le site le plus apte à lui servir de lieu de nidification. L'expérience suivante fournit un bon exemple d'un cerveau de primate qui opère un choix demandant une décision du même ordre. Un singe, mis devant un écran de visualisation de points blancs se déplaçant principalement de façon aléatoire sur un fond noir, doit décider dans laquelle des deux directions une petite partie de l'ensemble des points se déplace de façon cohérente (fig. 8.1)[145]. Il a déjà été entraîné à reconnaître le sens du déplacement et à le signaler en faisant des mouvements oculaires à droite ou à gauche selon sa perception. La quantité (pourcentage) de points se déplaçant en cohérence varie selon la qualité de l'information que l'on veut présenter, rendant la prise de décision plus ou moins difficile.

Pendant que nous, les biologistes comportementaux, étions en train d'étudier les mécanismes décisionnels au niveau des abeilles individuelles, les neuroscientifiques en faisaient autant pour comprendre le fonctionnement au niveau des cellules individuelles.

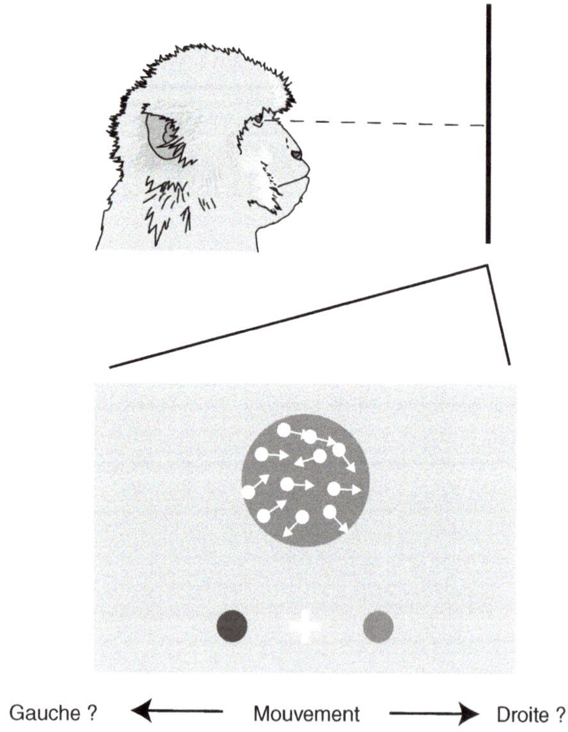

Fig. 8.1. Le schéma d'une tâche de discrimination perceptuelle dans laquelle un singe indique son jugement à propos de la direction de mouvements cohérents figurant dans une présentation de points mobiles.

Il indique sa perception de mouvement vers la gauche ou la droite avec un mouvement oculaire allant d'un point fixe (la croix blanche) à l'une ou l'autre des deux cibles (ronds gris) qui sont alignées le long de l'axe du mouvement cohérent.

Le progrès le plus remarquable dans le décryptage de la base neuronale de la prise de décision chez les humains fut accompli en étudiant des singes (des humains de substitution). Ainsi, en présence d'un bruit d'information visuelle, les singes sont capables de prendre une décision pour effectuer un choix face à une alternative, et de signaler leur décision (à droite ou à gauche) avec des mouvements oculaires correspondants. L'enregistrement de l'activité neuronale dans les différentes aires cérébrales consacrées à l'information visuelle, au traitement de cette information et au contrôle des mouvements oculaires, a permis aux neuroscientifiques d'identifier les processus neuronaux sous-jacents à cette tâche de prise de décision.

Tout commence dans l'aire temporale médiane (MT pour *mid-temporal*) qui traite l'information concernant les mouvements décelés (fig. 8.2 A et B). Chaque neurone dans cette aire dispose d'une zone de réception correspondant à une partie donnée du champ visuel global. De plus, chaque neurone MT est sensible aux mouvements dans une direction particulière, c'est-à-dire qu'il est activé lorsqu'un stimulus se déplace devant sa zone de réception dans le sens pour lequel il est « câblé », et qu'il est inhibé lorsque le stimulus se déplace dans le sens contraire. De cette manière une population de neurones dans l'aire MT constitue un ensemble de détecteurs de mouvement accordés aux différentes directions. Chaque détecteur, par sa vitesse d'excitation, répercute des informations sur la force (quantité) du mouvement visuel (dans sa direction préférentielle) dans la partie du champ visuel du singe correspondante – et donc sur la totalité de la danse des points blancs. Néanmoins, cette information comporte des ambiguïtés à cause du caractère aléatoire des mouvements et des bruits (fluctuations aléatoires) dans la représentation de l'information des neurones MT.

La prochaine étape du processus de prise de décision se passe dans le cortex intrapariétal latéral (LIP pour *lateral intraparietal*) du cerveau. Ces neurones, qui reçoivent des données de la zone MT, sont organisés comme des intégrateurs de la spécificité directionnelle et cumulent, dans le temps, le bruit d'information fourni par les neurones MT correspondants (fig. 8.2 A et B). Ainsi, au fil du temps, les preuves de ce que voit le singe s'accumulent dans les neurones LIP. Par exemple, si le singe regarde un écran visuel avec des points se déplaçant vers la droite, les neurones LIP qui fonctionnent comme des neurones intégrateurs de mouvement spécifique à droite augmenteront graduellement leur vitesse d'activation. La vitesse de cette augmentation dépend de la force du stimulus, c'est-à-dire du nombre de points se déplaçant vers la droite. Les divers neurones intégrateurs, correspondants aux différentes directions, sont aussi mutuellement inhibiteurs. L'un des effets de cette inhibition mutuelle fait que même si, au début, la vitesse d'activation de chaque groupe de neurones LIP associée à l'augmentation du nombre de mouvements (soit à droite, soit à gauche) augmente approximativement au même rythme, seuls les groupes de neurones associés au plus fort stimulus (vers la droite, en l'occurrence) continueront à augmenter leur vitesse d'activation. Ceux associés au plus faible stimulus (vers la gauche) commenceront à diminuer leur vitesse d'activation (fig. 8.2 C). Chaque population de neurones LIP inhibe les autres à un degré proportionnel à son niveau d'activation. Finalement, les neurones dans une seule population de neurones LIP auront de grandes vitesses d'activation. Une telle inhibition mutuelle permet d'améliorer la discrimination du signal en favorisant la perception de la différence entre les stimuli de droite et de gauche, évitant ainsi au singe la confusion de vouloir faire des mouvements oculaires dans les deux sens en même temps.

Lorsque l'activité de l'un des neurones intégrateurs dépasse un certain seuil, la décision est prise et le mouvement oculaire est initié dans le sens approprié. Le mouvement

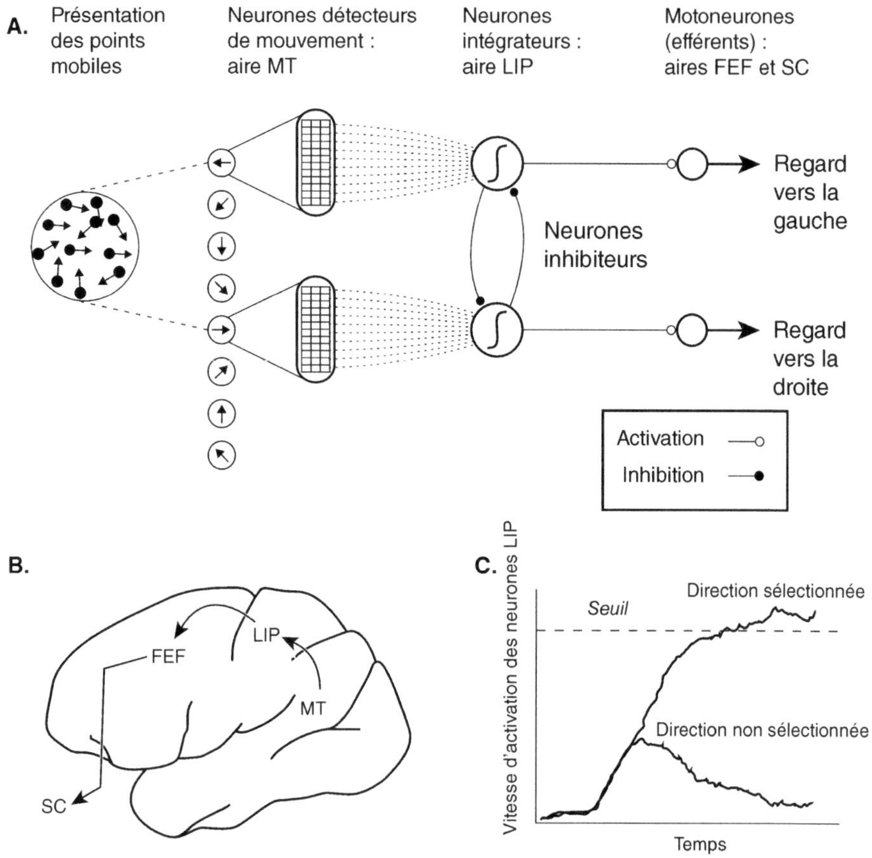

Fig. 8.2. Résumé des processus neurobiologiques qui sous-tendent la décision de la direction des mouvements oculaires basés sur la perception de la direction du mouvement d'une stimulation visuelle.

A : des ensembles de neurones dans l'aire MT extraient, à partir de la présentation des points mobiles, la force instantanée de mouvement visuel dans chaque direction. L'ensemble des évaluations instantanées de la force (quantité) de mouvement dans chacune des directions possibles est transféré aux neurones intégrateurs de l'aire LIP, qui cumulent dans le temps ces entrées afin de produire une estimation de la force moyenne pour chaque direction. Les neurones intégrateurs correspondant aux différentes directions s'inhibent mutuellement et informent les neurones produisant les mouvements oculaires. B : certains sites dans le cerveau des primates où s'enregistre l'activité neuronale liée à la prise de décision : les aires *middle temporal* (MT), *lateral intraparietal* (LIP), *frontal eye field* (FEF) et *superior colliculus* (SC). C : l'activité neuronale associée à la transformation décisionnelle est enregistrée dans l'aire LIP. Au début de l'activité il n'y a pas de discrimination entre les deux directions, mais plus tard les neurones associés à la direction sélectionnée montrent une augmentation d'activité tandis que ceux associés à la direction non sélectionnée montrent une diminution d'activité.

oculaire est géré par les motoneurones efférents au stade final du circuit décisionnel du singe. Ce sont des neurones situés dans les régions du champ visuel du cortex frontal (FEF pour *frontal eye field*) et du colliculus supérieur (SC pour *superior colliculus*) ; ils reçoivent des données de l'aire LIP. Les neurones FEF et SC ont également leur spécificité de direction ; chaque neurone dirigera un mouvement oculaire dans une seule direction.

Une équipe de neuroscientifiques de Stanford – Leo Sugrue, Greg Corrado et William Newsome – a dessiné un cadre conceptuel utile à une réflexion générale, sur les étapes multiples du traitement des données sous-jacentes à une simple prise de décision au niveau de la perception (fig. 8.3)[146]. Ce cadre est composé de trois stades ou transformations. D'abord, une transformation sensorielle, qui convertit en « représentation sensorielle » l'information sur le monde extérieur enregistrée par les organes de perception de l'animal (ici les yeux), la rendant disponible à un traitement cérébral ultérieur. C'est ainsi que font les neurones MT pendant le test de détection de mouvement décrit ci-dessus. Deuxièmement, une transformation de décision, qui convertit la représentation sensorielle en un ensemble de probabilités d'actions possibles. Cette transformation est mise en œuvre par les neurones LIP du cerveau, lors de la conversion de la représentation sensorielle visuelle en un ensemble d'« accumulation de preuves » ; il s'agit, spécifiquement, des vitesses d'activation des intégrateurs représentant les différentes directions de mouvement. Le niveau d'activation dans une population d'intégrateurs donnée détermine pour l'animal la probabilité relative du choix de l'alternative représentée par cette population. Troisièmement, la « transformation d'action » convertit cet ensemble de probabilités en un acte spécifique de comportement. Cette mise en œuvre est effectuée par les motoneurones efférents des régions FEF et SC du cerveau, lorsqu'ils sont activés par la population de neurones LIP dont la vitesse d'activation aura atteint le seuil requis.

Il est remarquable que ce cadre conceptuel, mis au point pour la compréhension du processus de prise de décision dans le cerveau des primates (y compris les humains), puisse également nous aider à conceptualiser ce même processus dans un essaim d'abeilles. Les deux types de systèmes de prise de décision comprennent des unités sensorielles qui créent, à l'intérieur du système en question, une représentation du monde extérieur. Ainsi, dans les deux systèmes, le traitement de l'information sur la représentation sensorielle est une question de compétition entre des neurones intégrateurs (à inhibition mutuelle) des informations (preuves) qui affluent dans le système. Au final, à la fois pour le cerveau et pour l'essaim, la décision sera prise lorsque l'accumulation de preuves dans un neurone intégrateur arrivera à un niveau suffisamment élevé (seuil).

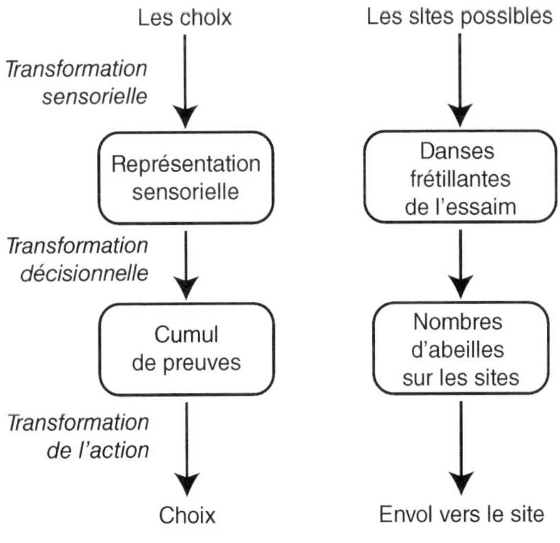

Fig. 8.3. Cadre conceptuel pour la prise de décision illustrant les étapes de prise de décision (à gauche) et l'application de ce cadre aux mécanismes de choix de site par un essaim (à droite).

La transformation sensorielle

Lors de mes réflexions sur les parallèles de structure entre l'essaim et le cerveau, je me plais à concevoir l'essaim comme une sorte de cerveau à découvert, délicatement suspendu à une branche, mais qui peut « apercevoir » des sites potentiels sur une grande étendue du paysage environnant. Nous avons déjà vu que le secret de ce vaste champ visuel réside dans un dispositif de plusieurs centaines d'éclaireuses, qui ratissent la campagne sur des kilomètres à la ronde à la recherche de la future demeure. Nous savons que, lorsqu'une éclaireuse trouve un site digne d'attention, elle regagnera l'essaim et partagera sa découverte au moyen d'une danse frétillante. L'abeille fonctionne comme une unité sensorielle de l'essaim, dont la force de signal traduira la qualité du site. La vigueur de sa danse (nombre de circuits) sera proportionnelle à la qualité du site. Chaque abeille joue le rôle d'unité sensorielle spécifique et fait son rapport sur un seul site, tout comme le neurone MT rapporte une information sur une petite partie de la mosaïque du champ visuel. Au fil du temps, des douzaines d'abeilles, fortes de renseignements, retournent à l'essaim, et dansent leur message, livrant graduellement un corpus d'informations sensorielles sur les emplacements et leurs qualités (fig. 8.4). L'ensemble de danses peut se concevoir comme

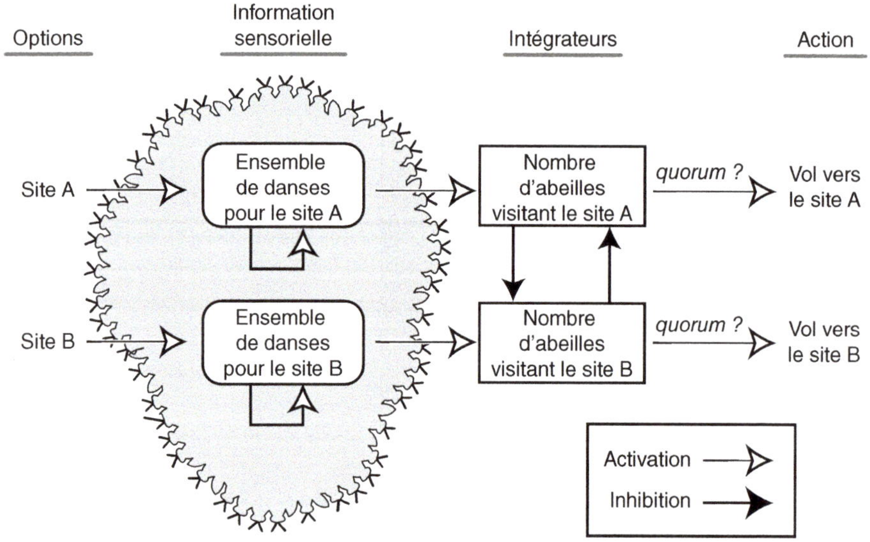

Fig. 8.4. Résumé des processus comportementaux de l'essaim produisant un choix de site basé sur les qualités du site potentiel.

Des groupes séparés d'éclaireuses inspectent chaque site et rapportent leur évaluation de sa qualité lors d'un ensemble de danses effectuées sur l'essaim en grappe. Étant donné que chaque danseuse recrute de nouvelles danseuses pour son site, il y a auto-amplification de ce processus de communication (rétroaction positive). L'instantanéité de l'ensemble des évaluations pour chaque site stimule l'adhésion de nouvelles abeilles. Le nombre d'abeilles sur chaque site représente, sur un laps de temps de plusieurs heures, l'intégration de l'instantanéité de l'ensemble des évaluations de la qualité de chaque site, et fournit une appréciation de leur qualité relative. Le nombre d'abeilles présentes sur chaque site joue un rôle d'inhibition mutuelle par rapport aux autres. Lorsque le nombre d'abeilles atteint un quorum (seuil) à l'un des sites, l'essaim s'y rend.

l'équivalent de la représentation sensorielle d'un paysage contenant des sites potentiels, ce qui est analogue au schéma d'activation des neurones MT formant la représentation des points en mouvement dans le cerveau du singe.

Les principaux aspects du façonnage de la représentation sensorielle de l'essaim par les éclaireuses méritent d'être notés, car chacun constitue une clé qui contribue à la réussite de l'essaim en tant qu'entité décisionnelle.

1. *L'appareil sensoriel d'un essaim comprend une proportion considérable d'éclaireuses.* En l'espace de quelques heures, un essaim peut, en expédiant plusieurs centaines d'éclaireuses, amasser une foule de renseignements sur des sites potentiels. L'essaim peut localiser, inspecter et annoncer près d'une douzaine de sites en un après-midi (fig. 3.7). La collecte d'informations par de nombreuses abeilles permet d'aplanir les variations individuelles et d'augmenter la précision globale des données reçues.

2. *Les éclaireuses recueillent des informations sensorielles pendant plusieurs heures, voire plusieurs jours.* Étant donné que les informations sont acquises de manière sporadique, surtout au début, il est important que l'essaim base ses décisions sur des séquences prolongées d'échantillonnage sensoriel. Nous avons pu voir que, malgré l'exploration simultanée de plusieurs centaines d'éclaireuses, il faut souvent attendre plusieurs heures avant que la première rapporte des informations sur une trouvaille exceptionnelle. Et encore, même suite à la propagation d'informations sur toutes les possibilités, la prise de renseignements complémentaires est plutôt épisodique (fig. 5.5). Effectivement, c'est la durée prolongée de la récolte d'informations qui permet à l'essaim d'assembler un fonds sérieux de données et ainsi de se référer à un ensemble d'informations sensorielles fiables sur chaque site.

3. *Chaque éclaireuse fait une évaluation indépendante du site visité.* Même si la plupart des éclaireuses qui dansent pour un site sont des recrues (qui arrivent après un contact avec des danseuses), le processus de recrutement ne fait qu'amener l'abeille au site et ne l'oblige pas à en faire les louanges. Son rapport sera une évaluation individuelle et illustrera son point de vue personnel. Cette qualité d'indépendance signifie qu'une erreur d'évaluation de la part d'une abeille ne sera pas propagée ou amplifiée par une adhésion aveugle de la part de ses compagnes. Ce fonctionnement assure que la quantité totale de danses pour un site donné, selon la représentation sensorielle de l'essaim, sera le reflet fidèle de sa qualité.

4. *Les éclaireuses qui rapportent des informations sur un site recrutent des éclaireuses supplémentaires.* Le recrutement par des éclaireuses agit en boucle de rétroaction positive, car les abeilles converties recrutent à leur tour. Ainsi, l'information sensorielle relative à un site donné est destinée à s'amplifier. Puisque la vigueur des danses de chaque éclaireuse dépend de la qualité du site pour lequel elle danse, la rétroaction positive sera plus forte pour des sites de grande qualité, qui commenceront alors à monopoliser le déploiement des danses sur l'essaim (le débat). Au fil du temps, les rentrées sensorielles (l'attention des abeilles) seront focalisées sur des sites de qualité supérieure (fig. 3.2, 3.3, 3.6 et 3.7).

5. *Les éclaireuses réduisent leurs réponses (danses) avec le temps.* Bien que la qualité d'un site ne change pas, en général, les danses produites par chaque éclaireuse en mission s'affaiblissent petit à petit (fig. 5.9, 5.10 et 5.11). Cette érosion de la réponse dansée finit par « nettoyer » la représentation sensorielle de l'essaim en éliminant les sites de qualité inférieure. Cette élimination d'informations est due au fait que les éclaireuses annoncent des sites inférieurs avec des danses faibles qui n'attirent pas d'adhérentes.

Ainsi, la réduction du nombre de danses produites contribue à focaliser l'attention de l'essaim sur les meilleurs sites présentés.

6. *Il se peut qu'une logique d'adaptation à l'œuvre chez les éclaireuses les pousse à choisir entre l'exploration et l'exploitation.* Cela reste à prouver, mais il est fort probable qu'une éclaireuse choisisse entre l'exploration d'un site encore inconnu (potentiellement meilleur) et l'exploitation de sites connus. Cela se ferait selon sa perception de l'abondance de danses sur l'essaim. Un petit nombre de danses (recommandations) constaté la pousserait à partir en exploration pour apporter des informations sur davantage de sites ; un grand nombre de danses la pousserait à se concentrer sur l'exploitation (visites et annonces) d'un site déjà proposé. Si c'est le cas, ce mécanisme doterait l'essaim d'un moyen de réguler sa prise d'information sensorielle, l'augmentant lorsque la représentation sensorielle n'est que balbutiante et la limitant lorsque l'essaim est largement renseigné.

En dehors de ces six aspects concernant les éclaireuses en tant qu'unités sensorielles favorisant une prise de décision correcte de l'essaim, il y a deux éléments qui *entravent* une telle prise de décision. Le premier concerne les annonces non synchrones, ce qui signifie qu'à un moment donné les danses pourraient donner une mauvaise indication des qualités réelles des sites possibles. Par exemple, sur la figure 5.5, nous voyons que de 10 h 00 à 10 h 15 toutes les danses annoncent un nichoir de qualité médiocre (d'un volume de 15 litres) comme s'il s'agissait de la seule – et donc de la meilleure – option. La deuxième déficience du système de communication concerne le bruit qui accompagne l'information sur la qualité du site. Des éclaireuses différentes produisent un nombre variable de circuits dansés pour un site donné (voir fig. 5.6). Afin de faire face à cette variation du système de communication qui s'étale dans le temps et produit une multiplicité d'annonces individuelles, l'essaim intègre les informations sensorielles en l'espace de quelques heures et à partir de centaines d'abeilles. L'intégration critique de ces informations s'effectue pendant la prochaine étape du processus de prise de décision de l'essaim.

La transformation décisionnelle

La deuxième étape de prise de décision dans un cerveau de singe ou dans un essaim d'abeilles concerne la transformation de la décision, lorsque la représentation sensorielle se trouve convertie en un ensemble de probabilités quant au choix de l'une des possibilités. La fonction principale de cette deuxième transformation est d'intégrer le bruit des informations sensorielles afin que le système de prise de décision (le cerveau ou l'essaim) sache combien de preuves il a reçu globalement en soutien de chacune des possibilités. Le compte total de preuves pour chaque site déterminera sa probabilité relative d'être sélectionné.

Dans un cerveau de singe, l'information sensorielle acheminée par les neurones de l'aire MT est intégrée dans l'aire LIP. Les différentes populations de neurones LIP représentant les différentes directions de mouvement sont stimulées par leurs neurones MT correspondants ; chaque population de neurones LIP cumule dans le temps des entrées (stimulation) qu'elle reçoit et ajuste les sorties (vitesse d'activation) selon le total des entrées. En effet, chaque population de neurones LIP fonctionne comme un intégrateur, en faisant le cumul de preuves promouvant l'une des directions possibles de mouvement oculaire et en faisant une lecture de son décompte de preuves. Ainsi, plus le mouvement visuel dans une certaine direction est grand, plus les réactions de la part des neurones MT correspondants sont nombreuses, plus vite s'accumulent les preuves au sein des neurones LIP et plus vite le singe sera amené à bouger ses yeux dans cette direction.

Le processus de transformation décisionnelle dans un essaim s'assimile à ce qui s'opère dans un cerveau de singe. Tout comme un cerveau de primate dispose d'un intégrateur d'information sensorielle pour chaque direction de mouvement oculaire, un essaim d'abeilles détient un intégrateur d'information sensorielle pour chaque proposition de site. L'intégrateur pour un site potentiel sera le nombre d'abeilles qui lui rendront visite (voir fig. 8.4). Ainsi que nous l'avons vu au chapitre 5, des éclaireuses non engagées sont stimulées par les danses auxquelles elles assistent et vont visiter les sites représentés. Les danses pour un site donné commencent et se terminent au fur et à mesure des allers-retours des éclaireuses engagées, et de la production de danses de vigueur variable pour un même site. Donc, pour un site donné, il y a beaucoup de variations de vigueur des signaux (danses), qui changent de minute en minute et stimulent des éclaireuses supplémentaires à lui rendre visite. Le nombre d'abeilles qui visitent un site pendant une période de plusieurs heures reflète le nombre total de circuits dansés pour le site en question ; le nombre d'abeilles à un site donné correspond à l'intégration du bruit des informations sensorielles fourni par les danses. Plus le site est attractif, plus il y aura de danseuses vantant ses qualités et plus il y aura de nouvelles adhérentes. Par conséquent, les preuves en faveur d'un site en particulier (le nombre de visiteuses) s'additionnent plus rapidement pour le meilleur site qui, logiquement, acquiert la plus grande probabilité d'être choisi.

Une caractéristique importante dans la conception des neurones intégrateurs du cerveau des primates repose sur l'inhibition mutuelle. Au fur et à mesure de l'accumulation de preuves dans un neurone intégrateur donné, le cumul de preuves se trouvera inhibé pour tous les autres neurones intégrateurs. Nous pouvons voir cette même caractéristique chez l'essaim. Par exemple, nous constatons qu'à chaque occasion de prise de décision, l'essor du nombre d'abeilles vers un site donné correspond au déclin du nombre d'abeilles au niveau de tous les sites rejetés (voir fig. 4.7). Cela ressemble à l'augmentation ou à la réduction de la vitesse d'activation parmi les neurones LIP (voir fig. 8.2 C). L'inhibition mutuelle parmi des populations d'abeilles présentes sur les différents sites potentiels serait ainsi le résultat de la compétition pour qu'un nombre limité d'éclaireuses s'engage. Dès que des éclaireuses non engagées se trouvent recrutées pour un site, il y en aura d'autant moins de disponibles pour adhérer à d'autres sites. Ainsi, lorsque la force totale des danses pour un site de qualité supérieure augmente, il en résultera un plus grand nombre d'abeilles en visite à ce site et, en conséquence, le recrutement pour des sites inférieurs sera inhibé. Finalement, lorsque les abeilles inspectant des sites de qualité inférieure se retirent et renoncent à leur engagement, elles redeviennent disponibles (voir chapitre 5) et risquent d'être recrutées pour un meilleur site, celui dont l'équipe de danseuses grandira plus vite et exprimera le plus grand nombre de « votes » (voir fig. 5.7).

Une autre caractéristique de conception partagée par les deux populations d'intégrateurs (insectes et primates) concerne leur propension à « avoir des fuites ». Autrement dit, dans les deux systèmes et pour un intégrateur donné, l'accumulation de preuves se réduit progressivement, à moins que se présente l'afflux de nouvelles preuves. Au chapitre 5, nous avons vu que, pour l'éclaireuse, l'engagement à annoncer et à visiter « son » site diminue au fur et à mesure de ses visites (voir fig. 5.5 et 5.9). Ainsi chaque éclaireuse participe à la fuite des preuves accumulées en faveur de son site. Ce manque d'étanchéité pour l'accumulation de preuves est un élément clé de plusieurs modèles développés par des psychologues mathématiciens pour modéliser le traitement d'informations sous-tendant la prise de décision au niveau du cerveau des primates (par exemple, *the « leaky, competing accumulator model »* conçu par Marius Usher de l'université de Londres et James McClelland de l'université Stanford)[147]. Ces modèles montrent que les fuites améliorent la qualité de la décision de l'essaim en augmentant le temps pendant lequel le bruit des preuves s'accumule jusqu'à ce que suffisamment d'informations soient recueillies pour arriver à une décision. Les fuites permettent au système de prise de décision de se mettre à jour en cas de changement de situation, voire de la découverte d'une meilleure option. Autrement dit, un intégrateur qui fuit aide le système à éviter des erreurs découlant de décisions prises trop rapidement.

Il en va de même pour l'essaim. La conception de l'essaim, d'après la modélisation du processus de choix du nid que nous avons faite avec Kevin Passino, me conforte dans cette idée[148]. Le modèle simule l'activité de 100 éclaireuses devant un paysage comportant six nichoirs de qualité différente. Chaque éclaireuse modélisée est programmée avec les règles de comportement connues ; par exemple, les éclaireuses non engagées cherchent de nouveaux sites et les annoncent avec des danses dont la vigueur dépend de la qualité du site, etc. Ayant vérifié la validité de notre modèle en testant sa reproduction fidèle dans des exemples pris dans la nature (fig. 4.7), nous l'avons ensuite utilisé pour créer des essaims pseudo-mutants. Leurs éclaireuses se comportent un peu différemment, ce qui devait nous montrer à quel point de petits changements dans ces règles peuvent affecter leur prise de décision – par exemple, en variant la vitesse d'érosion du nombre de danses des éclaireuses. Dans la nature, l'éclaireuse réduit le nombre de circuits dansés par 15 (en moyenne) à chaque retour à l'essaim (fig. 5.10 et 5.11). Nous voulions savoir ce qui se passerait si la vitesse d'érosion était augmentée (jusqu'à 35 circuits en moins par voyage) ou baissée (à cinq circuits par voyage). Changer la vitesse d'érosion du nombre de voyages change également la vitesse de fuite de l'intégrateur, puisque l'éclaireuse cesse ses visites (d'où les fuites de l'intégrateur) peu après avoir cessé de danser pour un site donné.

En baissant la vitesse d'érosion des danses (les abeilles dansant plus longtemps) les fuites relatives au site en question se faisaient plus lentement, et nos essaims modèles arrivaient à des décisions plus rapides, mais moins bonnes. La justesse de leurs décisions se détériorait parce que la réduction de fuites accélérait l'accumulation de preuves pour tous les sites. Ainsi, si le meilleur site était découvert tard, l'un des sites inférieurs pouvait accumuler assez de preuves pour arriver au seuil requis, et donc gagner la compétition. En revanche, lorsque la vitesse d'érosion augmentait, nos essaims arrivaient à des choix moins rapides, mais meilleurs. Cette lenteur venait du fait que les éclaireuses cessaient leurs visites si vite, que même l'intégrateur du meilleur site avait du mal à atteindre le seuil des preuves accumulées. J'étais très content de constater que le rapport entre le taux d'érosion du nombre de danses et la vitesse de fuite des éclaireuses que nous avions trouvée chez les essaims naturels était tel que ces essaims, en jouant sur les deux tableaux, arrivaient à un excellent équilibre entre ces deux éléments clés – la vitesse de décision et le bon choix.

La transformation de l'action

L'étape finale du traitement de l'information sous-jacente à la prise de décision concerne l'obtention d'une réponse parmi la totalité de lectures de tous les intégrateurs. Il est maintenant clair que la réponse est donnée lorsque l'accumulation de preuves dans l'un des intégrateurs arrive au niveau du seuil, que cela soit dans un essaim d'abeilles ou le cerveau d'un singe. Les deux systèmes comportent un même mécanisme pour choisir une réponse peu perceptible parmi une distribution d'états d'intégration : le choix dépend de la première des possibilités qui atteint le seuil d'accumulation de preuves de son intégrateur. D'habitude, une bonne décision en découlera car, en règle générale, le niveau relatif de preuves pour chaque intégrateur reflète la qualité relative de chaque possibilité. Nous avons déjà vu que les danses sont plus nombreuses pour un meilleur site, ce qui stimule davantage d'éclaireuses à s'y présenter. Par ailleurs, l'auto amplification des entrées sensorielles pour chaque option (des recrues deviennent des recruteurs) liée à l'inhibition mutuelle correspondante parmi les intégrateurs (la concurrence pour le recrutement des éclaireuses non engagées), assure que le meilleur site remporte le choix ; il finit par arriver au niveau critique d'accumulation de preuves malgré une présentation tardive, comme c'est si souvent le cas (voir fig. 3.7 et 4.7).

Au chapitre 6, nous avons vu que le système de prise de décision par le quorum est activé au moment où l'une des possibilités aura amassé assez de preuves pour atteindre le seuil. C'est-à-dire que les éclaireuses sur chaque site candidat ont une perception de leur nombre et se rendent compte qu'elles atteignent le nombre correspondant au seuil (quorum) nécessaire pour déclencher l'action. Dès que les éclaireuses présentes sur le site auront senti le niveau requis du quorum, elles retourneront à la grappe afin de préparer le départ de l'essaim ; elles produiront des stridulations pour signaler aux non-éclaireuses qu'il est temps de réchauffer leurs muscles alaires en anticipation du vol. Il semble probable que ces signaux poussent les éclaireuses encore engagées ailleurs à abandonner les sites perdants. Ainsi, tandis que les non-éclaireuses de l'essaim s'apprêtent à partir, les éclaireuses s'affairent à consolider le consensus pour harmoniser les signaux de guidage lors de l'envol. Finalement, dès que toutes les abeilles se seront réchauffées à 35 °C, les éclaireuses, ayant amorcé les préparatifs, commenceront à déclencher l'envol avec les *buzz-runs* (voir fig. 6.13). L'essaim sera ainsi piloté par les abeilles connaissant le site.

La grandeur du quorum émerge comme élément critique de ce système de prise de décision, à cause de son influence sur la vitesse et le bien-fondé du choix du nouveau domicile. C'est encore avec Kevin Passino que j'ai manipulé dans tous les sens la taille du quorum dans notre modèle mathématique. L'ajustement du nombre à la baisse de sa valeur normale – une quinzaine d'abeilles présentes en même temps devant le nid – a pour effet que les essaims prennent des décisions rapides mais avec une tendance à commettre des erreurs, tandis que l'ajustement à la hausse provoque des décisions plus lentes mais plus fiables. Nous en déduisons que les abeilles opèrent avec un quorum assez grand pour garantir que l'essaim arrive à une décision très juste plutôt que très rapide. C'est logique : un essaim n'a qu'une seule occasion de faire le choix vital de son nid et se doit d'agir prudemment, non précipitamment. Il se peut que la grandeur du quorum soit influencée par le besoin de l'essaim de disposer d'un nombre appréciable d'éclaireuses averties, capables de le guider à destination. Il est important de rappeler la possibilité que les abeilles puissent diminuer la taille du quorum lors d'une urgence, telle qu'une période de mauvais temps ou le risque de mourir de faim. Cette possibilité reste un futur sujet d'étude.

Vers une conception optimale ?

Il y a 30 ans, Douglas Hofstadter écrit dans son livre, *Gödel, Escher, Bach : An Eternal Golden Braid* (*L'éternelle tresse dorée*), l'idée inédite que, « à maints égards, une colonie de fourmis ne diffère pas d'un cerveau. »[149] Il souligne que, dans les deux systèmes, une intelligence d'un niveau supérieur émerge d'un groupe d'êtres peu évolués : un groupe de fourmis qui mène sa vie et un groupe de neurones qui s'active. Au moment de la sortie de ce livre, les similarités entre des systèmes décisionnels d'ordre social et d'ordre neuronal n'étaient que très vagues. Il était possible, néanmoins, de relever le fait que, quelque part dans le schéma d'organisation de leurs composantes, les deux systèmes encodent des informations sur le monde extérieur. De nos jours, nous en savons beaucoup plus sur les mécanismes de prise de décision, à la fois parmi les sociétés d'insectes et dans les cerveaux des primates. Ce que nous avons pu apprendre en trois décennies soutient de façon étonnante l'idée de Hofstadter, selon laquelle les fourmis (ou les abeilles) et les cerveaux des primates sont dotés par l'évolution d'une force intellectuelle opérant selon des régimes de traitement d'information fondamentalement similaires.

Nous venons de comprendre que le cerveau et l'essaim se trouvent devant le même genre de problème, à savoir le choix entre un nombre de démarches possibles en se référant à une masse de bruit d'informations et qui sont dispersées sur de multiples composantes et dont aucune ne pourra jamais acquérir une connaissance globale des possibilités. Ainsi que nous l'avons vu, les deux ont trouvé un système de traitement d'information dont le schéma compte cinq éléments critiques (fig. 8.5) :

– une population d'unités sensorielles (S1), qui fournit des entrées d'information sur les possibilités. Chaque capteur renseigne sur une seule possibilité avec beaucoup de bruit ; le poids de ces entrées est proportionnel à la qualité de cette option ;

– une population d'unités d'intégration (I1), qui intègre une information sensorielle dans le temps et pour toutes les unités sensorielles. Chaque intégrateur accumule des preuves en soutien d'une seule possibilité ;

– l'inhibition mutuelle entre les intégrateurs, qui assure que la croissance des preuves chez l'un supprime de plus en plus fortement la croissance des preuves chez les autres ;

– des fuites parmi les intégrateurs, car la croissance chez un intégrateur demande des entrées constantes de preuves sensorielles à l'appui de son choix ;

– un seuil de détection parmi les intégrateurs tel, que celui dont le cumul de preuves atteint en premier le seuil requis remportera la décision.

Qu'est-ce qui sous-tend cette convergence frappante de conception de système de prise de décision basée, soit sur des neurones, soit sur des abeilles ? (N'oublions pas les fourmis ; de très belles études sur la prise de décision collective lors de la recherche de logis chez la fourmi, *Temnothorax albipennis*, ont révélé un schéma de traitement d'information remarquablement similaire à celui des abeilles, quoique le processus évolutif à son origine soit indépendant[150].) Il est fort probable que cette similarité corresponde à la façon optimale d'opérer une prise de décision efficace et à toute épreuve. Il a été mathématiquement prouvé que le schéma de la figure 8.5 est en mesure de mettre

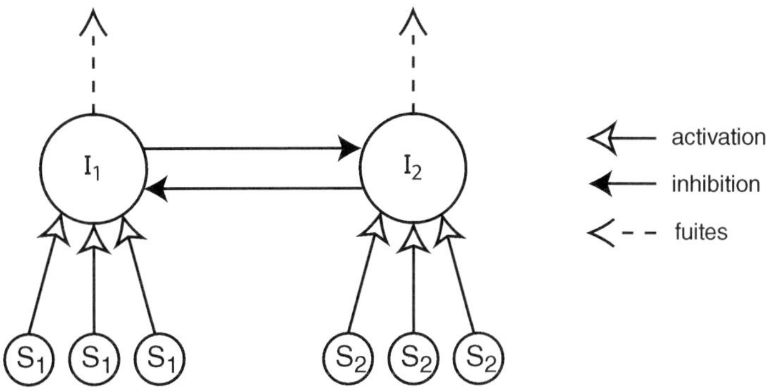

Fig. 8.5. Modèle de prise de décision dans le cerveau des primates et l'essaim d'abeilles.

Chaque ensemble détient une population de neurones ou d'abeilles représentant une accumulation de preuves pour les alternatives. Ces populations (I_1 et I_2) intègrent des bruits d'information venant des unités sensorielles (S_1 et S_2) et laissent fuir leurs preuves accumulées. Chaque population inhibe l'autre proportionnellement à son niveau d'activité (neurones) ou à sa grandeur (abeilles).

en oeuvre la stratégie optimale pour choisir entre deux possibilités : le test du ratio de probabilité séquentielle (SPRT pour *sequential probability ratio test*) spécifie quand il faut cesser d'intégrer les informations afin d'arriver à un taux d'erreur donné. Parmi tous les tests possibles, celui-ci minimise le temps décisionnel à tous les niveaux d'exactitude de la décision à prendre. Bref, ce test produit le meilleur compromis entre la précision et la rapidité lors de la prise de décision.

James Marshall, un informaticien de l'université de Bristol en Angleterre, et ses collègues ont récemment examiné, théoriquement, comment des essaims d'abeilles pourraient mettre en oeuvre une prise de décision optimale devant un choix à deux options[151]. Ils signalent que, lors d'une course entre deux cumuls de preuves, les preuves pour l'une des possibilités peuvent se concevoir comme autant de preuves contre l'autre, ce qui implique que les preuves peuvent se compter en se référant à un seul total. Ainsi, au fur et à mesure du temps et de l'acquisition de preuves, une seule option aura accumulé un niveau non nul de preuves en sa faveur. Nous pouvons dire que l'accumulation de preuves est un mouvement aléatoire le long d'une ligne de temps (ou échéance) : la direction positive représente l'accumulation croissante de preuves en faveur de l'une des options et la direction négative représente l'accumulation de preuves pour l'autre option (fig. 8.6). Le déplacement de la ligne des preuves vers le haut ou vers le bas indique la tendance vers la meilleure possibilité ; les irrégularités représentent les bruits ou le peu de certitude des preuves entrantes. Il se trouve que cette promenade au hasard (ou modèle de diffusion) de la prise de décision est, en effet, la mise en œuvre du statistiquement optimal SPRT.

Dans le cas d'un essaim qui effectue un choix entre deux sites, l'existence d'une inhibition mutuelle forte entre les deux intégrateurs (les deux groupes d'abeilles qui visitent les sites) fait que les preuves pour l'un des sites constitueront des preuves contre l'autre. Pourtant, une inhibition mutuelle forte est certainement présente, mais seulement lorsqu'il n'y a que peu d'abeilles non engagées dans l'essaim ; dans ce cas, chaque abeille soutenant l'un des deux sites le sera au prix de la perte d'une abeille soutenant l'autre. Cette situation, ou toute autre qui s'en rapproche, est susceptible de se produire tard dans le débat, lorsque la plupart des éclaireuses se seront déjà engagées en soutien d'un

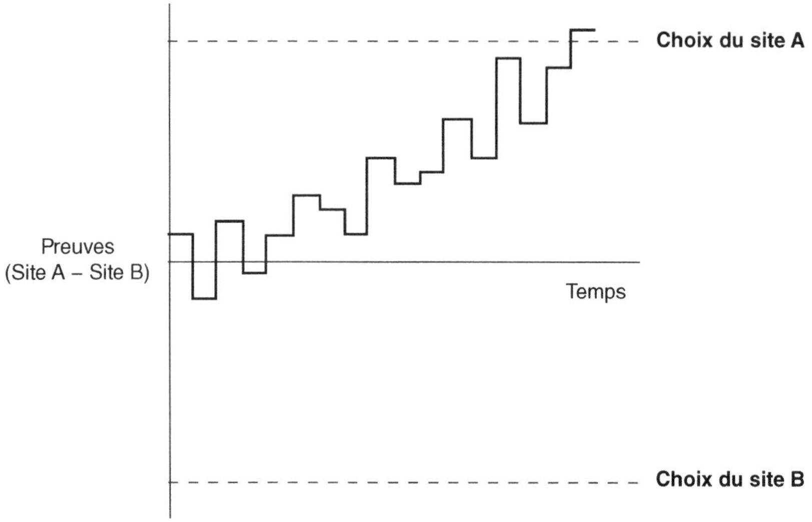

Fig. 8.6. Modèle de promenade aléatoire dans lequel des preuves relatives à deux sites sont accumulées en tant que total unique.

Des preuves en faveur du site A augmentent le total, tandis que des preuves en faveur du site B le diminuent. Le choix est opéré lorsque le gain total pour un site dépasse le niveau du seuil.

site. Un grand nombre de sites moins désirables auront été éliminés à ce stade et peu de nouveaux sites auront été découverts. Ainsi, la prise de décision optimale, telle que modelée par le SPRT, ne peut se produire que vers la fin de ce processus. C'est précisément à ce stade que la plus grande compétence décisionnelle est requise, car il ne restera que quelques sites de grande qualité parmi lesquels il est plus difficile de choisir le meilleur. Des études futures devront examiner s'il est typique, dans la situation d'un choix binaire, que toutes les éclaireuses s'engagent pour l'un ou l'autre site et, sur ces entrefaites, nous pouvons nous attendre à ce que la prise de décision entre les deux se déroule de façon optimale.

Dans la nature, bien sûr, les abeilles décisionnaires ne sont que rarement confrontées à un simple choix binaire, pour lequel le SPRT s'est avéré optimal. Il est certain que la plupart des essaims doivent choisir parmi une douzaine (ou plus) de sites potentiels ; même vers la fin des délibérations, la course vers le dépassement de seuil est souvent menée entre plus de deux sites. Néanmoins, étant donné que le SPRT reste effectif dans des situations comportant davantage de possibilités (à condition que certaines soient nettement meilleures que d'autres), il est possible que le même schéma de base ait évolué indépendamment dans les cerveaux des primates et les essaims d'abeilles, justement à cause de sa bonne approximation d'une prise de décision optimale. Si cette intuition s'avère correcte, nous nous trouvons devant une convergence étonnante de conception adaptative chez deux formes distinctes de « machine à penser » – un cerveau composé soit de neurones, soit d'abeilles.

9

Les astuces de l'essaim

« ... *for so work the honey-bees,*
Creatures that by a rule in nature teach
The act of order to a peopled kingdom. »[t]

(William Shakespeare, *Henry V*, 1599)[152]

Il est temps d'envisager les leçons que nous, les humains, pouvons apprendre des abeilles quant à la façon de structurer un groupe dont la mission serait une prise de décision afin de mobiliser les connaissances et l'intelligence de ses membres au service du choix collectif. Ce sujet est particulièrement critique, car notre société compte sur la plus grande fiabilité du groupe par rapport aux individus concernant des décisions souvent lourdes de conséquences[153]. C'est la raison d'être de conseils et commissions de tous ordres, de panels d'experts, jurés, juges de la Cour suprême et j'en passe. Pourtant, nous ne le savons que trop bien, ces groupes n'arrivent pas toujours à des décisions judicieuses. À moins qu'un groupe soit bien organisé, de façon à ce que la délibération des membres permette un raisonnement réellement collectif, largement informé et mûrement réfléchi, il risque de dysfonctionner en tant qu'instance décisionnelle et d'aboutir à des fiascos pour la communauté concernée. Quelle chance que les abeilles chasseuses de logis nous éclairent sur la bonne démarche à suivre ! Des fossiles nous montrent que les abeilles existent depuis l'ère de l'Oligocène, il y a 30 millions d'années ; leur approche du problème est passée par l'épreuve du temps, et peut nous guider sur la voie de la sagesse collective[154].

Prendre des insectes comme gourous du coaching comporte des limitations évidentes ; il n'est pas question de les imiter aveuglément. Néanmoins, je maintiens que les abeilles utilisent des principes effectifs de prise de décision, et qu'en les mettant en œuvre nous-mêmes il serait possible d'augmenter la fiabilité de choix des groupes humains. Ceci n'est point une idée théorique ; j'ai pu appliquer les leçons des abeilles à des humains, surtout parmi mes collègues de Cornell. En 2005, juste au moment où le schéma de comportement chez les abeilles commençait à se révéler, j'accédai au poste de chef du département de Neurobiologie et du Comportement. Pour le plaisir, et comme exemple de travaux pratiques, je décidai d'introduire certaines de leurs façons de faire dans nos discussions mensuelles entre professeurs. Les situations de survie mises à part, nous nous confrontons parfois à des délibérations assez difficiles : des embauches, des

[t] « Ainsi travaillent les abeilles, / Créatures qui, par une loi de nature, enseignent / Le principe d'ordre aux monarchies populaires. » (NdT : Traduction par Victor Hugo, 1867 ; malgré son exil à Guernesey pendant le Second Empire (1852-1870), je pense que Victor Hugo n'a pas parfaitement saisi le sens du mot « *peopled* », qui serait plus justement traduit par « populeuses » que par « populaires », s'agissant du nombre plutôt que de la qualité. Vu ses positions politiques de l'époque, on peut comprendre ce petit glissement de sens.)

promotions et autres choix impliquant des conséquences à long terme pour notre petite communauté académique très soudée. Il se peut que je reste parfaitement imperméable aux pensées véritables de mes collègues à propos de nos prises de décision collectives, mais je crois qu'ils sont réellement satisfaits des résultats, malgré le décalage entre ce que pouvaient souhaiter certains et ce qui a été décidé. Je me plais à penser que cette satisfaction apparente est bien le reflet de nos décisions basées sur des discussions ouvertes et justes. En tout cas, je vais expliquer ci-dessous comment j'essaye d'appliquer les « cinq habitudes de fonctionnement d'un groupe efficace », que j'ai apprises des abeilles, pour travailler dans un cadre universitaire[155].

Afin de bien plaider ma cause, j'évoquerai les ressemblances intrigantes de fonctionnement entre un essaim et une assemblée publique d'une petite ville de Nouvelle-Angleterre, et comment ils sont en mesure de prendre de bonnes décisions[156]. Pourquoi ce point de comparaison avec la Nouvelle-Angleterre ? Parce que ce type de gouvernance locale, vieux de trois siècles, est sans doute la forme de système démocratique la plus authentique au monde et qu'il utilise un processus de prise de décision semblable à ce que l'on voit chez les abeilles. Une fois par an, le jour de l'Assemblée publique (*Town Meeting Day*) – traditionnellement le lendemain du premier lundi du mois de mars –, les citoyens se retrouvent face à face pour prendre des décisions collectives et exécutoires (des lois) qui régiront les actions de toutes les personnes de leur ville. Chaque réunion est un mélange fascinant d'ambiance communautaire et d'entreprise individuelle – comme chez les abeilles. Nous verrons qu'il y a des similarités confondantes entre les rouages de ces deux formes reconnues de démocraties ; je ne pense pas que ce soit un hasard que ce qui marche si bien pour l'essaim marche également pour des assemblées locales.

Première leçon : choisir un groupe d'individus ayant un respect mutuel et des intérêts en commun

Un groupe destiné à prendre des décisions doit constituer une entité unie et coopérative, exigeant une certaine convergence d'intérêts entre les membres lorsqu'il est temps d'évaluer les idées débattues. Le respect mutuel et une bonne écoute assurent un débat constructif où les propositions et les points de vue des uns et des autres seront pris en compte, et des propos blessants et des critiques coléreuses évités. Il est certain que des personnalités bourrues et promptes à l'agression ne favorisent pas des relations de travail productives.

Les abeilles en quête de logis fournissent l'exemple d'un groupe dont les membres ont des intérêts communs et prennent en compte les opinions des autres. De nos jours, les biologistes comprennent que la réussite (propagation) génétique des ouvrières dépend du succès de leur colonie, l'entité qui doit survivre et se reproduire. De surcroît, l'absence de reproduction de la part des ouvrières (non fécondées et, d'habitude, non pondeuses) signifie qu'elles doivent propager leurs gènes par l'entremise d'un seul canal : la progéniture reproductive de leur mère, c'est-à-dire la prochaine génération de reines et de faux-bourdons, qui véhiculent un échantillon des gènes de la colonie. Ainsi, les ouvrières ont en commun le « besoin » que leur colonie prospère pour pérenniser et distribuer leur fonds génétique avec impartialité. Il y a tout intérêt à ce qu'elles soient amenées à coopérer loyalement au bien commun.

Chez nous, il se trouve rarement une telle concordance d'objectifs et nous sommes moins unis et coopératifs lorsqu'il faut traiter un problème ensemble. Néanmoins, il y a des astuces qui nous encouragent à bien travailler de concert. La première serait la présence d'un modérateur ou leader qui rappellerait aux membres que leur participation est nécessaire au bien-être et aux projets du groupe. Je prends pour exemple le début de la réunion annuelle à Bradford, dans le Vermont, où le modérateur, Larry Coffin – qui joue ce rôle depuis 38 années et s'y connaît comme personne – démarre la réunion de manière traditionnelle en demandant un moment de silence « comme geste de respect pour l'exercice de la démocratie que nous nous apprêtons à entreprendre ». Cette introduction rappelle doucement à tout le monde que le groupe est là pour prendre des décisions et passer des lois pour *leur communauté*. De la même façon, au début des réunions de faculté dans mon département à Cornell, je fais quelques remarques pour rappeler que notre objectif prioritaire est de prendre des décisions qui renforceront notre département au bénéfice de tout le monde.

Une deuxième façon de favoriser de bonnes relations de travail réside dans le choix des personnes, celles qui sont raisonnables, respectueuses, constructives, tout en ayant une dimension critique, utile pour identifier des problèmes et nourrir le débat. Il est souvent impossible de choisir les membres d'un groupe, ce qui oblige à fixer des normes de comportement et des procédures aidant à harmoniser même des groupes composés de personnalités disparates. Par exemple, Larry, en début d'année, demande à tout le monde d'adresser ses commentaires et points de vue à lui plutôt qu'aux autres citoyens. Cette pratique aide à prévenir tous propos enflammés et permet au débat de progresser calmement. Moi-même, à la faculté, je dois parfois intervenir pour sortir des participants d'une impasse démoralisante, lorsque des points de vue contraires se répètent sans cesse, ou pour rediriger une discussion surchauffée qui dérive sur une querelle personnelle. De telles occasions renouvellent mon appréciation de l'absence de relations corrosives chez les abeilles lors de leurs débats.

Deuxième leçon : chercher à ce que le leader n'influence pas la réflexion du groupe

L'une des choses les plus frappantes concernant la prise de décision chez les abeilles est sa dimension véritablement démocratique, où le pouvoir est disséminé équitablement parmi les éclaireuses. Effectivement, les éclaireuses choisissent leur nouvelle demeure sans dirigeant pour intégrer l'information de sources différentes, ni pour leur dire ce qu'il faut faire. La reine, elle-même, qui est le cœur génétique de l'essaim, n'est que simple témoin. Lors de plusieurs expériences décrites dans cet ouvrage, la reine se trouve confinée dans une petite cage – entourée de ses filles – et physiquement séparée des délibérations des éclaireuses, ce qui n'a aucune incidence sur la capacité de l'essaim à trouver son logis. En opérant sans chef, les éclaireuses évitent l'un des plus grands fléaux qui menacent la prise d'une bonne décision : un chef dominateur. Un tel personnage sape le pouvoir collectif du groupe en entravant sa créativité à découvrir une diversité de solutions possibles, à les examiner et à les trier pour en choisir la meilleure.

À l'opposé des abeilles, la plupart des groupes humains fonctionnent avec un chef, ce qui nous pose le défi de savoir comment il peut promouvoir la bonne réflexion du groupe entier en amont d'une prise de décision[157]. L'impartialité semblerait le mot clé, afin de minimiser le poids de son rôle sur le résultat des délibérations. C'est la seule ligne de conduite pour exploiter le potentiel d'un choix réellement collectif ; le leader doit, dès le départ, viser la neutralité de ses commentaires, esquissant simplement l'étendue du problème, les ressources disponibles et les règles de procédure. Dans l'idéal, il s'abstiendrait de recommander la solution qu'il préconise et inviterait le groupe à soumettre des idées nouvelles. Il créerait ainsi une ambiance d'ouverture et un vrai lieu de débat où des doutes et des désaccords pourraient s'exprimer, y compris ceux le remettant en question. Si le libre débat est ainsi favorisé, le groupe aura la possibilité de bien évaluer ses options.

Si le dirigeant fait preuve de partialité au début des délibérations ou exprime son mécontentement quand la discussion ne se poursuit pas comme il l'aurait souhaité, il risque de subvertir le bon travail du groupe et de provoquer un consensus prématuré de la part des membres qui, consciemment ou inconsciemment, cherchent à abonder dans le sens de leur chef. Prenons l'exemple du Président George W. Bush qui, avec son équipe de politique étrangère, décide de l'invasion de l'Irak en 2003[158]. Comme l'explique le député secrétaire de presse de la Maison Blanche de l'époque, Scott McClellan, le style de Bush est de foncer tête baissée. Il dit à ses conseillers qu'il croit que Saddam Hussein est un paria au niveau international, qu'il a sur son territoire des armes de destruction massive, qu'il doit être supprimé. De toute évidence, ses conseillers, y compris sa conseillère de la sécurité nationale, Condoleezza Rice, le soutiennent dans son raisonnement pour lui faire plaisir. Ils ne cherchent ni à remettre en question sa façon d'aborder le problème, ni à engager un débat élargi sur d'autres options, ni à le prévenir des conséquences possibles du fait d'entrer en guerre. Bref, ils gaspillent l'opportunité d'utiliser leur intelligence collective et nous savons maintenant que cette décision hâtive et faussée reposait sur la réaction viscérale d'un seul homme, George W. Bush.

Larry Coffin, le modérateur des assemblées locales, nous montre comment le leader impartial d'un groupe peut promouvoir l'émergence d'une sagesse collective. Malgré sa position d'autorité, il est là pour faire en sorte que la volonté du peuple prime. J'ai vu Larry éviter d'influencer la décision des citoyens en démarrant la discussion sur chaque article de l'ordre du jour d'une certaine façon. Par exemple, il annoncera, « Est-ce que la ville de Bradford doit acheter un camion de pompiers pour un coût inférieur à 306 000 $? » et s'adressera aux personnes réunies en leur demandant, « Quel est votre bon plaisir ? » Quelqu'un lèvera la main, Larry lui passera la parole et le processus délibératif sera lancé.

Dans cette situation, le modérateur est chargé d'assurer que chaque votant puisse prendre la parole, que la compétition entre des points de vue concurrentiels soit menée équitablement et que le groupe arrive aux décisions en temps voulu. Afin de s'acquitter de ces obligations, les modérateurs sont tenus d'éviter l'autorité personnelle et de suivre les recommandations du livre, *Robert's Rules of Order,* écrit par le commandant Henry M. Robert, et publié en 1876 en tant que « guide pour des procédures justes et bien ordonnées lors des réunions »[159]. Il est question surtout d'agir avec humilité pour faire émerger la volonté générale par rapport à chaque question traitée.

Troisième leçon : chercher des solutions diverses

Parfois, c'est la structure même du problème qui détermine les solutions possibles – ouvrir une porte implique de pousser ou de tirer – mais souvent les options ne sont pas si bien définies. Le premier pas serait d'imaginer une variété de solutions dans l'espoir que l'une d'entre elles se révélera excellente. C'est précisément ici que le pouvoir d'exploration d'un groupe démocratique peut surpasser, et de loin, celui d'un individu, surtout si ce groupe est composé de membres nombreux, indépendants et diversifiés. L'apport de contributions individuelles et de points de vue originaux donne de fortes chances de trouver une option radicalement nouvelle, susceptible de résoudre le problème qui a pu être posé[160].

Les abeilles en quête de logis démontrent l'efficacité d'un grand comité de recherche dont les membres mènent chacun sa propre exploration. Nous avons bien vu que l'essaim envoie des centaines d'éclaireuses examiner des sites potentiels sur cinq kilomètres à la ronde. Chaque exploratrice intrépide mène sa propre enquête, fouillant dans des arbres et des roches à la recherche de petits trous obscurs qui pourraient s'ouvrir sur une cavité convenable. Si elle tombe sur un endroit prometteur, elle l'examinera et, le cas échéant, retournera à l'essaim pour rapporter sa découverte en exécutant une danse frétillante. Sa proposition sera prise en considération et dûment examinée ; chaque éclaireuse qui annonce un site dit, en substance, à ses consœurs, « Nous devrions envisager cette possibilité qui se trouve à X degrés à droite (ou à gauche) du Soleil à une distance de Y mètres. Allez voir. » Le processus de reconnaissance multiple pouvant durer des heures (ou des jours), il n'est pas surprenant que l'essaim arrive à passer en revue entre 10 et 20 (ou plus) sites potentiels. Cette démarche assure un grand choix et favorise la sélection du meilleur site pour le futur domicile.

Au sein de nos groupes humains, que pouvons-nous faire devant des problèmes complexes pour développer une diversité de possibilités ? En fonction de ce que font les abeilles, je suggère une démarche en quatre étapes. D'abord s'assurer que le groupe soit suffisamment grand pour traiter le défi qu'il relève ; deuxièmement, qu'il comprenne des personnes d'horizons divers ; troisièmement, qu'il favorise un travail de recherche indépendant ; quatrièmement, qu'il crée un environnement convivial où il est facile de s'exprimer.

Il n'est pas toujours possible d'inclure tous ces éléments dans un groupe à la recherche de solutions diverses et variées, mais ils servent à guider la démarche. Par exemple, quand j'organise une réunion dans mon département de Cornell, je ne peux pas changer le nombre de personnes, mais je peux encourager la pensée créatrice en présentant le problème à l'avance pour permettre à chacun de s'y atteler en solo avant la réunion. Je peux assurer la présentation des idées de tout le groupe si je démarre la réunion en faisant un tour de table pour rassembler un maximum d'idées. Mes collègues jouent bien le rôle d'« éclaireurs » et se montrent aussi peu inhibés que les abeilles pour partager leurs informations ; cette phase de brainstorming permet la présentation d'une palette de propositions. Afin de m'assurer que nous sommes en train d'examiner toutes les options possibles, j'invite ceux qui n'ont pas parlé à ajouter quelques commentaires. Souvent les membres plus calmes élargiront la liste d'options par leur contribution avec des propositions mûrement réfléchies.

Étant donné l'importance de doter le groupe d'informations diverses, il est intéressant de voir que l'ouvrage *Robert's Rules of Order* suggère une règle astucieuse qui assure que chaque participant puisse s'exprimer sur chaque sujet : personne ne doit parler deux fois avant que tous ceux qui le veulent aient pu s'exprimer. À condition que le modérateur fasse respecter cette règle, personne ne peut dominer le débat, et il s'en trouve amélioré, ainsi que son équité et son efficacité. Le commandant Robert semble avoir bien saisi l'importance, pour une communauté donnée, de puiser dans la connaissance collective de ses membres.

Quatrième leçon : rassembler les connaissances par le débat

Il se peut que le plus grand défi pour un groupe démocratique se pose au niveau de la transformation des connaissances et opinions de tous ses membres en un choix unique. En effet, ce problème taquine politologues et philosophes sociaux depuis des siècles. Nous avons inventé une variété de procédures de vote afin d'isoler une option parmi d'autres : la règle de la majorité, le choix pluriel, la pondération des votes et autres[161]. Cependant, la question du choix social n'est pas propre aux humains, mais survient chez beaucoup d'espèces où se pose la question : Comment prendre une décision démocratiquement juste face à une grande divergence d'opinions[162] ?

Les abeilles nous apportent une réponse intéressante, affinée par la sélection naturelle sur des millions d'années. Nous avons vu qu'il se déroule, au cœur du processus de prise de décision, un débat turbulent entre des groupes d'éclaireuses soutenant des propositions différentes (sites potentiels). Ces groupes sont en concurrence pour attirer des recrues supplémentaires parmi un ensemble d'éclaireuses non engagées. Le groupe arrivant le premier au quorum aura gagné, et il poursuivra sa démarche en établissant un consensus qui permettra aux éclaireuses – les gestionnaires du déménagement – de se mettre parfaitement d'accord sur le plan de vol pour piloter l'essaim vers sa destination.

Ce qui m'impressionne le plus au niveau de leur système de choix social est comment les abeilles savent distinguer des bonnes et des mauvaises options parmi au moins une douzaine de suggestions. L'élément le plus notable lors du débat des éclaireuses me semble être l'émergence d'une décision équilibrée fondée sur des démarches parfois interdépendantes et parfois indépendantes.

Les éclaireuses sont interdépendantes en ce qu'elles communiquent entre elles à propos des options présentées[163]. Cette communication est cruciale, car elle permet la diffusion des informations concernant leur future maison de rêve auprès de centaines d'individus. Nous avons vu comment une éclaireuse engagée peut, par une danse frétillante, faire de la publicité pour « son » site auprès d'éclaireuses non engagées. Celles-ci sont ainsi recrutées et peuvent, à leur tour, annoncer ce site et danser pour attirer de nouvelles recrues, ce qui crée un potentiel de croissance exponentielle du nombre d'abeilles visitant chaque site. Ainsi, en ajustant leurs danses selon la qualité du site, les éclaireuses entrent en compétition et obtiennent de plus en plus d'adhérentes pour les sites de qualité supérieure. Dès le départ, il y a l'établissement d'un préjugé, qui ne fera que grandir – on ne donne qu'aux riches – au fur et à mesure de son amplification par la rétroaction positive. Tôt ou tard, la source de supporters neutres diminuera, intensifiant la compétition et aboutissant à un soutien massif en faveur de l'un des sites et au déclin du soutien pour les autres. Dans quasiment tous les cas, le meilleur site sera celui retenu par les décisionnaires. Le système fonctionne si bien que, même dans le cas où le meilleur site est repéré et annoncé tard dans le débat, il pourra rapidement arriver en tête grâce à la rétroaction positive qui assurera le succès du site le plus recommandé.

L'interdépendance parmi les éclaireuses, toujours en communication étroite, est certainement un rouage critique de leur « horlogerie » sociale qui permet l'agrégation de nombreux renseignements sur les sites potentiels. Le système de recrutement par la communication (et la rétroaction positive qu'il engendre) est ce qui permet au système décisionnel (l'augmentation d'éclaireuses) de se concentrer sur un seul site. Pourtant, le geste garantissant que les éclaireuses se focalisent sur le meilleur site est mineur, mais déterminant : chacune décide si, oui ou non, elle annoncera le site, une prise de position indépendante basée sur une évaluation personnelle. Aucune éclaireuse, même si elle vient de rencontrer une danseuse exubérante, ne suivra aveuglément l'avis d'une autre pour un site qu'elle n'aura pas dûment inspecté. Cette indépendance d'opinion est d'une importance capitale, car si les éclaireuses copiaient les danseuses sans contrôle, leur système de prise de décision souffrirait (encore en raison de la rétroaction positive) d'une escalade catastrophique de possibles erreurs répercutées sur le groupe. Ce serait un phénomène similaire à la bulle boursière des années 1990, lorsque des investisseurs achetaient des actions dans le secteur des télécommunications et de la technologie uniquement en se fiant à ce que d'autres étaient en train d'acheter – une soi-disant sagesse conventionnelle – plutôt que de vérifier les aspects fondamentaux de la situation. En se joignant de façon totalement déraisonnable à la « horde sauvage » des investisseurs, d'autres spéculateurs se jetaient dans le gouffre financier, investissant des centaines de milliards de dollars dans des sociétés sans valeur sûre, et qui finalement faisaient faillite[164].

En copiant une danseuse qui la renseigne sur un site en particulier, l'éclaireuse, qui danse à son tour, sera en train de l'imiter *judicieusement* plutôt que *servilement*, c'est-à-dire seulement à condition d'avoir validé personnellement le site en question. Les éclaireuses mettent ce pouvoir de communication au service des bonnes idées qu'elles diffusent, tout en évitant le piège de l'emballement pour des informations concernant un site inférieur. L'évaluation indépendante assure que leur attention est dirigée le plus utilement possible.

Les éclaireuses font l'agrégation des connaissances et des opinions du groupe afin de prendre une décision pour le plus grand de bénéfice de l'ensemble. Comment utiliser la sagesse des abeilles quant au traitement des informations, chez nous ? J'ai trois suggestions. D'abord, engager un débat libre et loyal afin d'intégrer l'information disséminée parmi les participants, et d'instaurer une concurrence juste entre les différentes options. Ensuite, favoriser la bonne communication à l'intérieur du groupe pour permettre la diffusion efficace des idées. Finalement, admettre que, s'il est important de bien écouter les propositions, il est aussi important de prendre une position loyalement critique. Une opinion indépendante et avisée constitue une autre clé de voûte d'une bonne décision, quel que soit le groupe.

Ces trois principes sont bien connus des habitants de Nouvelle-Angleterre lorsqu'ils conduisent une réunion « à l'ancienne », où les citoyens se réunissent le jour de l'Assemblée annuelle et prennent des décisions en face à face. À l'instar des abeilles qui engagent des débats respectueux mais « en roue libre », ainsi s'échangent des opinions lors de débats vifs mais courtois. Tout comme les abeilles partagent leurs connaissances et leurs opinions sur les sites de nidification au moyen de danses, les citoyens échangent des renseignements et des points de vue sur l'achat d'une voiture de pompiers, les réparations à apporter à un pont et les impôts locaux, au moyen de discours brefs. Tout comme les abeilles soutiennent des sites (par des danses et des visites) sur la base de leurs évaluations indépendantes, ainsi font les citoyens qui soutiennent une proposition (en criant « oui » ou « non » ou par scrutin) sur la base de leur jugement personnel. Chez ces deux communautés, la clé du processus de prise de décision réussie passe par la compétition entre des idées examinées personnellement et partagées publiquement.

Voyons ce qui se passe dans mon département de Cornell pour évaluer ce que nous avons pu apprendre auprès des abeilles concernant les délibérations efficaces et les décisions avisées lors de nos réunions. D'abord, à l'instar des éclaireuses qui commencent par ratisser le paysage à la recherche de sites, nous commençons par examiner nos options. Ensuite, comme les abeilles, nous utilisons une concurrence amicale pour transformer les informations détenues par beaucoup d'individus en un choix d'action unique. D'habitude, pour amorcer les délibérations, je propose l'examen des idées et de tous les commentaires. La plupart de mes collègues se sentent à l'aise pour partager leurs opinions et ceux qui sont plus discrets sont invités à parler à leur tour. Cette approche permet aux uns et aux autres d'apporter des pièces différentes au puzzle. Certains vont mentionner une idée négligée, un point de vue mal compris, une contradiction. D'autres apporteront un éclaircissement, une explication, une conciliation d'idées. Si la réunion se passe bien, la discussion avance bien.

Il arrive un moment où tout semble avoir été dit ; mes collègues font savoir qu'ils disposent des éléments nécessaires à la prise de décision et que nous pouvons passer au vote. Par le passé, nous votions à main levée, mais maintenant nous votons par bulletin secret. Certaines personnes rechignaient au début, considérant que ce type de scrutin secret devait être réservé aux titularisations, mais j'ai pu expliquer que c'était le meilleur moyen d'éviter la pression des pairs et d'arriver à un réel jugement collectif basé sur des points de vue indépendants.

Cinquième leçon : utiliser le quorum pour une décision précise, rapide et solidaire

L'on pourrait penser qu'un groupe démocratique, devant une décision qui s'appliquera à tout le monde, ferait mieux de laisser se perpétuer le débat jusqu'à ce que les opinions se rejoignent et parviennent à un choix unanime. Après tout, s'il y a une bonne solution, pourquoi ne pas laisser libre cours aux intervenants jusqu'à ce que tout le monde soit d'accord ? Il y aurait l'assurance d'une bonne décision et d'une acceptation facile[165]. Pourtant, il arrive qu'il n'y ait pas de solution évidente qui puisse servir les intérêts de tout le monde, auquel cas il n'y aura pas d'accord ; la meilleure façon de terminer ce genre de débats âpres sera de passer aux votes. Même lors d'une solution optimale – possible dans un groupe ayant des intérêts profondément communs – il ne vaudrait pas la peine de poursuivre le débat inlassablement jusqu'à l'accord complet. Investir plus de temps peut impliquer des coûts en temps et en argent qui dépasseraient largement les bénéfices d'un débat exhaustif.

Les abeilles chasseuses de logis nous montrent une façon intelligente de gagner du temps en opérant une bonne décision consensuelle. Leur astuce est d'utiliser les éclaireuses pour apporter des réponses au niveau du quorum, c'est-à-dire pouvoir opérer des changements radicaux de comportement dès que le nombre seuil (quorum) sera atteint pour l'une des options. Regardons le fonctionnement de près. Nous savons que les abeilles doivent rester ensemble et faire le bon choix consensuel afin de survivre. Elles investissent beaucoup de temps (jusqu'à plusieurs jours) pour chercher leur maison et débattre de ses mérites. Lorsque la population d'éclaireuses sur un site aura atteint un seuil, ou quorum, ses membres changeront de comportement abruptement, retourneront à l'essaim et commenceront à produire des stridulations. Ce signal stimule les milliers d'ouvrières (non éclaireuses) à réchauffer leurs muscles de vol en préparation du déménagement. Les stridulations doivent informer les éclaireuses annonçant des sites perdants (sans quorum) qu'il est temps d'arrêter leurs visites et leurs annonces – une information qui permet d'accélérer le processus consensuel. Puisqu'un quorum d'éclaireuses au site gagnant déclenche un changement de comportement chez les éclaireuses de ce site, le système de prise de décision de l'essaim se trouve ainsi doté d'un moyen d'accélérer le progrès du consensus. Formidable ! La réponse rapide au niveau du quorum sert à pousser des milliers d'ouvrières à faire leurs préparatifs, bien avant que les éclaireuses n'arrivent au consensus. Le gain de temps est considérable et très important pour l'essaim qui reste suspendu dans le vide dans une situation bien précaire.

Le système du quorum, alliant rapidité et précision, peut aussi servir les intérêts d'un groupe décisionnel humain. Par exemple, lors des réunions de mon département concernant des décisions majeures qui requièrent l'unanimité dans un sens ou dans un autre, nous utiliserons le bulletin secret tout au long des délibérations pour sonder l'opinion. Si le scrutin nous montre que nous sommes loin d'un accord, il est clair que le débat doit continuer. Par contre, si nous sommes proches de l'unanimité, les quelques personnes dans la minorité se rendent compte que la décision collective est pratiquement atteinte, qu'il est inutile de poursuivre le débat et adopteront la position de la majorité afin d'assurer le consensus souhaité. L'astuce des sondages successifs apporte aux membres du groupe les informations nécessaires pour arriver au quorum et hâter le consensus. Bien sûr, quel que soit le groupe, les individus doivent s'imposer un seuil élevé pour éviter de sacrifier la justesse de la décision. Sans en être sûr, j'estime que mes collègues changeraient d'avis et de votes lorsque le seuil de 16 sur 20 (80 %) participants serait franchi. *E pluribus unum*[u], est-ce possible par les réponses du quorum ? Je dirais que oui, à condition qu'il soit assez grand pour assurer la bonne prise de décision par la communauté.

[u] NdT : Littéralement : « Un seul issu de beaucoup », la célèbre devise qui figure sur le Grand sceau des États-Unis et sur sa monnaie. Depuis 2000, la devise de la communauté européenne est « L'unité dans la diversité ».

Épilogue

Il y a 60 ans, Martin Lindauer se trouve par hasard devant une masse d'abeilles en forme de barbe suspendue à un buisson et se rend compte qu'il se trouve devant quelque chose d'inédit : les abeilles qui effectuent une danse frétillante sont noires de suie, rouges de poussière de brique, grises de terre. Pourquoi si sales ? Partent-elles à la recherche de sites tandis que la plupart de leurs sœurs sont en train de bivouaquer tranquillement ? Cette observation ponctuelle est l'étincelle de génie qui l'embarque dans ce qu'il appellera par la suite « la plus belle expérience de ma vie »[166].

Dans ce livre, nous avons vu comment Lindauer et ses héritiers scientifiques ont percé un mystère : comment une grappe d'abeilles choisit, avec sagesse, son nouveau logis. Cette décision est prise par un comité de recherche composé de quelques centaines d'éclaireuses, d'anciennes butineuses reconverties. Dorénavant elles chercheront des cavités obscures à la place de fleurs éclatantes, un abri à la place de nectar. Elles partageront l'information sur leurs trouvailles à l'aide de danses frétillantes, engageront un débat minutieusement scandé, et finiront par se mettre d'accord sur le meilleur site disponible. Il est rare que cela ne soit pas le cas. Leur sagesse collective les guide à choisir un nid avec tout le confort requis : une cavité bien protégée et suffisamment grande pour engranger assez de miel en vue de passer l'hiver.

La prise de décision démocratique est une prouesse accomplie par l'équipe des éclaireuses, qui nous offre ainsi des leçons de structuration d'un groupe décisionnel dont les membres ont des *intérêts communs*[167]. Nous pouvons prendre acte de leur gestion des étapes clés : l'identification de l'ensemble des possibilités, le libre partage des renseignements les concernant, l'agrégation des informations afin de faire le meilleur choix.

Étonnamment, les abeilles savent tout faire sans être guidées par un leader, évitant ainsi le pire des pièges : un chef qui dominerait le débat et empêcherait le groupe d'examiner les options en profondeur. L'absence de leader parmi les éclaireuses implique l'absence de centralisation et de directives pour définir les objectifs, indiquer les méthodes, gérer le débat, favoriser une discussion équitable ou identifier la décision dès qu'elle sera prise. Les éclaireuses travaillent bien ensemble et sans supervision parce leur motivation est forte : la survie de l'essaim dépend de leur bon choix – une demeure qui serait assez grande, assez protégée. La démarche de ces éclaireuses sans dirigeant ne concerne qu'un seul choix, ce qui évite la confusion des objectifs ou la dérive de la discussion. Par ailleurs, leurs règles de procédure sont programmées dans le logiciel de leur système neuronal, ce qui leur confère une grande indépendance, car il n'y a besoin de personne pour les définir ou les appliquer. Cette façon de faire nous rappelle que le vrai rôle du leader d'un groupe démocratique concerne la mise en forme du processus de délibération, non son produit. Nous pouvons en déduire qu'un groupe démocratique peut très bien fonctionner sans leader si ses membres s'accordent sur la définition des problèmes et le protocole à adopter en amont d'une prise de décision.

Le premier défi est d'identifier les options disponibles. Dans l'idéal, les membres du groupe exposeront toutes les possibilités. Nous avons vu que l'approche des éclaireuses est de chercher dans un grand rayon et de présenter de nombreuses options. Leur talent pour trouver des sites potentiels dépend de deux choses. D'abord, leur appartenance à un groupe de plusieurs centaines d'individus, une puissance de recherche considérable. Deuxièmement, leur diversité en tant qu'équipe d'exploratrices, où chacune sonde une partie différente du paysage, tantôt le nœud d'arbre poussiéreux ou le nid de pivert abandonné, tantôt la fente d'un vieux bâtiment ou tout autre lieu prometteur. Il est intéressant de penser que, peut-être, la diversité des lieux de recherche serait un reflet des différences de lieux de butinage où ces éclaireuses auraient travaillé auparavant, un reflet de leur « personnalité » d'aventurières – leurs explorations étant plus ou moins loin du nid – ou une combinaison de ces facteurs. Quelle que soit la cause de cette variété, elle assure une grande gamme d'habitations à évaluer et, surtout, la possibilité d'en trouver une excellente.

Un bon travail de reconnaissance ne suffit pas. Les membres d'un groupe décisionnel doivent aussi répandre les nouvelles de leurs trouvailles afin que tous les sites soient pris en compte. Si un individu ne rend pas publique sa découverte, l'information sera ignorée par le groupe, avec le risque d'entraîner une moins bonne décision. Par exemple, imaginez qu'un individu ait connaissance d'une option de premier ordre, sans la révéler aux autres ; le groupe serait dans l'impossibilité de l'incorporer dans la discussion, d'où l'importance d'exposer toutes les informations pertinentes à la question débattue. Pas de souci avec les abeilles ; vu l'aspect critique des informations détenues, il n'est point étonnant qu'une éclaireuse qui trouve, examine et approuve un lieu de nidification retourne rapidement à la grappe pour afficher sa découverte avec vigueur. La danse frétillante renseigne sur la direction, la distance et l'attractivité du nid. Plus l'évaluation de la « propriété » est bonne, plus vigoureuse est la danse de l'éclaireuse et plus son enthousiasme contagieux incite les éclaireuses non engagées à s'y rendre. Les premières à découvrir un site l'affichent toujours avec beaucoup d'entrain, peut-être pour assurer que ce premier coup publicitaire marque l'esprit du public. Mais les abeilles sont larges d'esprit, chacune est libre de recommander le site qu'elle aura trouvé, même une option plutôt insatisfaisante. En un sens, tous les points de vue sont accueillis et respectés – une question de liberté d'expression.

Dès que le groupe aura collecté et partagé les renseignements nécessaires sur les différentes options de sites, il devra les agréger et en faire le tri pour aboutir au choix du meilleur. Les éclaireuses opèrent leur choix de façon astucieuse en engageant un débat franc qui ressemble à une campagne électorale : il y a des candidats multiples (sites potentiels), l'affichage (danses frétillantes), des supporters pour chaque candidat (danseuses) et un électorat à convaincre (éclaireuses non engagées). De plus, les supporters pour un site peuvent devenir apathiques et rejoindre l'électorat neutre. Le résultat de l'élection dépendra de l'enthousiasme des danseuses parce que le préjugé en faveur des plus fortes danses favorisera l'obtention plus rapide de votes et parce que ces votantes reviendront plus lentement à un statut de neutralité. Et, finalement, les abeilles qui soutiennent l'un des sites proposés – d'habitude le meilleur – domineront si complètement le débat que chaque éclaireuse ne soutiendra que ce site. Un accord unanime est atteint. Il est important de noter que, bien que la façon de faire des éclaireuses dans la prise de décision finisse par un consensus, les abeilles ne minimisent pas le conflit pour atteindre ce consensus. En particulier, il n'y a jamais de suppression d'opinions divergentes dans le débat, seulement l'effacement de l'opposition. De plus, il n'y a ni pression des pairs ni obéissance à une quelconque conformité sociale. Chaque éclaireuse fait son évaluation personnelle et indépendante, sans se référer au jugement des autres, et s'exprime librement sur les sites en lice. Ainsi les éclaireuses agrègent les informations en conduisant un débat ouvert ; ce sont des douzaines, voire des centaines d'abeilles qui s'expriment maintes et maintes fois. C'est le meilleur site qui gagne en vertu de sa supériorité, qualité reconnue par les éclaireuses opiniâtres.

Depuis des millions d'années, les éclaireuses dans les essaims d'abeilles se confrontent à la recherche d'un domicile approprié pour y nicher ; la sélection naturelle a structuré leur organisation sociale en fonction de cette tâche, et comprend des comités d'experts pour prendre les meilleures décisions. Enfin, nous les humains avons le plaisir de connaître le fonctionnement de ce processus de sélection et l'occasion d'utiliser cette connaissance pour améliorer nos vies. D'aucuns disent que les abeilles à miel sont des messagers des dieux, envoyés pour nous aider à bien vivre : dans la douceur, la beauté et la paix. Que cela soit vrai ou non, ces belles petites créatures ne cessent de m'éblouir. J'espère que, tout au long des pages de ce livre, l'histoire des abeilles à miel à la recherche d'un logis vous aura inspiré autant d'émerveillement qu'à moi.

Crédits des illustrations

Fig. 1. Photo de Kenneth Lorenzen.

Fig. 2. Photo de Thomas D. Seeley.

Fig. 3. D'après la Fig. 46 *in* Frisch, K. von. 1993. *The Dance Language and Orientation of Bees.* Harvard University Press, Cambridge, Massachusetts.

Fig. 4. Original dessiné par Margaret C. Nelson.

Fig. 5. Photo fournie par Rosemarie Lindauer, droits réservés.

Fig. 6. D'après la Fig. 3 *in* Lindauer, M. 1951. Bienentänze in der Schwarmtraube. *Die Naturwissenschaften* 38 : 509-513.

Fig. 7. Photo de John G. Seeley.

Fig. 1.1. Photo de Kenneth Lorenzen.

Fig. 1.2. Photo de Kenneth Lorenzen.

Fig. 1.3. Original dessiné par Margaret C. Nelson.

Fig. 1.4. Photo de Scott Camazine.

Fig. 1.5. D'après la Fig. 54 *in* Kemper, H. et Döhring, E. 1967. *Die Sozialen Faltenwespen Mitteleuropas.* Paul Parey, Berlin.

Fig. 1.6. D'après la Fig. 8.2 *in* Seeley, T.D. 1985. *Honeybee Ecology.* Princeton University Press, Princeton, New Jersey.

Fig. 1.7. Photo de Thomas D. Seeley.

Fig. 1.8. D'après la Fig. 1 *in* Seeley, T.D. et Visscher, P.K. 1985. Survival of honeybees in cold climates : the critical timing of colony growth and reproduction. *Ecological Entomology* 10 : 81-88.

Fig. 1.9. Photo de Kenneth Lorenzen.

Fig. 1.10. Photo de Kenneth Lorenzen.

Fig. 1.11. Original dessiné par Margaret C. Nelson.

Fig. 1.12. Photo de Kenneth Lorenzen.

Fig. 1.13. D'après la Fig. 3.7 *in* Seeley, T.D. 1985. *Honeybee Ecology.* Princeton University Press, Princeton, New Jersey.

Fig. 1.14. D'après la Fig. 2 *in* Michelsen, A., Kirchner, W.H., Andersen, B.B. et Lindauer, M. 1986. The tooting and quacking vibration signals of honeybee queens : a quantitative analysis. *Journal of Comparative Physiology A* 158 : 605-611.

Fig. 2.1. Reproduction de la Fig. 17 *in* Crane, E. 1983. *The Archaeology of Beekeeping.* Duckworth, London.

Fig. 2.2. Photo de Thomas D. Seeley.

Fig. 2.3. Photo de Thomas D. Seeley.

Fig. 2.4. D'après la Fig. 2 *in* Seeley, T.D. et Morse, R.A. 1976. The nest of the honey bee (*Apis mellifera* L.). *Insectes Sociaux* 23 : 495-512.

Fig. 2.5. Photo de Thomas D. Seeley.

Fig. 2.6. Photo de Thomas D. Seeley.

Fig. 2.7. Photo de Thomas D. Seeley.

Fig. 2.8. D'après la Fig. 3 *in* Morse, R.A. et Seeley, T.D. Bait hives. *Gleanings in Bee Culture* 106(May) : 218-220, 242.

Fig. 2.9. Photo de Thomas D. Seeley.

Fig. 2.10. Photo aérienne gracieusement fournie par le Shoals Marine Laboratory; photo de paysage de Thomas D. Seeley.

Fig. 2.11. Photo de Thomas D. Seeley.

Fig. 2.12. Photo de Thomas D. Seeley.

Fig. 2.13. D'après la Fig. 2 *in* Seeley, T.D. 1982. How honeybees find a home. *Scientific American* 247(October) : 158-168.

Fig. 2.14. D'après la Fig. 8 *in* Seeley, T.D. 1982. How honeybees find a home. *Scientific American* 247(October) : 158-168.

Fig. 3.1. Photo de Peter Essick.

Fig. 3.2. D'après la Fig. 3 *in* Lindauer, M. 1955. Schwarmbienen auf Wohnungssuche. *Zeitschrift für vergleichende Physiologie* 37 : 263-324.

Fig. 3.3. D'après la Fig. 4 *in* Lindauer, M. 1955. Schwarmbienen auf Wohnungssuche. *Zeitschrift für vergleichende Physiologie* 37 : 263-324.

Fig. 3.4. D'après la Fig. 7 *in* Lindauer, M. 1955. Schwarmbienen auf Wohnungssuche. *Zeitschrift für vergleichende Physiologie* 37 : 263-324.

Fig. 3.5. Photo de Thomas D. Seeley.

Fig. 3.6. D'après la Fig. 3 *in* Seeley, T.D. et Buhrman, S.C. 1999. Group decision making in swarms of honey bees. *Behavioral Ecology and Sociobiology* 45 : 19-31. Avec l'aimable autorisation de Springer Science+Business Media.

Fig. 3.7. D'après la Fig. 5 *in* Seeley, T.D. et Buhrman, S.C. 1999. Group decision making in swarms of honey bees. *Behavioral Ecology and Sociobiology* 45 : 19-31.

Fig. 3.8. Reproduction de la Fig. 16 *in* Lindauer, M. 1955. Schwarmbienen auf Wohnungssuche. *Zeitschrift für vergleichende Physiologie* 37 : 263-324.

Fig. 3.9. D'après la Fig. 2 *in* Gilley, D.C. 1998. The identity of nest-site scouts in honey bee swarms. *Apidologie* 29 : 229-240.

Fig. 4.1. D'après la Fig. 1 *in* Seeley, T.D. et Buhrman, S.C. 2001. Nest-site selection in honey bees : how well do swarms implement the « best-of-N » decision rule? *Behavioral Ecology and Sociobiology* 49 : 416-427.

Fig. 4.2. Photo de Thomas D. Seeley.

Fig. 4.3. D'après la Fig. 2 *in* Seeley, T.D. et Buhrman, S.C. 2001. Nest-site selection in honey bees : how well do swarms implement the « best-of-N » decision rule? *Behavioral Ecology and Sociobiology* 49 : 416-427.

Fig. 4.4. Photo de Thomas D. Seeley.

Fig. 4.5. D'après la Fig. 4 *in* Seeley, T.D. et Buhrman, S.C. 2001. Nest-site selection in honey bees : how well do swarms implement the « best-of-N » decision rule? *Behavioral Ecology and Sociobiology* 49 : 416-427.

Fig. 4.6. Photo de Thomas D. Seeley.

Fig. 4.7. D'après la Fig. 5 *in* Seeley, T.D. et Buhrman, S.C. 2001. Nest-site selection in honey bees : how well do swarms implement the « best-of-N » decision rule? *Behavioral Ecology and Sociobiology* 49 : 416-427.

Fig. 5.1 Original dessiné par Margaret C. Nelson.

Fig. 5.2. Reproduction de la Fig. 14 *in* Lindauer, M. 1955. Schwarmbienen auf Wohnungssuche. *Zeitschrift für vergleichende Physiologie* 37 : 263-324. Avec l'aimable autorisation de Springer Science+Business Media.

Fig. 5.3 Original dessiné par Margaret C. Nelson.

Fig. 5.4. Photo de Thomas D. Seeley.

Fig. 5.5. Photo de Thomas D. Seeley.

Fig. 5.6. D'après la Fig. 2 *in* Seeley, T.D. et Visscher, P.K. 2008. Sensory coding of nest-site value in honeybee swarms. *The Journal of Experimental Biology* 211 : 3691-3697.

Fig. 5.7. D'après la Fig. 3 *in* Seeley, T.D. et Visscher, P.K. 2008. Sensory coding of nest-site value in honeybee swarms. *The Journal of Experimental Biology* 211 : 3691-3697.

Fig. 5.8. D'après la Fig. 11 *in* Seeley,T.D., Visscher, P.K. et Passino, K.M. 2006. Group decision making in honey bee swarms. *American Scientist* 94 : 220-229.

Fig. 5.9. D'après la Fig. 18 *in* Lindauer, M. 1955. Schwarmbienen auf Wohnungssuche. *Zeitschrift für vergleichende Physiologie* 37 : 263-324.

Fig. 5.10. D'après la Fig. 1 *in* Seeley, T.D. 2003. Consensus building during nest-site selection in honey bee swarms : the expiration of dissent. *Behavioral Ecology and Sociobiology* 53 : 417-424.

Fig. 5.11. D'après la Fig. 2 *in* Seeley, T.D. 2003. Consensus building during nest-site selection in honey bee swarms : the expiration of dissent. *Behavioral Ecology and Sociobiology* 53 : 417-424.

Fig. 5.12. Original dessiné par Margaret C. Nelson.

Fig. 6.1. Photo de Peter Essick.

Fig. 6.2. Photos de Thomas D. Seeley.

Fig. 6.3. D'après la Fig. 23 *in* Heinrich, B. 1981. The mechanisms and energetics of honeybee swarm temperature regulation. *The Journal of Experimental Biology* 91 : 25-55.

Fig. 6.4. Photo de Marco Kleinhenz et Thomas D. Seeley.

Fig. 6.5. D'après la Fig. 2 *in* Seeley, T.D., Kleinhenz, M., Bujok, B. et Tautz, J. 2003. Thorough warm-up before take-off in honey bee swarms. *Naturwissenschaften* 90 : 256-260.

Fig. 6.6. D'après la Fig. 2 *in* Seeley, T.D. et Tautz, J.. 2001. Worker piping in honey bee swarms and its role in preparing for liftoff. *Journal of Comparative Physiology A* 187 : 667-676.

Fig. 6.7. D'après la Fig. 8 *in* Seeley, T.D. et Tautz, J. 2001. Worker piping in honey bee swarms and its role in preparing for liftoff. *Journal of Comparative Physiology A* 187 : 667-676.

Fig. 6.8. D'après la Fig. 4 *in* Seeley, T.D. et Tautz, J. 2001. Worker piping in honey bee swarms and its role in preparing for liftoff. *Journal of Comparative Physiology A* 187 : 667-676.

Fig. 6.9. D'après la Fig. 7 *in* Seeley, T.D. et Tautz, J. 2001. Worker piping in honey bee swarms and its role in preparing for liftoff. *Journal of Comparative Physiology A* 187 : 667-676.

Fig. 6.10. D'après la Fig. 6.3 *in* Seeley, T.D. 1995. *The Wisdom of the Hive.* Harvard University Press, Cambridge, Massachusetts.

Fig. 6.11. D'après la Fig. 1 et la Fig. 9 *in* Seeley, T.D. et Tautz, J. 2001. Worker piping in honey bee swarms and its role in preparing for liftoff. *Journal of Comparative Physiology A* 187 : 667-676.

Fig. 6.12. D'après la Fig. 1 *in* Rittschof, C.C. et Seeley, T.D. 2008. The buzz-run : how honeybees signal 'Time to go!' *Animal Behaviour* 75 : 189-197.

Fig. 6.13. D'après la Fig. 2 et la Fig. 3 *in* Rittschof, C.C. et Seeley, T.D. 2008. The buzz-run : how honeybees signal 'Time to go!' *Animal Behaviour* 75 : 189-197.

Fig. 6.14. Photo de Thomas D. Seeley.

Fig. 7.1. Photo de Peter Essick.

Fig. 7.2. Photo de Thomas D. Seeley.

Fig. 7.3. D'après la Fig. 2 *in* Beekman, M., Fathke, R.L. et Seeley, T.D. 2006. How does an informed minority of scouts guide a honeybee swarm as it flies to its new home? *Animal Behaviour* 71 : 161-171.

Fig. 7.4. Photo de Kenneth Lorenzen.

Fig. 7.5. D'après la Fig. 42 *in* Frisch, K. von. 1967. *The Dance Language and Orientation of Bees.* Harvard University Press, Cambridge, Massachusetts.

Fig. 7.6. Photo de Thomas D. Seeley.

Fig. 7.7. D'après la Fig. 4 *in* Schultz, K.M., Passino, K.M. et Seeley, T.D. 2008. The mechanism of flight guidance in honeybee swarms : subtle guides or streaker bees? *Journal of Experimental Biology* 211 : 3287-3295.

Fig. 7.8. Original dessiné par Margaret C. Nelson.

Fig. 7.9. D'après la Fig. 1 *in* Latty, T., Duncan, M. et Beekman, M. 2009. High bee traffic disrupts transfer of directional information in flying honeybee swarms. *Animal Behaviour* 78 : 117-121.

Fig. 8.1. Original dessiné par Margaret C. Nelson.

Fig. 8.2. D'après la Fig. 4 *in* Glimcher, P.W. 2003. The neurobiology of visual-saccadic decision making. *Annual Review of Neuroscience* 26 : 133-179.

Fig. 8.3. D'après la Fig. 1 *in* Seeley, T.D. et Visscher, P.K. 2008. Sensory coding of nest-site value in honeybee swarms. *Journal of Experimental Biology* 211 : 3691-3697.

Fig. 8.4. Original dessiné par Margaret C. Nelson.

Fig. 8.5. Original dessiné par Margaret C. Nelson.

Fig. 8.6. Original dessiné par Margaret C. Nelson.

Index

E

F

G

H

I

K

L

M

N

Notes

Introduction

1 Citation de George Bernard Shaw. Shaw, G.B. 1903. *Man and Superman.* Act II, ligne 79. The University Press, Cambridge, M.A.

2 La valeur économique de la pollinisation par des abeilles est examinée en détail dans deux ouvrages fondamentaux : McGregor, S.E. 1976. *Insect Pollination of Cultivated Crop Plants.* Agricultural Handbook 496. United States Department of Agriculture, Agricultural Research Service, Washington D.C. et Free, J.B. 1993. *Insect Pollination of Crops.* Academic Press, Londres.

3 Les taxonomistes apicoles nous disent qu'il y a au moins neuf espèces d'abeilles à miel, toutes membres du genre *Apis.* La distribution géographique et la biologie de chaque espèce, y compris l'abeille européenne familière, *Apis mellifera,* sont détaillées par Ruttner, F. 1988. *Biogeography and Taxonomy of Honeybees.* T. Springer-Verlag, Berlin. Un article récent met à jour les données concernant les abeilles vivantes et fossiles (genre *Apis*), et examine leur biogéographie suite à la récente découverte remarquable d'une abeille fossile (*Apis nearctica*) retrouvée dans les schistes argileux du Nevada, aux États-Unis. Engel, M.S., Hinojosa-Diaz, I.A, et Rasnitsyn, A. 2009. « A honeybee from the Miocene of Nevada and the biogeography of *Apis* (Hymenoptera : Apidae : Apini) ». *Proceedings of the California Academy of Sciences* 60 : 23-38.

4 Un bon aperçu général de l'étude de l'influence phéromonale de la reine sur les ouvrières est présenté par Winston, M.L., et Slessor, K.L. 1992. « The essence of royalty: honey bee queen pheromone ». *American Scientist* 80 : 374-385.

5 L'analogie entre les abeilles d'une ruche et les cellules d'un corps – dans les deux cas une constellation d'unités à un certain niveau d'organisation biologique coopèrent étroitement à la construction d'une entité de niveau supérieur – est discutée en détail dans Hölldobler, B., et Wilson, E.O. 2009 ; *The Superorganism : The Beauty, Elegance and Strangeness of Insect Societies.* W.W. Norton. New York.

6 L'étude neurobiologique du processus de prise de décision a fait des progrès étonnants quant à la compréhension d'une prise de décision perceptuelle simple, c'est-à-dire la transformation par le système neuronal d'une information sensorielle, d'abord en perception, ensuite en réponse comportementale appropriée. Pour deux études dans ce domaine, voir Gold, J.I. et Shadlen, M.N. 2007. « The neural basis of decision making ». *Annual Review of Neuroscience* 30 : 535-574 ; et Heekeren, H.R., Marrett. S. et Ungerleider, L.G. 2008. « The neural systems that mediate human perceptual decision-making ». *Nature Reviews Neuroscience* 9 : 467-479.

7 Une citation de Henry David Thoreau. Thoreau, H.D. 1838. Journal entry, le 14 mars.

8 Une citation de Friedrich Nietzsche. Nietzsche, F. 1966. *Beyond Good and Evil (Au-delà du bien et du mal).* Random House, New York. Kaufman, W., trad. 1886. *Jensetts von Gut und Böse.* P 90. Naumann, Leipzig.

9 Une bonne description de comment Karl von Frisch a graduellement réussi à décoder la danse frétillante se trouve au chapitre 3 de von Frisch, K. 1971. *Bees : Their Vision, Chemical Senses and Language.* Cornell University Press, Ithaca, NY. Pour le rapport définitif de l'analyse expérimentale de von Frisch concernant ce système de communication, voir von Frisch, K. 1993. *The Dance Language and Orientation of Bees.* Harvard University Press, Cambridge, MA. Pour une confirmation récente de sa conclusion que les abeilles exécutent des danses frétillantes pour partager l'information concernant des sources de nourriture, voir Riley, J.R., Greggers, U., Smith, A.D., Reynolds, D.R., et Mensel, R. 2005. « The flight paths of honeybees recruited by the waggle danse ». *Nature* 435 : 205-207.

10 Une citation de Karl von Frisch. Von Frisch, K. 1954. *The Dancing Bees : An Account of the Life and Senses of the Honey Bee.* Methuen, London. Pp 101, 103.

11 Pour des renseignements détaillés sur Martin Lindauer, voir Seeley, T.D., Kühnholz, S. et Seeley, R.H. 2002. « An early chapter in behavioural physiology and sociobiology : the science of Martin Lindauer ». *Journal of Comparative Physiology* A 188 : 439-453.

12 Une citation de Martin Lindauer concernant le monde des humains. Seeley, T.D., Kühnholz, S. et Seeley, R.H. 2002. « An early chapter in behavioural physiology and sociobiology : the science of Martin Lindauer ». *Journal of Comparative Physiology* A 188 : 439-453. 442.

13 Une citation de Martin Lindauer concernant une belle expérience. Seeley, T.D., Kühnholz, S. et Seeley, R.H. 2002. « An early chapter in behavioural physiology and sociobiology : the science of Martin Lindauer ». *Journal of Comparative Physiology* A 188 : 439-453.

14 Une citation de Martin Lindauer concernant les *dirty dancers*. Lindauer, M. 1955. « Schwarmbienen auf Wohnungssuche ». *Zeitschrift für vergleichende Physiologie* 37 : 263-324. P 266. Traduite par T.D. Seeley.

15 La découverte par Lindauer que les abeilles utilisent des danses frétillantes pour annoncer des sites potentiels aussi bien que des sources de nourriture fut notée pour la première fois dans Lindauer, M. 1951. « Bienentänze in der Schwarmtraube ». *Die Naturwissenshaften* 38 : 509-513.

16 Roger A. Morse fut professeur d'apiculture à l'université Cornell pendant 40 ans, de 1957 à 1997. Il supervisa les thèses de plus de 30 étudiants de deuxième et troisième cycle et fut l'auteur de nombreux ouvrages notables sur l'apiculture, y compris *The Complete Guide to Beekeeping* (1972, Dutton, New York) ainsi que *Bees and Beekeeping* (1975, Cornell University Press, Ithaca, NY).

17 Voir Wilson, E.O. 1971. *The Insect Societies*. Harvard University Press, Cambridge, MA.

18 Voir Lindauer, M.1962. *Communication among Social Bees*. Harvard University Press, Cambridge, MA.

19 Le *magnum opus* de Lindauer sur la recherche d'un nouveau nid par des abeilles. Lindauer, M. 1955. « Schwarmbienen auf wohnungssuche ». *Zeigschrift für vergleichende Physiologie* 37 : 263-324. Une traduction en anglais, « House-hunting by honey bee swarms », existe en tant que supplément. Visscher, P.K. 2007. « Group decision-making in nest-site selection among social insects ». *Annual Review of Entomology* 52 : 255-275. Disponible en ligne : http://arjournals.annualreviews.org/toc/ento/52/1.

Chapitre 1. La vie dans une colonie d'abeilles

20 Une citation de Charles Butler. Butler, C. 1609. *The Feminine Monarchie : Or, a Treatise concerning Bees and the Divine Ordering of Them*. Preface, p.4. Joseph Barnes, Oxford.

21 Le « Who's Who » des abeilles le plus complet *in* Michener, C.C. 2000. *The Bees of the World*. John Hopkins University Press, Baltimore. Le chapitre 11 présente l'histoire de l'évolution des abeilles, magnifiquement illustrée, « Hymenoptera : ants, bees and other wasps ». Grimaldi, D. et Engel, M.S. 2005. *Evolution of the Insects*. Cambridge University Press, Cambridge. Pour la découverte récente du fossile le plus ancien d'une abeille : Poinar, G.O. Jr., et Danforth, D.B. 2006. « Une abeille fossile dans un ambre birman du Crétacé inférieur ». *Science* 314 : 614.

22 Une description de la relation mutuelle et complexe entre les plantes à fleurs et les abeilles. Proctor, M., Yeo, P. et Lack, A. 1996. *The Natural History of Pollination*. Timber Press, Portland, OR. Voir également Barth, F.G. 1985. *Insects and Flowers : The Biology of a Partnership*. Princeton University Press, Princeton, NJ.

23 Une comparaison entre la biologie des abeilles solitaires et celle des abeilles sociales. Michener, C.D. 1974. *The Social Behaviour of the Bees*. Harvard University Press. Cambridge, MA.

24 Une ruche d'observation pour des abeilles comporte deux plaques de verre. La ruche est construite en forme de sandwich avec le rayon (vu des deux côtés) au milieu. L'espace entre le verre et le rayon permet aux abeilles de s'y promener. Ainsi, tous les habitants se trouvent exposés et il est possible d'observer leur monde, normalement caché.

25 L'anatomie et la biologie de la reproduction des ouvrières, reines et faux-bourdons sont décrites en détail. Winston, M.L. 1987. *The Biology of the Honey Bee*. Harvard University Press, Cambridge, MA. Pour une description magnifique de l'anatomie de l'abeille – avec photos, micrographies, dessins, et peintures – voir Goodman, L. 2003. *Form and Function in the Honey Bee*. International Bee Research Association, Cardiff.

26 Le développement du concept d'une colonie d'abeilles en tant que superorganisme, voir Seeley, T.D. 1989. « The honeybee colony as a superorganism ». *American Scientist* 77 : 546-553. Pour une description de la biologie de l'abeille à miel et son fonctionnement en tant qu'entité, voir Moritz, R.F.A. et Southwick, E.E. 1992. *Bees as a Superorganism : an Evolutionary Reality*. Springer and Verlag, Berlin. Pour un bel aperçu des superorganismes d'insectes (abeille, termite, fourmi, guêpe), voir Hölldobler, B. et Wilson, E.O. 2009. *The Superorganism : The Beauty, Elegance and Strangeness of Insect Societies*. W.W. Norton. New York.

27 Pour des informations plus détaillées sur la physiologie de la colonie, voir « Thermoregulation » : chapter 16, « Social thermoregulation ». Heinrich, B. 1993. *The Hotblooded Insects : Strategies and Mechanisms of Thermoregulation.* Harvard University Press, Cambridge, MA. « Carbon-dioxide regulation » : Seeley, T.D. 1974. « Atmospheric carbon dioxide regulation in honey bee (*Apis mellifera*) colonies ». *Journal of Insect Physiology* 20 : 2301-2305. « Circulation of food » : Basile, R., Pirk, C.W.W. et Tautz, J. 2008. « Trophyllactic activities in the honeybee brood nest – heaters get supplied with high performance fuel ». *Zoology* 111 : 433-441. « Fever response » : Starks, P.T., Blackie, C.A. .et Seeley, T.D. 2000. Fever in honey bee colonies. *Naturwissenschaften* 87 : 229-231.

28 Le cycle annuel d'une colonie d'abeilles est discuté plus longuement au chapitre 4, « The annual cycle of colonies », Seeley, T.D. 1985. *Honeybee Ecology.* Princeton University Press, Princeton, NJ. Voir également Seeley, T.D. et Visscher, P.K. 1985. « Survival of honeybees in cold climates : the critical timing of colony growth and reproduction ». *Ecological Entomology* 10 : 81-88.

29 La complexité de la reproduction dans une colonie d'abeilles est décrite de façon plus détaillée au chapitre 5, « Reproduction », Seeley, T.D. 1985. *Honeybee Ecology.* Princeton University Press, Princeton, NJ. Et au chapitre 12, « Drones, queens and mating ». Winston, M.L. 1987. *The Biology of the Honeybee.* Harvard University Press, Cambridge, MA.

30 Une étude sur trois ans concernant la survie, la durée de vie, la vitesse de reproduction et autres données démographiques sur des colonies sauvages est rapportée dans Seeley, T.D. 1978. « Life history strategy of the honey bee, *Apis mellifera* ». *Oecologia* 32 : 109-118. Pour un test expérimental sur l'importance de l'essaimage en début d'été, voir Seeley, T.D. et Visscher, P.K. 1985. « Survival of honeybees in cold climates : the critical timing of colony growth and reproduction ». *Ecological Entomology* 10 : 81-88.

31 Un aperçu détaillé du processus de l'essaimage au chapitre 11, « Reproduction : swarming and supersedure », Winston, M.L. 1987. *The Biology of the Honey Bee.* Harvard University Press, Cambridge, MA.

32 Pour plus d'informations sur les secousses de la reine mère avant son départ et l'effet amincissant de son régime, voir Allen, M.D. 1959. « The occurrence and possible significance of the shaking of honeybee queens by the workers ». *Animal Behaviour* 7 : 66-69, et Pierce, A.L., et Schneider, S.S. 2007. « The use of the vibrational signal and worker piping to influence queen behaviour during swarming in honeybees, *Apis mellifera* ». *Ethology* 113 : 267-275. Note : le signal des secousses est parfois appelé le signal vibratoire ou, plus difficilement, le « DVAV » (*dorso-ventral abdominal vibration*).

33 Pour la première étude sur les ouvrières qui se gavent de miel en préparation à l'essaimage, voir Combs, G.F. Jr. 1972. « The engorgement of swarming worker honeybees », *Apis mellifera. Journal of Apicultural Research* 11 : 121-128. Pour des études plus détaillées, voir Otis, G.M., Winston, M.L. et Taylor, O.R. Jr. 1981. « Engorgement and dispersal of Africanized honeybee swarms ». *Journal of Apicultural Research* 20 : 3-12 ; et Leta, M.A., Morse, R.A. 1996. « Level of hemolymph sugars and body glycogen of honeybees (*Apis mellifera* L.) from colonies preparing to swarm ». *Journal of Insect Physiology* 42 : 239-245. La structure des glandes cirières et la physiologie de la production de cire sont détaillées au chapitre 8, « Glands : chemical communication and wax production », Goodman, L. 2003. *Form and Function in the Honeybee.* International Bee Research Association, Cardiff ; et Hepburn, H.R. 1986. *Honeybees and Wax.* Springer-Verlag, Heidelberg.

34 « *The calm before the swarm* » est une citation de l'abeille ouvrière Nyuki, de Hosler, J. 2000. *Clan Apis.* « Active synapse », Columbus, OH. P. 40.

35 Pour une description détaillée de l'envol explosif de l'essaim, voir Rangel, J. et Seeley, T.D. 2008. « The signals initiating the mass exodus of a honeybee swarm from its nest ». *Animal Behaviour* 76 : 1943-1952. Rangel, J., Griffin, S.R. et Seeley, T.D. 2010. « An oligarchy of nest-site scouts triggers a honeybee swarm's departure from the hive ». *Behavioural Ecology and Sociobiology.* Les deux signaux sont décrits dans deux comptes-rendus : Seeley, T.D. et Tautz, J. 2001. « Worker piping in honey bee swarms and its role in preparing for liftoff ». *Journal of Comparative Physiology.* 187 : 667-676 ; et Rittschof, C.C. et Seeley, T.D. 2007. « The buzz-run : how bees signal Time to go ! » *Animal Behaviour* 75 : 189-197.

36 L'organe odorifère de l'abeille ouvrière et l'aspect chimique de sa phéromone d'attraction sont décrits au chapitre 13, « Attraction : Nasonov pheromone », Free, J.B. 1987. *Pheromones of Social Bees.* Cornell Univesity Press, Ithaca, NY.

37 Pour une description détaillée de ce qui arrive aux reines vierges dans une colonie essaimante suite au départ de la colonie primaire, voir Gilley, D.C. et Tarpey, D.R. 2005. « Three mechanisms of queen elimination in swarming honey bee colonies ». *Apidologie* 36 : 461-474. Pour une description plus longue des comportements des reines et des ouvrières lorsque leurs reines vierges se battent jusqu'à la mort, voir Gilley, D.C. 2001. « The behaviour of honey bees (*Apis mellifera ligustica*) during queen duels ». *Ethology* 107 : 601-622. Pour une analyse de l'adaptation par le combat chez les reines vierges, voir Visscher, P.K. 1993. « A theoretical analysis of individual interests and intracolony conflict during swarming of honey bee colonies ». *Journal of Theoretical Biology*. 165 : 191-212.

38 Les « tuts » et les « couacs » des reines sont décrits de façon précise d'après des enregistrements laser vibrométriques. Michelsen, A., Kirchner, W.H., Andersen, B.B. et Lindauer, M. 1986. « The tooting and quacking vibration signals of honeybee queens : a quantitative analysis ». *Journal of Comparative Physiology* A 158 : 605-611. Pour un aperçu général des signaux acoustiques divers (sons et vibrations) utilisés par les abeilles pour communiquer dans l'obscurité à l'intérieur de la ruche, voir Kichner, W.H. 1993. « Acoustical communication in honeybees ». *Apidologie* 24 : 297-307.

Chapitre 2. Une future maison de rêve

39 Une citation de Robert Frost, « A Drumlin Woodchuck », *in* Latham, E.C., ed. 1969. *The Poetry of Robert Frost*. Henry Holt, New York.

40 L'histoire de l'association entre l'homme et l'abeille à miel est démontrée par des objets matériels (art pariétal, manuscrits illuminés, ruches, abris, outils d'apiculture) : Crane, E. 1983. *The Archeology of Beekeeping*. Duckworth, Londres.

41 Les premières études expérimentales sur les préférences de site des abeilles sont rapportées par Lindauer, M. 1955. « Schwarmbienen auf Wohnungssuche ». *Zeitschrift für vergleichende Physiologie* 37 : 263-324. Une traduction en anglais, « House-hunting by honey bee swarms », existe en tant que supplément. Visscher, P.K. 2007. « Group decision-making in nest-site selection among social insects ». *Annual Review of Entomology* 52 : 255-275. Disponible en ligne : http://arjournals.annuelreviews.org/toc/ento/52/1.

42 Une citation de Martin Lindauer qui demande leur avis aux abeilles elles-mêmes. Lindauer, M. 1955. « Schwarmbienen auf Wohnungssuche ». *Zeitschrift für vergleichende Physiologie* 37 : 263-324. Traduit en anglais par P.K. Visscher.

43 Une citation sur l'approche Frisch-Lindauer par rapport à la recherche en comportement animal. Hölldobler, B. et Wilson, E.O. 1994. *Journey to the Ants*. Harvard University Press, Cambridge, M.A. P. 19. (Traduit en français. *Voyage chez les fourmis*. 1996, Éditions du Seuil, Paris.)

44 Pour un rapport détaillé sur les nids d'abeilles arboricoles, voir Seeley, T.D. et Morse, R.A. 1976. « The nests of the honeybee (*Apis mellifera L.*) ». *Insectes Sociaux* 23 : 495-512.

45 L'apiculture forestière au Moyen Âge en Russie, Pologne, Allemagne et Angleterre est examinée au chapitre 5, « Forest bee-keeping and the precursor of upright hives ». Crane, E. 1983. *The Archeology of Beekeeping*. Duckworth, London. Voir également, Galton, D. 1971. *Survey of a Thousand Years of Beekeeping in Russia*. Bee Research Association. Londres.

46 Le métier de chasseur d'abeilles est bien décrit par Edgell, G.H. 1949. *The Bee Hunter*. Harvard University Press, Cambridge, MA. Edgell, qui fut directeur du Musée des Beaux-Arts à Boston, a cherché des arbres à abeilles dans le New Hampshire depuis son enfance, et disait que son livre sur la chasse aux abeilles lui avait rapporté plus de célébrité que ses publications professionnelles sur l'art. J'ai pu me servir de ses méthodes pratiques pour chasser des abeilles sauvages lors de plusieurs études écologiques. Voir Visscher, P.K. et Seeley, T.D. 1982. « Foraging strategy of honeybee colonies in temperate deciduous forest ». *Ecology* 63. 1790-1801. ; Seeley, T.D. 2007. « Honey Bees of the Arnot Forest : a population of feral colonies persisting with *Varroa destructor* in the northeastern United States ». *Apidologie* 38 : 19-29 ; et Seeley, T.D. 2008. « The Bees of the Arnot Forest ». *Bee Culture* 136 (mars) : 23-25.

47 L'utilisation de ruches appâts par des apiculteurs africains est décrite par Smith, F.G. 1960. *Beekeeping in the Tropics*. Longmans, London ; et par Guy, R.D. 1972. « Commercial Beekeeping with African bees ». *Bee World* 53 : 14-22.

48 Pour un rapport complet de mes études des préférences de site des abeilles, voir Seeley, T.D. 1977. « Measurement of nest cavity volume by the honey bee (*Apis mellifera*) ». *Behavioural Ecology and Sociobiology* 2 : 210-227 ; Seeley, T.D. et Morse, R.A. 1978. Nest-site selection by the honey bee (*Apis mellifera*). *Insectes sociaux* 25 : 323-337 ; Visscher, P.K., Morse R.A. et Seeley, T.D. 1985. « Honeybees choosing a home prefer previously occupied cavities ». *Insectes Sociaux* 32 : 217-220. D'autres articles sur le même sujet : Jaycox, E.R. et Parise, S.G. 1980. « Homesite selection by Italian honey bee swarms, *Apis mellifera ligustica* (Hymenoptera : Apidae) ». *Journal of the Kansas Entomological Society* 54 ; Jaycox, E.R. et Parise, S.G. 1981. « Homesite selection by swarms of black-bodied honey bees, *Apis mellifera caucasica* and *A.m. carnica* (Hymenoptera : Apidae) ». *Journal of the Kansas entomological society* 54 :

697-703 ; et Rinderer, T.E., Tucker, K.W. et Collins, A.M. 1982. « Nest cavity selection by swarms of European and Africanized honeybees ». *Journal of Apicultural Research* 21 : 98-103.

49 Pour une étude de l'effet de l'orientation de l'entrée sur la réussite des colonies à survivre à l'hiver, voir Szabo, T.I. 1983. « Effects of various entrances and hive direction on outdoor wintering honey bee colonies ». *American Bee Journal.* 123 : 47-49.

50 L'étude de la distribution du volume des cavités naturelles dans la forêt du Vermont : Seeley, T.D. 1977. « Measurement of nest cavity volume by the honey bee (Apis mellifera) ». *Behavioural Ecology and Sociobiology.* 2 : 201-227.

51 L'aspect économique de la construction des rayons est décrit au chapitre 6, « Nest-building ». Seeley, T.D. 1977. *Honeybee Ecology.* Princeton University Press, Princeton, N.J.

52 Pour l'utilisation par les abeilles des résines provenant des arbres (propolis) afin de colmater leurs cavités, voir Seeley, T.D. et Morse, R.A. 1976. « The nest of the honey bee (*Apis mellifera L.*) ». *Insectes Sociaux* 23 : 495-512. Pour leur façon d'utiliser les résines à l'intérieur de la cavité et d'en contrôler la collecte, voir Nakamura, J. et Seeley, T.D. 2006. « The functional organization of resin work in honeybee colonies ». *Behavioural Ecology and Sociobiology* 60 : 339-349.

53 L'étude des abeilles asiatiques en Thaïlande est rapportée dans Seeley, T.D., Seeley, R.H. et Akratanakul, P. 1982. « Colony defense strategies of the honeybees in Thailand ». *Ecological Monographs* 60 : 339-363.

54 Pour des informations détaillées concernant l'histoire du « *yellow rain* », voir Seeley, T.D., Nowicke, J., Meselson, M., Guillemin, J. et Akratanapul, P. 1985. « Yellow rain ». *Scientific American* 253 : 128-137.

55 KGB est l'acronyme soviétique pour le Comité de sécurité de l'État. De 1952 à 1991 il fut la première force de police secrète des renseignements généraux communiste de l'Union soviétique.

56 Pour des informations sur les ruches pièges, voir Morse, R.A. et Seeley, T.D. 1978. « Bait hives ». *Gleanings in Bee Culture* 106 (May) : 218-220, 242 ; Morse, R.A. et Seeley, T.D. 1979. « New observations on bait hives ».: *Gleanings in Bee Culture* 107 (June) 310-311, 327 ; Seeley, T.D. et Morse, R.A. 1982. « Bait hives for honey bees ». *Cornell Cooperative Extension Information Bulletin* 107; Witherall, P.C. 1985. « A review of the scientific literature relating to honey bee bait hives and swarm attractants ». *American Bee Journal* 125 : 823-829 ; Schmidt, J.O., Thornes, K.N. et Hurley, R. 1989. « Improved bait hives ». *American Bee Journal.* 128 : 125-127 ; et Schmidt, O.J. Thoenes, S.C. et Hurley, R. 1989. « Swarm traps ». *American Bee Journal* 129 : 468-471.

57 Pour des informations sur l'attraction des abeilles aux ruches pièges par l'utilisation de phéromones, voir Free, J.B., Pickett, J. A., Fergueson, A.W. et Smith, M.C. 1981. « Synthetic pheromones to attract honeybee (*Apis mellifera*) swarms ». *Journal of Agricultural Science* 97 : 427-431 ; Schmidt, J.O., Slessor, K.N. et Winston, M.L. 1993. « Roles of Nasonov and queen pheromones in attraction of honeybee swarms ». *Naturwissenschaften* 80 : 573-575 ; Winston, M.L., Slessor, K.N. Rubink, W.L. et Villa, J.D. 1993. « Enhancing pheromone lures to attract honeybee swarms » ; *American Bee Journal* 133 : 58-60 ; et Schmidt, J.O. 1994. « Attraction of reproductive honey bee swarms to artificial nests by Nasonov pheromone ». *Journal of Chemical Ecology* 20 : 1053-1056.

58 Pour une description des Îles de Shoals (Golfe de Maine) ainsi que de la construction du Shoals Marine Laboratory sur l'île d'Appledore pendant les années 1960 et 1970, voir « *Here's how we'll do it* », Kingsbury, J.M. 1991. Billbrier Press, Ithaca, NY.

59 Pour un rapport détaillé sur le comportement d'inspection d'un site de la part des éclaireuses et l'analyse expérimentale de comment une petite abeille arrive à mesurer un grand volume, voir Seeley, T.D. 1977. « Measurements of nest cavity volume by the honeybee (*Apis mellifera*) ». *Behavioural Ecology and Sociobiology* 2 : 201-227.

60 Pour l'algorithme astucieux suggéré par Nigel Franks et Anna Dornhaus, qui proposent une interprétation de comment les abeilles arrivent à mesurer des sites potentiels, voir Franks, N.R. et Dornhaus, A. 2003. « How might individual honeybees measure massive volumes ? » *Proceedings of the Royal Society of London* B 270 ; S181-S182.

Chapitre 3. Le débat des éclaireuses

61 Une citation de Jimmy Carter. Carter, J.E. 1978. *Address to the Parliament of India*, June 2, 1978.

62 L'assemblée publique de Nouvelle-Angleterre est un exemple fascinant d'une forme de gouvernance démocratique à l'échelle d'une petite ville. Son fonctionnement est décrit par Mansbridge, J.J. 1983. *Beyond Adversary Democracy.* University of Chicago ; et Bryan, F.M. 2004. *Real Democracy.* University of Chicago Press, Chicago.

63 Pour le rapport complet des observations de Lindauer concernant les abeilles dansantes sur les essaims en grappe, voir pages 265-282 dans son *magnum opus*. Lindauer, M. 1955. « Schwarmbienen auf Wohnungssuche ». *Zeitschrift für vergleinchende Physiologie* 37 :263-324. Il existe une traduction anglaise, « House-hunting by honey bee swarms », par Visscher, P.K. 2007. Group decision making in nest-site selection among social insects. *Annual Review of Entomology* 52 : 255-275. Disponible en ligne : http://arjournals.annualreviews.org/toc/ento/52/1.

64 La phrase « *watching and wondering* » (observation et questionnement) vient du titre d'une autobiographie de Niko Tinbergen 1985. « Watching and wondering in Dewsbury ». *Studying Animal Behaviour : Autobiographies of the Founders*. University of Chicago Press, Chicago. Pp. 431-463. Tinbergen recommandait d'étudier le comportement animal en menant une étude de reconnaissance descriptive afin de bénéficier d'un regard global sur le phénomène en question.

65 Sur le système astucieux inventé par Karl von Frisch pour identifier des centaines d'abeilles en utilisant seulement cinq couleurs, voir von Frisch, K. 1993. *The Dance Language and Orientation of Bees*. Harvard University Press, Cambridge, MA. Pp. 14-17.

66 Une citation de Martin Lindauer concernant la bataille entre deux groupes de danseuses. Lindauer, M. 1955. « Schwarmbienen auf Wohnungssuche ». *Zeitschrift für vergleinchende Physiologie* 37 : 263-324. P. 276. Traduit par P.K. Visscher.

67 Lindauer décrit deux cas d'un essaim en vol faisant un arrêt d'urgence en route vers son nouveau domicile. Voir Lindauer, M. 1955. « Schwarmbienen auf Wohnungssuche ». *Zeitschrift für vergleinchende Physiologie* 37 : 263-324. Pp. 319-320.

68 Une citation de Lindauer concernant la division d'un essaim. Lindauer, M. 1961. *Communication in Social Bees*. Harvard University Press, Cambridge, MA. P. 45.

69 Une citation de Lindauer concernant des éclaireuses associées à des sites perdants qui renoncent à recruter. Lindauer, M. 1955. « Schwarmbienen auf Wohnungssuche ». *Zeitschrift für vergleinchende Physiologie* 37 : 263-324. P. 275.

70 Pour une discussion sur la différence entre deux catégories de choix collectifs – consensus contre combinaison – voir Conradt, L. et Roper, T.J. 2005. « Consensus decision making in animals ». *Trends in Ecology and Evolution* 20 : 449-456 ; et Conradt, L. et List, C. 2009. « Introduction. Group decisions in men and animals : a Survey ». *Philosphical Transactions of the Royal Society* B 364 : 719-742.

71 La référence complète du livre cité est : Seeley, T.D. 2005. *The Wisdom of the Hive : The Social Physiology of Honeybee Colonies*. Harvard University Press, Cambridge, MA.

72 Pour tout savoir lorsqu'avec Susannah Buhrman nous avons « écouté aux portes » lors des débats de trois essaims, voir Seeley, T.D. et Buhrman, S.C. 1999. Group decision making in swarms of honeybees. *Behavioural Ecology and Sociobiology* 45 : 19-31.

73 Pour l'étude de Lindauer concernant les abeilles qui adoptent le rôle d'éclaireuse, voir Lindauer, M. 1955. « Schwarmbienen auf Wohnungssuche ». *Zeitschrift für vergleinchende Physiologie* 37 : 263-324. Pp. 296-307.

74 Une citation de Martin Lindauer concernant les butineuses indécises, voir Lindauer, M. 1955. « Schwarmbienen auf Wohnungssuche ». *Zeitschrift für vergleinchende Physiologie* 37 : 263-324. P. 306. Traduit en anglais par P.K. Visscher.

75 Pour un rapport détaillé de l'étude de David Gilley sur la distribution d'âges des éclaireuses, voir Gilley, D.C. 1998. « The identity of nest-site scouts in honey bee swarms ». *Apidologie*. 29 : 229-240.

76 Pour une discussion récente sur la nature et la culture à l'œuvre pour modeler le comportement complexe des éclaireuses, voir Robinson, G.E. 2004. « Beyond nature and nurture ». *Science*. 304 : 397-399 ; et Robinson, G.E. 2006. « Genes and social behaviour » ; Lucas, J.R. et Simmons, L.W. eds. *Essays in Animal Behaviour, celebrating 50 years of Animal Behavior*. Elsevier. London. Pp. 101-113.

77 Pour le rapport complet concernant l'influence génétique sur le changement de rôle de butineuse en éclaireuse, voir Robinson, G.E. et Page, R.E. 1989. « Genetic determination of nectar foraging, pollen foraging and nest-site scouting in honey bee colonies ». *Behavioural Ecology and Sociobiology. 24 : 317-323.*

78 Pour un protocole plus détaillé concernant la préparation d'essaims artificiels, voir la section sur les méthodes : Seeley, T.D. « Consensus building during nest-site selection in honey bee swarms : the expiration of dissent ». *Behavioural Ecology and Sociobiology*. 53 : 417-424.

79 Pour les observations de Lindauer sur l'expérience des butineuses au moment de devenir des éclaireuses, voir Lindauer, M. 1955. « Schwarmbienen auf Wohnungssuche ». *Zeitschrift für vergleinchende Physiologie* 37 : 263-324. Pp 304-306.

80 Pour des rapports détaillés concernant la perte d'enthousiasme de la part des butineuses de nectar quant aux danses et au butinage lorsqu'elles ont du mal à trouver des ouvrières pour les décharger de leur nectar, voir Seeley, T.D. 1989. « Social foraging in honey bees : how nectar foragers assess their colony's nutritional status ». *Behavioural Ecology and Sociobiology* 24 : 181-199 ; et Seeley, T.D. et Tovey, C.A. 1994. « Why search-time to find a food-storer bee accurately indicates the relative rates of nectar collecting and nectar processing in honey bee colonies ». *Animal Behaviour* 47 : 311-316.

Chapitre 4. S'accorder sur le meilleur site

81 Une citation de John Milton. Milton, J. 1671. *Samson Agonistes*. Ligne 1008.

82 L'économiste Herbert A. Simon propose le concept de *bounded rationality* (rationalité limitée) au milieu des années 1950 : Simon, H.A. 1956. « Rational choice and structure of environments ». *Psychological Review* 63 : 129-138 ; et Simon, H.A. *Models of Man*. Wiley, New York. Un livre récent qui comprend des chapitres sur l'heuristique de la prise de décision, Gigerenzer, G. et Selton, R. 2001. *Bounded Rationality : The Adaptative Toolbox*. MIT Press, Cambridge, MA.

83 Pour une bonne discussion sur une décision basée sur un critère, voir Gigerenzer, G. et Todd, P.M. et The ABC Research Group, eds. *Simple Heuristics That Make Us Smart*. Oxford University Press, New York. Pp. 75-95.

84 Je pense qu'avec Susannah Buhrman nous avons assisté au cas d'un site excellent arrivé dans le débat si tardivement que les éclaireuses l'ont rejeté à la faveur d'un site inférieur. Ceci concerne le débat rapporté dans la figure 3.6. Au cours du débat, à 14 h 49, le 20 juin, l'éclaireuse Green-White 39 atterrit sur l'essaim et, très excitée, exécute une danse vigoureuse et longue (166 circuits) pour le site L, à 200 mètres au sud-ouest. Elle avait découvert, dans un grand pin, le nid abandonné d'une colonie sauvage qui n'avait pas survécu à l'hiver précédent une demeure magnifique ! À 15 h 50 elle revient et produit une autre danse vigoureuse (95 circuits). Entre-temps, des douzaines d'abeilles dansent sans grand enthousiasme pour le site I, à 4 200 mètres au sud. Leurs danses ne comprennent que six circuits en moyenne, indiquant que le site est bien moins intéressant que le site L. Néanmoins, l'essaim finit par choisir le site I, de toute évidence parce que la bonne nouvelle rapportée par Green-White 39 arrivait trop tard et était trop peu représentée pour rediriger le débat en faveur du site supérieur.

85 Les « secrets sur le merveilleux fonctionnement d'une colonie d'abeilles » découverts au Cranberry Lake Biological Station sont décrits par l'auteur : Seeley, T.D. 1995. *The Wisdom of the Hive*. Harvard University Press, Cambridge, MA.

86 Pour le rapport complet des expériences sur la construction d'un site artificiel médiocre mais acceptable, voir Seeley, T.D. et Buhrman, S.C. 2001. « Nest-site selection in honey bees : how well do swarms implement the Best-of-N décision rule ? » *Behavioural Ecology and Sociobiology* 49 : 416-427.

87 La procédure utilisée pour compter le nombre d'éclaireuses au nichoir : la personne faisant le compte restait à trois mètres devant la boîte et, sur une période de trois minutes, effectuait cinq comptages (d'une durée de 30 secondes) du nombre maximal d'abeilles présentes simultanément (ou en train de voler autour ou en train de marcher dessus). La moyenne de ces cinq comptages nous indiquait l'intérêt porté au nichoir par les éclaireuses à ce moment.

88 Les preuves que la force d'une danse frétillante d'une abeille fournit une idée précise de son évaluation de l'attractivité d'une source de nourriture proviennent de plusieurs études, dont Waddington, K.D. 1982. « Honey bee foraging profitability and round dance correlates ». *Journal of Comparative Psychology* 148 : 297-301 ; Seeley, T.D. 1994. « Honey bee foragers as sensory units of their colonies ». *Behavioural Ecology and Sociobiology* 34 : 51-62 ; et Seeley, T.D., Mikheyev, A.S. et Pagano, G.J. 2000. « Dancing bees tune both duration and rate of waggle-run production in relation to nectar-source profitability ». *Journal of Comparative Physiology* A 186 :813-819.

89 Pour les détails du test « le meilleur sur 5 », voir Seeley, T.D. et Buhrman, S.C. 2001. « Nest-site selection in honey bees : how well do swarms implement the Best-of-N décision rule ? ». *Behavioural Ecology and Sociobiology* 49 : 416-427.

90 En attendant la publication de mon étude sur la survie d'une colonie d'abeilles en fonction du volume de la cavité, d'autres études ont abordé le sujet relatif à la réussite au niveau reproductif, voir Courtenay, S.C. et Keenleyside, M.H.A. 1983. « Nest-site selection by the fourspine stickleback, *Apeltes quadracus* (Mitchell) ». *Canadian*

Journal of Zoology 61 : 1443-1447 ; Morse, D.H. 1985. « Nests and nest-site selection of the crab-spider *Misumena vatia* (Araneae, Thomasidae) on milkweed ». *Journal of Arachnology* 13 : 383-390 ; Regehr, H.M., Rodway M.S. et Montevecchi, W.A. 1998. « Antepredator benefits of nest-site selection in black-legged kittiwakes ». *Canadian Journal of Zoology* 76 : 910-913 ; et Wilson, D.S. 1998. « Nest-site selection : microhabitat variation and its effects on the survival of turtle embryos ». *Ecology* 79 : 1884-1892.

Chapitre 5. Vers le consensus

91 Une citation de la Society of Friends. 1934. *Book of Discipline*. Part I. Friends' Book Centre, London.

92 La reconnaissance du fait que la démocratie peut se présenter sous deux formes différentes – adversaire et unitaire – fut d'abord effectuée par Mansbridge, J.J. 1983. *Beyond Democracy*. University of Chicago Press, Chicago. Mansbridge souligne que le processus unitaire, à la différence du système adversaire, ne consiste pas à compter les votes du scrutin secret afin d'identifier l'opinion majoritaire, mais s'appuie sur une discussion libre et ouverte afin d'arriver au consensus. Il est évident que, pour les abeilles, le processus de recherche de logis appartient au système unitaire.

93 L'analogie entre le processus de prise de décision dans l'essaim et dans nos sociétés humaines vient de Britton, N.F., Franks, N.R. et Seeley, T.D. 2002. « Deciding on a new home : how do honey bees agree ? *Proceedings of the Royal Society of London B* 269 : 1383-1388. L'idée principale fut de déployer des modèles mathématiques classiques concernant la propagation de maladies infectieuses, et d'idées contagieuses, au processus de prise de décision chez les abeilles chercheuses de logis. Ce travail théorique montre que les abeilles n'ont pas besoin de comparer des sites. Un travail empirique ultérieur (décrit plus loin dans ce chapitre) montre qu'effectivement les éclaireuses ne font pas de comparaisons.

94 Les observations de Lindauer concernant l'ajustement, par les éclaireuses, de la vigueur de leurs danses par rapport à la qualité du site viennent de Lindauer, M. 1955. « Schwarmbienen auf Wohnungssuche ». *Zeitschrift für vergleinchende Physiologie* 37 : 263-324. Pp. 294-296.

95 Une citation de Martin Lindauer concernant les danses « *lively versus lackluster* », voir Lindauer, M. 1955. « Schwarmbienen auf Wohnungssuche ». *Zeitschrift für vergleinchende Physiologie* 37 : 263-324. P. 296. Traduit par P.K. Visscher.

96 Pour les premières preuves quantitatives que les éclaireuses annoncent des sites de qualité supérieure avec des danses plus longues et plus vigoureuses, voir Seeley, T.D., et Buhrman, S.C. 2001. « Nest-site selection in honey bees : how well do swarms implement the Best-of-N décision rule ? ». *Behavioural Ecology and Sociobiology* 49 : 416-427. En parallèle, la preuve que les butineuses annoncent des parcelles de fleurs plus riches en augmentant la durée (= durée des danses) et le rythme (= vigueur des danses) de la production des circuits dansés est rapporté par Seeley, T.D. Mikheyev, A.S. et Pagano, G.J. 2001. « Dancing bees tune both duration and rate of waggle-run production in relation to nectar-source profitability ». *Journal of Comparative Physiology* A 186 : 813-819.

97 Une citation de Martin Lindauer concernant « *faint-hearted dancing* » où les abeilles « traînent la patte ». Lindauer, M. 1961. *Communication among Social Bees*. Harvard University Press, Cambridge, MA. P. 49. « Schwarmbienen auf Wohnungssuche ». *Zeitschrift für vergleinchende Physiologie* 37 : 263-324. P. 296. Traduit par P.K. Visscher.

98 Kirk Visscher affina la méthode « kidnapping par des extraterrestres » pour étiqueter les éclaireuses. Visscher, P.K. et Camazine, S. 1999. « Collective decisions and cognition in bees ». *Nature* 397 : 400.

99 Pour le rapport complet sur le comportement des abeilles face à un site de qualité grande (40 litres) ou moyenne (15 litres), voir Seeley, T.D. et Visscher, P.K. 2008. « Sensory coding of nest-site value in honey bee swarms ». *Journal of Experimental Biology* 211 : 3691-3697.

100 Pour une analyse plus complète concernant le problème du bruit d'information au niveau individuel, lors de l'appréciation d'un site, qui déclinerait au fur et à mesure que le nombre d'éclaireuses augmente, voir Seeley, T.D. et Visscher, P.K. 2008. « Sensory coding of nest-site value enhoneybee swarms ». *Journal of Experimental Biology* 211 : 3691-3697.

101 L'expression commode « force de persuasion », qui serait le résultat du nombre d'abeilles en train de danser pour un site ajouté à la moyenne des circuits dansés par abeille dansante, vient de Britton, N.F., Franks, N.R., Pratt, S.C. et Seeley, T.D. 2002 « Deciding on a new home : how do honeybees agree ? » *Proceedings of the Royal Society of London* B 269 : 1383-1388. C'est une analogie de la « force de contagion » des modèles mathématiques utilisés en épidémiologie lors de la propagation de maladies infectieuses.

102 Pour les preuves concernant la règle des éclaireuses selon laquelle « *discoverer-should-dance* » (quand on trouve on danse), voir Seeley, T.D. et Visscher, P.K. 2008. « Sensory coding of nest-site value in honey bee swarms ». *Journal of Experimental Biology* 211 : 3691-3607.

103 Plusieurs études examinent la possibilité de préférences innées génétiquement déterminées, surtout concernant les stimuli floraux. Pour les études classiques sur des images innées de guidage pour les premiers vols des butineuses, voir Menzel, R. 1985. « Learning in honey bees in an ecological and behavioural context », *in* Hölldobler, B. et Lindauer, M. *Experimental Behavioural Ecology and Sociobiology*. Gustav Fischer Verlag, Stuttgart. Pp. 55-74. ; et Gould, J.L. et Towne, W.F. 1987. « Honey bee Learning ». *Advances in Insect Physiology* 20 : 55-75. Pour des études originales plus récentes, voir Giurfa, M., Nunez, I., Chittka, L, et Menze, R. 1995. « Colour preferences in flower-naïve honeybees ». *Journal of Comparative Physiology* A 177 : 247-259. ; Rodroguez, I., Gumbert, A., Hempel de Ibarra, N. Kunze, J. et Giurfa, M. 2004. « Symmetry is in the eye of the beholder : innate preferences for bilateal symmetry in flower-naïve bumblebees ». *Naturwissenschaften* 91 : 374-377.

104 Pour le rapport complet de l'étude qui montre que des éclaireuses neutres suivent des danses au hasard et deviennent des supporters, voir Visscher, K., Finley, J. et Vetter, R. 1999. « House-hunting by honey bee swarms : collective decision and individual behaviours ». *Insectes sociaux* 46 : 348-400.

105 Mary R. Myerscough, une biologiste mathématicienne de l'université de Sydney, Australie, a créé une matrice de sélection des dynamiques de population pour des éclaireuses en train de danser pour des sites différents. Elle a prouvé de façon élégante qu'avec le temps les éclaireuses se focaliseront quasiment toujours sur le meilleur site répertorié. Voir Myerscough, M.R. 2003. « Dancing for a decision : a matrix model for nest-site choice by honey bees ». *Proceedings of the Royal Society of London* B 270 : 577-582.

106 Une citation de Martin Lindauer concernant la perte d'intérêt des éclaireuses pour des sites inférieurs après recrutement pour un site à la fois nouveau et supérieur et la comparaison entre les sites précédents et actuels. Par exemple, en 1957, il écrit, « Par ailleurs, lorsque les éclaireuses, qui avaient d'abord annoncé des sites inférieurs, se trouvent convaincues par les danses plus vigoureuses de leurs concurrentes et vont inspecter le site en question – afin de comparer les deux – elles choisissent, naturellement, le meilleur. Ainsi, rien ne s'oppose à l'accord. » Voir Lindauer, M. 1957. « Communication in swarm bees searching for a new home ». *Nature* 179 : 63-66. P. 64.

107 Pour une citation de Martin Lindauer concernant l'obstination des éclaireuses, voir Lindauer, M. 1955. « Schwarmbienen auf Wohnungssuche ». *Zeitschrift für vergleinchende Physiologie* 37 : 263-324. P. 312. Traduit par P.K. Visscher. Pour une citation de Martin Lindauer concernant des éclaireuses qui changent d'avis, voir Lindauer, M. 1961. *Communication among social bees*. Harvard University Press, Cambride, MA.

108 Une citation de Martin Lindauer concernant des éclaireuses qui cessent de danser pour un site avant d'avoir inspecté une autre possibilité de logement. Lindauer, M. 1955. « Schwarmbienen auf Wohnungssuche ». *Zeitschrift für vergleinchende Physiologie* 37 : 263-324. P. 296.

109 Pour un rapport détaillé sur la possibilité de raisonner en testant des prédictions pour des hypothèses concurrentes, voir Platt, J.R. 1964. « Strong inference ». *Science* 146 : 347-353.

110 Pour le rapport détaillé du test sur les hypothèses « comparaison-conversion » vs. « retrait-repos », voir Seeley, T.D. 2003. « Consensus-building during nest-site selection in honey bee swarms : the expiration of dissent ». *Behavioural Ecology and Sociobiology* 53 : 417-423.

111 Une citation de Max Planck, sur l'importance du turnover de scientifiques pour le bon développement de la science, voir Planck, M. 1950. *Scientific Autobiography and Other Papers*. Williams and Norgate, London. P. 33.

112 Pour une discussion approfondie sur comment les nouvelles théories se font accepter au sein de la communauté scientifique (c'est-à-dire, comment les scientifiques prennent des décisions concernant des idées nouvelles), voir Hull, D.L. 1988. *Science as a Process*. University of Chicago Press, Chicago.

Chapitre 6. Le déménagement

113 Une citation de Charles Butler. Butler, C. 1609. *The Feminine Monarchie : Or, a Treatise concerning Bees and the Divine Ordering of Them*. Preface, p. 4. Joseph Barnes, Oxford.

114 Pour le rapport détaillé de l'étude de Bernd Heinrich sur la thermorégulation dans un essaim d'abeilles, voir Heinrich, B. 1981. The mechanisms of temperature regulation in honeybee swarms. *Journal of Experimental Biology* 92 : 25-55. Il a également écrit sur la thermorégulation chez les insectes en général. Voir Heinrich, B. 1993. *The Hot-blooded Insects*. Harvard University Press, Cambridge, MA.

115 Pour un rapport détaillant comment les ouvrières (extérieures) du manteau d'un essaim bivouaqué ajustent la température et l'orientation de leur corps, l'envergure, et l'espacement interindividuel afin de réduire une perte de chaleur pour l'essaim, voir Cully, S.M. et Seeley, T.D. 2004. « Self-assemblage formation in a social insect : the protective curtain of a honey bee swarm ». *Insectes Sociaux* 51. Harvard University Press, Cambridge, MA.

116 Pour un rapport détaillé sur l'étude thermographique de l'échauffement d'un essaim lors des préparatifs à l'envol, voir Seeley, T.D., Kleinhenz, M. Bujok, B. et Tautz, J. 2003. « Thorough warm-up before take-off in honey bee swarms ». *Naturwissenschaften* 90 : 256-260.

117 Une citation de Martin Lindauer concernant quelles abeilles produisent des stridulations aiguës (*piping signal*), voir Lindauer, M. 1955. « Schwarmbienen auf Wohnungssuche ». *Zeitschrift für vergleinchende Physiologie* 37 : 263-324. P. 317

118 Pour le rapport détaillé de l'étude concernant les abeilles produisant des stridulations, voir Seeley, T.D. et Tautz, J. 2001. « Worker piping in honey bee swarms and its role in preparing for liftoff ». *Journal of Comparative Physiology* A 187 : 667-676.

119 Pour plus d'informations sur le rôle du signal de secousse, voir Schneider, S.S., Visscher, P.K. et Camazine, S. 1998. « Vibration signal behaviour of waggle-dancers in swarms of the honey bee, *Apis mellifera*. (Hymenoptera : Apidae) ». *Ethology*. 104 : 963-972 ; Lewis, L.A. et Schneider, S.S. 2000. « The modulation of worker-bee behaviour by the vibration signal during house hunting in swarms of the honey bee, *Apis mellifera* ». *Behavioural Ecology and Sociobiology* 48 : 154-164 ; Donahue, K., Lewis, L.A. et Schneider, S. 2003. « The role of the vibration signal in the house-hunting process of honey bee (*Apis mellifera*) swarms ». *Behavioural Ecology and Sociobiology* 54 : 593-600 ; et Pierce, A.L., Lewis, L.A. et Schneider, S.S. 2007. « The use of the vibration signal and worker piping to influence queen behaviour during swarming in honey bees, *Apis mellifera* ». *Ethology* 113 : 267-275.

120 Pour le rapport détaillé sur la forme et la fonction du *buzz-run*, voir Rittschof, C.C. et Seeley, T.D. 2008. The buzz-run : how honeybees signal « Time to go ! » *Animal Behaviour* 75 : 189-197.

121 L'étude classique sur l'origine et l'évolution des signaux de communication par la ritualisation est : Tinbergen, N. 1952. « Derived » activities : their causation, biological significance, origin and emancipation during evolution. *Quarterly Review of Biology* 27 : 1-32. Pour une étude récente concernant l'évolution des signaux, voir Bradbury, J.W. et Vehrencamp, S.L. 1998. *Principles of Animal Communication*. Sinauer, Sunderland MA.

122 Un autre exemple de système de contrôle au sein d'une grande colonie d'insectes sociaux, basé sur un sous-ensemble d'individus qui récoltent des informations concernant l'état de la colonie et signalent le moment approprié pour l'action, concernerait des joutes de parade entre des colonies en compétition de la fourmi pot-de-miel, *Myrmecocystus mimicus*. Voir Lumsden, C.J., et Hölldobler, B. 1983. « Ritualized combat and intercolony communication in ants ». *Journal of Theoretical Biology* 100 : 81-98.

123 Pour des rapports détaillés concernant des études collaboratives conduites par Kirk Visscher et moi-même, afin de tester la perception du quorum ou du consensus, voir seeley, T.D. et Visscher, P.K. 2003. « Choosing a home : how the scouts in a honey bee swarm perceive the completion of their group decision-making ». *Behavioural Ecology and Sociobiology* 54 : 511-520 ; et Seeley, T.D. et Visscher, P.K. 2004. « Quorum sensing during the nest-site selection by honey bee swarms ». *Behavioural Ecology and Sociobiology* 56 : 594-601.

124 Pour le rapport détaillé sur les abeilles qui donnent le signal des stridulations (seulement les éclaireuses et seulement celles d'un site où le quorum a pu se former), voir Visscher, P.K., et Seeley, T.D. 2007. « Coordinating a group departure : who produces the piping signals on honeybee swarms ? ». *Behavioural Ecology and Sociobiology* 61 : 1615-1621.

125 Les décisionnaires se trouvent souvent devant le problème d'un compromis entre la rapidité et la justesse d'une décision. Si l'animal doit faire une décision rapide il risque de faire un mauvais choix, parce qu'il lui aura manqué le temps soit pour bien chercher des options, soit pour bien en délibérer. Pour un rapport récent à ce sujet, voir Chittka, L., Skorupski, P. et Raine, N.E. 2009. « Speed-accuracy trade-offs in animal decision making ». *Trends in Ecology and Evolution* 24 : 400-407. Pour une étude spécifique aux humains, voir Osman, A., Lou, L.G., Muller-Gethman, H. Rinkenauer, G., Mattes, S. et Ulrich, R. 2000. « Mechanisms of speed-accuracy trade-off : evidence from covert motor processes ». *Biological Psychology* 51 : 173-199. Pour une étude sur les abeilles, voir Chittka, L. Dyer, A.G., Bock, F. et Dornhaus A. 2003. « Bees trade-off foraging speed for accuracy ». *Nature* 424 : 388. Ce compromis a également été montré dans des colonies de fourmis, voir Franks, N.R. et Dornhaus, A., Fitzsimmons, J.P. et Stevens, M. 2003. « Speed versus accuracy in collective decision making ». *Proceedings of the Royal Society of London* B 270 : 2457-2463.

126 Pour la prise de décision par le consensus chez les Quakers, voir Pollard, F.E., Pollard, B.E. et Pollard, R.S.W. 1949. *Democracy and the Quaker Method.* Bannisdale Press, London.

Chapitre 7. Piloter le vol

127 Une citation de Thomas Smibert, dans « The Wild Earth-Bee ». Smibert, T. 1851. *Io Anch ! Poems, Chiefly Lyrical.* James Hogg, Edinburgh.

128 Pour les mécanismes utilisés par les abeilles pour aller chercher des fleurs au loin puis revenir au nid, voir Collett, T.S. et Collett, M. 2002. « Memory use in insect visual navigation ». *Nature Reviews Neuroscience* 3 : 542-552 ; Dyer, F.C. 1998. « Spatial cognition : lessons from central-place foraging insects » ; Balda, R.P., Pepperberg, I.M. et Kamil, A.C., *Animal Cognition in Nature.* Acadamic Press, New York. Pp. 119-154 ; Menzel R. et Giurfa, M. 2006. « Dimensions of cognition in an insect, the honeybee ». *Behavioural and Cognitive Neuroscience Reviews* 5 : 24-40 ; et Wehner, R. 1992. « Arthropods », Papi, F. ed. *Animal Homing.* Chapman and Hall, London. Pp. 45-144.

129 Pour le rapport détaillé de l'étude démontrant que les ouvrières dans un essaim en vol sentent la présence de la reine en captant la 9-ODA qu'elle produit, voir Avitabile, A., Morse, R.A. et Boch, R. 1975. « Swarming honeybees guided by phéromones ». *Annals of the Entomological Society of America* 68 : 1079-1082.

130 Pour la description complète du vol de l'essaim sur l'île d'Appledore en 1979, voir Seeley, T.D., Morse, R.A. et Visscher, P.K. 1979. « The natural history of the flight of honeybee swarms ». *Psyche* 86 : 103-113.

131 Pour le rapport détaillé du vol des essaims tracé sur 270 mètres à Liddle Field Station, voir Beckham, M., Fathke, R.L. et Seeley, T.D. 2006. « How does an informed minority of scouts guide a honey bee swarm as it flies to its new home ? ». *Animal Behaviour* 71 : 161-171. Cet article rapporte également les vitesses de vol d'autres essaims qui faisaient des vols sur 1 000 et 4 000 mètres.

132 Des essaims d'abeilles ne sont les seuls à se faire guider vers une cible par une petite fraction des membres du groupe informée de son emplacement. Pour des études détaillant ces expériences chez les bancs de poissons et les groupes humains, voir Reebs, S.G. 2000. « Can a minority of informed leaders determine the foraging movements of a fish shoal ? ». *Animal Behaviour* 59 :403-409. ; Ward, A.J.W., Sumpter, D.G.T., Couzin, I.D., Hart, P.J.B. et Krause, J. 2008. « Quorum decision making facilitates information transfer in fish shoals ». *Proceedings of the National Academy of Sciences, U.S.A.* 105 : 6948-6953 ; et Dyer, J.R.G., Ioannou, C.C., Morrell, L.J., Croft, D.P., Couzin, I.D., Waters, D.A. et Krause, J.2008. « Consensus decision making in human crowds ». *Animal Behaviour* 75 : 461-470.

133 L'hypothèse que les éclaireuses guident le vol d'un essaim à l'aide de phéromones fut proposée par Avitabile, A., Morse, R.A. et Boch, R. 1975. « Swarming honeybees guided by pheromones ». *Annals of the Entomological Society of America* 68 : 1079-1082.

134 Pour la description détaillée de l'hypothèse du guide subtil, et les résultats de la simulation informatique d'animaux se déplaçant selon cette méthode de guidage, voir Couzin, I.D., Krause, J., Franks, J.R. et Levin, S.A. 2007. « Effective leadership and decision making in animals on the move ». *Nature* 433 : 513-516.

135 Une citation de Martin Lindauer concernant les abeilles guides qui volent rapidement à travers une nuée d'abeilles, dans Lindauer, M. 1955. « Schwarmbienen auf Wohnungssuche ». *Zeitschrift für vergleinchende Physiologie* 37 : 263-324. P. 319.

136 Pour le rapport complet de l'étude de simulation de l'hypothèse du *streaker bee,* voir Janson, S.M., Middendorf, M. et Beekman M. 2005. « Honeybee swarm : how do scout bees guide a swarm of uninformed bees ? » *Animal Behaviour* 70 : 349-358.

137 Pour le rapport complet du test de l'hypothèse que des éclaireuses pilotent l'essaim en vol en utilisant les phéromones d'attraction produites par leurs glandes odorifères, voir Beekman, M., Fathke, R.L., et Seeley, T.D. 2006. « How does an informed minority of scouts guide a honey bee swarm as it flies to its new home ? ». *Animal Behaviour* 71 : 161-171.

138 Pour une très belle description de l'anatomie de la glande odorifère et un regard sur la composition de la sécrétion de la glande de Nasonov, voir Goodman, L.J. chapitre 8, « Glands : Chemical communication and wax production ». 2003. *Form and Function in the Honey Bee.* International Bee Research Association, Cardiff.

139 Pour le rapport complet du contrôle des *streaker bees* par imagerie photographique fixe, voir Beekman, M., Fathke, R.L. et Seeley, T.D. 2006. « How does an informed minority of scouts guide a honey bee swarm as it flies to its new home ? ». *Animal Behaviour* 71 : 161-171.

140 Une citation de Kevin Passino sur les stratagèmes de contrôle coopératif, voir Passino, K.M. 2005. *Biomimicry for Optimization, Control and Automation.* Springer Verlag, London. P. 80.

141 Pour le rapport complet de l'étude sur des abeilles individuelles tracées par analyse vidéo au cœur des essaims en vol, voir Schultz, K.M., Passino, K.M. et Seeley, T.D. 2008. « The mechanism of flight guidance in honeybee swarms : subtle guides or streaker bees ? » *Journal of Experimental Biology* 211 : 3287-3295.

142 Pour le rapport complet de l'expérience contrôlant l'hypothèse du *streaker bee*, voir Latty, T., Duncan, M. et Beekman. 2009. « High bee traffic disrupts transfer of directional information in flying honeybee swarms ». *Animal Behaviour* 78 : 117-121.

Chapitre 8. Une entité cognitive

143 Une citation de William Newsome lors d'un atelier sur les systèmes biologiques de prise de décision à l'institut des Biosciences mathématiques de l'université de l'Ohio, le 17 juin 2008.

144 Le point de vue que l'abeille et également d'autres insectes sociaux constituent des dispositifs élégants de traitement d'information, et qu'il y a des parallèles entre ces colonies et le cerveau des primates est développé par Passino, K.M., Seeley, P.K. et Seeley, T.D. 2008. « Swarm cognition in honey bees ». *Behavioural Ecology and Sociobiology* 62 : 401-414 ; Couzin, I.D. 2008. « Collective cognition in animal groups ». *Trends in Cognitive Sciences* 13 : 36-42 ; et Marshall, J.A.R., Bogacz, R., Dornhaus, A., Planqué, R., Kovacs, T. et Franks, N.R.. 2009. « On optimal decision making in brains and social insect colonies ». *Journal of the Royal Society Interface* 6 : 1065-1074.

145 Pour des rapports détaillés sur la base neuronale de la prise de décision chez les primates, voir Schall, J.D. 2001. « Neural basis of deciding, choosing, and acting ». *Nature reviews Neuroscience* 2 : 33-42 ; Glimcher, P.W. 2003. « The neurobiology of visual-saccadic decision making ». *Annual Review of Neuroscience* 26. 133-179 ; Glimcher, P.W. 2003. Decisions, Uncertainty, and the Brain : *The Science of Neuroeconomics.* MIT Press, Cambridge, MA ; Gold, J.I. et Shadlen, M.N. 2007. « The neural basis of decision making ». *Annual Review of Neuroscience* 30 : 535-574 ; et Heekeren, H.R., Marrett, S. et Ungerleider, I.G. 2008. « The neural systems that mediate human perceptual decision making ». *Nature Reviews Neuroscience* 6 : 363-479.

146 Pour le cadre de réflexion Sugrue-Corrado-Newsome sur les étapes du traitement d'information en amont d'une prise de décision, voir Sugrue, I.P., Corrado, G.S., Newsome, W.T. 2005. « Choosing the greater of two goods : neural currencies for valuation and decision making ». *Nature Reviews Neuroscience* 6 : 363-375.

147 Pour une description du modèle Usher-McClelland de prise de décision dans le cortex visuel du primate, voir Usher, M., McClelland, J.L. 2001 « The time course of perceptual choice : the leaky, competing accumulator model ». *Psychological Review* 108 : 550-592. Pour un modèle antérieur de prise de décision, basé également sur l'idée que l'information est triée et accumulée de façon séquentielle dans le temps afin d'arriver à une décision, voir Busemeyer, J. R., et Townsend, J.T. 1993. « Decision field-theory : a dynamic cognition approach to decision making ». *Psychological Review* 100. 432-459. Pour un excellent rapport général des modèles de décision développés par des psychologues mathématiciens, voir Smith, P.L. et Ratcliff, R. 2004. « Psychology and neurobiology of simple decisions ». *Trends in Neurosciences* 27 : 161-168.

148 Pour le rapport complet de la modélisation mathématique du choix de site par l'essaim, comprenant l'analyse de comment l'érosion du nombre de danses et la grandeur du quorum ont été affinées par la sélection naturelle afin d'arriver à un bon équilibre entre vitesse et précision lors de la prise de décision, voir Passino, K.M. et Seeley, T.D. 2006. « Modeling and analysis of nest-site selection by honeybee swarms : the speed and accuracy trade-off ». *Behavioural Ecology and Sociobiology* 59 : 427-442.

149 Voir Hofstadter, D.R. 1979. *Gödel, Escher, Bach : An Eternal Golden Braid.* Basic Books, New York.

150 Pour une vue d'ensemble de l'analyse du choix de site collectif par des colonies de fourmis, voir Maillon, E.B., Pratt, N.R. et Franks 2001. « Individual and collective decision making during nest-site selection by the ant *Leptothorax albipennis* ». *Behavioural Ecology and Sociobiology* 59 : 427-442 ; Franks, N.R., Pratt, S.C., Mallon, E.B., Britton, N.F. et Sumpter, D.J.T. 2002. « Information flow, opinion polling and collective intelligence in house-hunting social insects ». *Philosophical Transactions of the Royal Society of London* B 357 : 1567-1583 ; Pratt, S.C., Sumpter, J.T., Mallon, E.B. et Franks, N.R. 2005. « An agent-based model of collective nest choice by the ant *Temnothorax albipennis* ». *Animal Behaviour* 70 : 1023-1036 ; et Franks, N.R., Dechaume-Moncharmont, F.-X. ; Hanmore, E. et Reynolds, J.K. 2009. « Speed versus accuracy in decision-making ants : expediting politics and policy implémentation ». *Philosophical Transactions of the Royal Society* B 364 : 845-852.

151 Pour l'analyse complète de comment une colonie d'insectes sociaux peut arriver à une décision collective statistiquement optimale de la même façon qu'un cerveau de primate par le biais d'une compétition entre des populations de sous-unités (ouvrières ou neurones) qui accumulent des preuves, voir Marshall, J.R.A., Bogacz, R., Dornhaus, A. Planqué, R. Kovacs, T. et Franks, N.R. 2009. « On optimal decision making in brains and social insect colonies ». *Journal of the Royal Society Interface* 6 : 1965-1074. Cet article est basé sur des études théoriques sur la prise de décision optimale. Voir, par exemple, Bogacz, R., Brown., E., Moehlis, J., Holmes, P. et Cohen, J.D. 2006. « The physics of optimal decison making : a formal analysis of models of performance in two-alternative force choice tasks ». *Psychological Review* 113 : 700-765.

Chapitre 9. Les astuces de l'essaim

152 Une citation de William Shakespeare. Shakespeare, W. 1599. *Henry V.* Act I, scène 2.

153 Pour une discussion générale sur comment un groupe d'humains travaillant ensemble peuvent s'organiser afin qu'un grand nombre soit plus efficace qu'un petit nombre, voir Elster, J. 2004. *Deliberative Democracy.* Cambridge University Press, Cambridge ; Surowiecki, J. 2004. *The Wisdom of Crowds.* Doubleday, New York ; et Austen-Smith, D. et Fedderson, T.J. 2009. « Information aggregation and communication in committees ». *Philosophical Transactions of the Royal Society* B 364 : 763-769.

154 Pour des documents sérieux sur les fossiles d'abeilles (genus *Apis*), voir Engel, M.S. 1998. « Fossil honeybees and evolution in the genus *Apis* (Hymenoptera : Apidae) », *Apidologie* 29 : 265-281 ; Engel, M.S. 1999. « The taxonomy of recent and fossil honeybees (Hymenoptera : Apidae) ». *Journal of Hymenoptera Research* 8 : 165-196 ; Engel, M.S. 2006. « A giant honey bee from the middle Miocene of Japan (Hymenoptera : Apidae) ». Journal of the Kansas Entomological Society 76 : 71 ; et Engel, M.S., Hinojosa-Diaz et Rasnitsyn, A. 2009. « A honeybee from the Miocene of Nevada and the biogepgraphy of *Apis* ((Hymenoptera : Apidae : Apini) ». *Proceedings of the California Academy of Sciences* 60 : 23-38.

155 L'expression « *The Five Habits of Highly Effective Groups* » *(Les cinq habitudes de fonctionnement d'un groupe efficace)* s'inspire du titre d'un excellent livre par Stephen R. Covey, *The Seven Habits of Highly Effective People (Les sept habitudes des personnes hautement efficaces).* 1989. Free Press, New York.

156 L'assemblée publique en Nouvelle-Angleterre est un organisme législatif où chaque citoyen présent (électeur inscrit) participe au pouvoir législatif de l'assemblée. Il ne faudrait pas le confondre avec une simple réunion d'une communauté locale qui ne serait qu'une audience publique sans force de loi. Pour plus d'information, voir Gould, J. 1940. *New England Town Meeting : Safeguard of Democracy.* University of Chicago. Stephen Daye Press, Brattleboro, VT ; Mansbridge, J.J. 1980. *Beyond Adversary Democracy.* University of Chicago Press, Chicago ; et Bryan, F.M. 2004. *Real Democracy : The New England Town Meeting and How it Works.* University of Chicago Press, Chicago.

157 L'importance d'éviter les pratiques de leadership qui influencent la prise de décision et encouragent des prises de position compétitives est discutée en détail par Janis, I.L. 1989. *Groupthink* 2e édition. Houghton Mifflin. Boston.

158 Pour une description du style de leadership du président George W. Bush (instinctif plutôt que raisonné) et de sa façon d'avoir envahi l'Iraq sans mettre en place une enquête ouverte et une évaluation critique de toutes les options possibles, voir McClellan, S. 2008. *What Happened.* Public Affaires, New York. Pp. 126-129.

159 Pour la version la plus récente des règles de loi parlementaire, publiée en 1876 par Major Henry M. Robert et Robert, S. C. 2000. *Rules of Order Newly Revised,* 10e édition. Perseus Publishing, Philadelphia.

160 Pour un aperçu général de comment un groupe d'individus peut trouver de meilleures solutions, basées sur sa plus grande capacité à explorer des options variées, qu'un individu doué travaillant tout seul, voir Page, S.E. 2007 *The Difference.* Princeton University Press, NJ.

161 Pour un survol des systèmes de vote chez l'homme et une discussion des mérites des différentes procédures, voir Black, D. 1986. *The Theory of Committees and Elections.* Kluwer, Dordrecht.

162 Pour la littérature sur la prise de décision démocratique dans des groupes d'animaux non humains, voir Conradt, L. et Roper, T.J. 2005. « Consensus decision making in animals ». *Trends in Ecology and Evolution* 20 : 449-456 ; Conradt, L. et Roper, T.J. 2007. « Democracy in animals : the evolution of shared group décisions ». *Proceedings of the Royal Society of London* B 274 : 2317-2326. ; Conradt, L. et List, C. 2009. « Introduction. Group decisions in humans and animals : a Survey ». *Philosphical Transactions of the Royal Society* B 346 : 719-742.

163 Une étude de modélisation récente montre de façon explicite comment la prise de décision collective chez les éclaireuses dépend à la fois de l'interdépendance et de l'indépendance. Sans interdépendance (le partage d'information sur des sites avec des danses), il n'y a pas d'effet de cascade pour le meilleur site. Sans indépendance (l'évaluation et l'annonce de sites) l'effet de cascade ne promeut pas forcément le meilleur site. Voir List, C., Elsholtz, C. et Seeley, T.D. 2009. « Interdependence and independence in collective decision making : an agent-based model of nest-site choice by honeybee swarms ». *Philosphical Transactions of the Royal Society* B 364 : 755-762.

164 Pour plus d'exemples sur le danger de l'effet en cascade lorsque les décisionnaires imitent aveuglément les décisions des autres, voir Shiller, R. J. 2000. *Irrational Exuberance*. Princeton University Press, Princeton, N.J. ; et Thaller, R.H. et Sunstein, C.R. 2008. *Nudge*. Yale University Press, New Haven, CT. Deux articles importants sur ce sujet sont Bikhchandani, S., Hirshleifer, D. et Welch, I. 1992. « A theory of fads, fashions, custom and cultural change as informational cascades ». *Journal of Political Economy* 100 : 992-1026 ; et Birkchandani, S. Hershleifer, D. et Welsh, I. 1998. « Learning from the behaviour of others : conformity, fads and informational cascades ». *Journal of Economic Perspectives* 12 : 151-170.

165 Pour une discussion générale sur l'utilité du quorum pour arriver à des décisions consensuelles (lorsque les membres d'un groupe sont d'accord sur une même option), voir Sumpter, D.J.T. et Pratt, S.C. 2009. « Quorum responses and consensus decision making ». *Philosophical Transactions of the Royal Society* B 364 : 743-753.

Épilogue

166 Une citation de Martin Lindauer concernant une belle expérience, Seeley, T.D., Kühnholz, S. et Seeley, R.H. 2002. « An early chapter in behavioural physiology and sociobiology : the science of Martin Lindauer ». *Journal of Comparative Physiology* A 188 : 439-453. P. 447.

167 Malheureusement, il est difficile d'appliquer les leçons concernant la bonne prise de décision démocratique à des groupes composés d'individus avec un fort conflit d'intérêts. Au sein d'un tel groupe, les individus ne se comportent pas comme les éclaireuses qui sont totalement honnêtes, fiables, travailleuses. Ils se montrent menteurs et paresseux lorsqu'ils en attendent des bénéfices, malgré l'atteinte au succès du groupe. Néanmoins, puisque tant de petites organisations démocratiques sont composées de personnes avec beaucoup d'intérêts en commun, je pense que ce que l'on peut apprendre des éclaireuses à la recherche d'un logis peut s'appliquer de façon très pertinente aux affaires humaines.